TRAITÉ

DE PHYSIQUE ÉLÉMENTAIRE.

COLLECTION NATIONALE DE CLASSIQUES
A L'USAGE DE L'ENSEIGNEMENT MOYEN.

TRAITÉ

DE PHYSIQUE

ÉLÉMENTAIRE,

RÉDIGÉ CONFORMÉMENT AUX PROGRAMMES OFFICIELS,

PAR J. FLEURY,

PROFESSEUR A L'ATHÉNÉE ROYAL DE LIÈGE,

ET G. DUGUET,

RÉPÉTITEUR A L'ÉCOLE DES MINES DE LIÈGE.

ACOUSTIQUE; OPTIQUE; MAGNÉTISME; ÉLECTRICITÉ.

MONS,

HECTOR MANCEAUX, IMPRIMEUR-ÉDITEUR,

RUE DES FRIPIERS, 4 ; GRAND'RUE, 7 ET 9.

1883.

ADDITIONS ET CORRECTIONS.

Les élèves qui n'ont pas une préparation mathématique suffisante peuvent passer les numéros **154, 155, 454, 455, 463** et suivants jusque **479**.

Note sur l'*inertie*, page 1 :

L'inertie des corps en repos parait évidente. Les anciens la connaissaient, puisqu'ils appelaient *corps inertes* les corps inanimés, entendant par là qu'ils étaient incapables de mouvements spontanés.

Mais l'inertie des corps en mouvement, dont la connaissance ne date que du xvii⁰ siècle, n'a pas le même degré d'évidence. C'est un principe de dynamique qui se justifie par l'accord qui existe entre les résultats qu'on en déduit et les faits observés. On le formule d'une manière très précise en disant :

Tout corps animé d'un mouvement rectiligne et uniforme (2) *persiste indéfiniment dans cet état de mouvement, si aucune force n'agit sur lui.*

En sorte que si un corps est animé d'un mouvement varié de vitesse et de direction sous l'action des forces, il ne s'arrêtera pas au moment où les forces cesseront d'agir. Il conservera indéfiniment *un mouvement uniforme et rectiligne suivant la direction du dernier élément parcouru,* avec la vitesse qu'il possédait au moment où ces forces ont cessé leur action.

On est prié avant la lecture de faire les corrections indiquées ci-dessous :

Page 16, remplacer dans les formules du bas de la page, R par *r*.

Page 32, ligne 13, après les mots *plusieurs points,* ajouter : *situés sur un même plan horizontal.*

Page 33, ligne 2, en remontant, après les mots *en équilibre,* ajouter : *on suppose que le frottement empêche la voiture de glisser.*

Page 67, ligne 8, en remontant, après A, B, C, ajouter : *l'appareil contient du mercure jusqu'au niveau* aa.

Page 79, dernière ligne, au lieu de 141ᵏ,372, lire 1413ᵏ,72.

Page 80, ligne 8, au lieu de $x = 2,44$, lire $x = 2,47$.

Page 94, ligne 7, au lieu de 59ᵍʳ, lire 59ᵍʳ,8.

Page 95, ligne 11, au lieu de 183,76, lire 180,761.

Page 255, ligne 12, au lieu de 1 kilogramme, lire 1 kilogrammètre.

Page 373, dernière ligne, ajouter : *et du côté opposé à l'objet.*

Page 450, ligne 11, au lieu de *austral,* lire *boréal.*

Page 453, ligne 6, en remontant, au lieu de *électrique,* lire *électrisé.*

Page 465, ligne 16, au lieu de *distribuées,* lire *distribués.*

Page 530, ligne 14, au lieu de Tn'Q, lire Tn'P.

ACOUSTIQUE.

CHAPITRE I.

PRODUCTION DU SON. — SA PROPAGATION.

234. Cause du son. L'*acoustique* a pour objet l'étude des sons. — Un son est l'impression produite sur l'oreille par un *mouvement vibratoire* très rapide. On nomme ainsi un mouvement de va et vient analogue à celui que prend le pendule lorsqu'il a été écarté de sa position d'équilibre.

Il est facile de vérifier expérimentalement que tout corps qui rend un son, *vibre*.

a) On frotte transversalement avec un archet une corde de contrebasse. Elle paraîtra renflée par le milieu (fig. 143), parce que son mouvement de va et vient est si rapide que l'on voit simultanément la corde dans les positions qu'elle n'occupe que consécutivement. C'est une illusion due à la persistance de l'impression produite sur la *rétine* de l'œil.

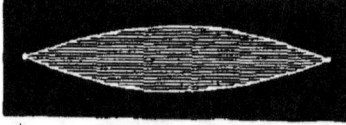

Figure 143.

b) On frappe avec un marteau de bois une cloche de verre C qui est fixée à un support (fig. 144) et qui porte

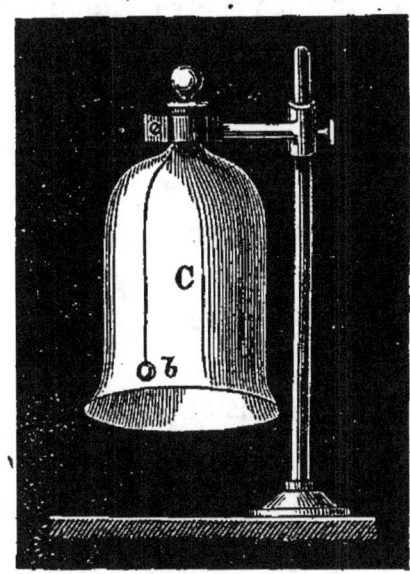

suspendue à l'aide d'un fil de chanvre une petite boule d'ivoire ou de verre *b*; on verra la boule vivement osciller.

c) On frotte, entre le pouce et l'index enduits de colophane et dans le sens de la longueur, une tige d'acier qui rend alors un son très aigu. En approchant d'une des extrémités un pendule léger, on remarque qu'il est violemment chassé.

Figure 144.

d) On projette du sable sur la peau d'un tambour que l'on frappe avec une baguette. Le sable saute fortement, à cause des vibrations de la membrane.

235. Transmission du son dans les gaz. Pour qu'il y ait son, il ne suffit pas qu'un corps vibre; il faut de plus que les vibrations soient transmises à l'oreille par un *milieu élastique.* Le véhicule habituel du son est l'air; mais tous les corps élastiques, qu'ils soient solides, liquides ou gazeux, peuvent servir à sa propagation.

Une expérience très simple permet d'abord de constater que *le son ne se propage pas dans le vide.*

Sous le récipient d'une machine pneumatique, on dispose sur un coussin de laine (*) un timbre que frappe un

_____

(*) Pour réussir cette expérience, il faut avoir soin d'isoler le timbre de la machine à l'aide d'un corps mou, mauvais conducteur du son, *un coussin de laine,* par exemple; sans quoi, les vibrations du timbre se communiqueraient à la platine qui les transmettrait à son tour à l'air ambiant.

marteau mis en mouvement par un mécanisme d'horlogerie. On fait le vide. Au fur et à mesure que l'air se
raréfie, le son s'affaiblit et finit par ne plus être entendu.
Mais si on laisse rentrer progressivement de l'air, le
bruit du timbre redevient de plus en plus distinct.

236. Influence de la densité du milieu gazeux. Il résulte
évidemment de cette expérience, non seulement que le
son ne se propage pas dans le vide, mais encore que son
intensité diminue en même temps que la densité de l'air.
Ce fait est confirmé par différentes observations que nous
allons faire connaître :

a) Gay-Lussac, dans la célèbre ascension en ballon
qu'il fit en 1804, remarqua que le son de sa voix était
considérablement affaibli à la hauteur de 7000 mètres.
Depuis, d'autres aéronautes, entre autres Glaisher et
Coxwell, ont fait la même remarque.

b) Saussure a trouvé qu'au sommet du Mont-Blanc, à
4800 mètres au-dessus de la mer, un coup de pistolet
produit un bruit beaucoup plus faible que lorsqu'il est
tiré dans la plaine (*).

L'expérience prouve aussi *que le son diminue d'intensité dans les gaz de faible densité comme dans
l'air raréfié.*

En effet, Priestley (**) ayant placé un timbre sous une
cloche pleine d'hydrogène, l'entendit à peine, et le physicien Maunoir, après avoir aspiré de grandes quantités
du même gaz remarqua que sa voix était devenue tellement grêle et flûtée qu'il en fut effrayé.

(*) Si l'explosion d'un bolide, qui a lieu en général à une très grande
hauteur et par conséquent dans un air très peu dense, est entendue avec force,
on peut en conclure qu'il faut qu'elle se fasse avec une violence extrême.

(**) *Priestley,* physicien et théologien anglais, né en 1733, mort en 1804.

Par contre, *si le son se propage dans de l'air comprimé ou dans un gaz de densité supérieure à l'unité, il augmente de force.*

Lors de l'établissement des fondations du pont de Kehl, les ouvriers qui travaillaient dans l'air comprimé ont remarqué que leur voix augmentait de puissance.

Pour les expériences de cours servant à confirmer les observations qui précèdent, on peut faire usage d'un ballon de verre B muni d'un robinet R (fig. 145). Au centre se trouve suspendue, à l'aide d'un fil de lin, une petite clochette C. Après avoir fait le vide, on laisse rentrer dans le ballon, au lieu d'air, soit de l'hydrogène, soit de l'acide carbonique, et l'on constate qu'avec le premier gaz, le son est affaibli, et qu'il est renforcé avec le second.

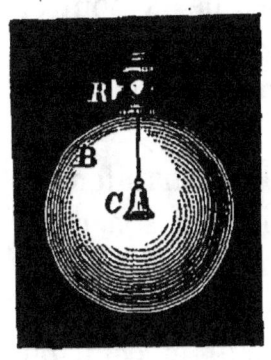

Figure 145.

237. Transmission du son dans les liquides. Dans l'eau, le son se propage avec beaucoup plus de force que dans l'air. Un plongeur perçoit parfaitement et à une assez grande distance le bruit de deux cailloux que l'on choque au sein de l'eau ; et tout le monde a remarqué que les poissons s'effraient aux moindres bruits qui se produisent à la surface de l'eau.

Non seulement le son se propage dans les liquides, mais la transmission se fait d'autant mieux que le liquide est plus dense. Ce fait a été mis en évidence par les expériences de Pérolle. Ce physicien suspendit une montre à un fil, et, après l'avoir recouverte de cire, la fit plonger dans différents liquides. Dans l'air, le tic-tac de la montre cessait d'être entendu à une distance de 3 mètres, tandis qu'il s'entendait encore à 4 mètres dans l'alcool, à 5 dans de l'huile et à 7 dans de l'eau, c'est-à-dire que *la*

*transmission se fait d'autant mieux que le liquide
est plus dense.*

238. Transmission du son dans les solides. Les solides
transmettent les sons plus facilement encore que les
liquides. Si l'on applique l'oreille à l'extrémité d'une
pièce de bois un peu longue, on distinguera très facilement le bruit que l'on produit en frottant avec une
épingle l'extrémité opposée, alors qu'une personne placée vers le milieu, mais l'oreille éloignée de la poutre,
n'entendra absolument rien. Le roulement d'une voiture
très éloignée se distingue facilement lorsqu'on tient
l'oreille appliquée sur le sol.

239. Vitesse du son dans l'air. Cherchons maintenant
avec quelle vitesse se fait la propagation du son dans
les milieux élastiques et particulièrement dans l'air.

L'observation montre qu'il s'écoule toujours un certain
temps entre le moment où le son se produit et celui où
il arrive à l'oreille. En effet, si l'on regarde à distance
une personne qui frappe avec un marteau sur une enclume, on voit le marteau tomber sur l'enclume avant
d'entendre le choc. La transmission du son n'est donc
pas instantanée. Sa *vitesse*, que nous allons déterminer,
est l'espace qu'il parcourt en une seconde (*).

Le procédé employé pour la détermination de la vitesse
du son repose sur ce fait, que la lumière se propage
incomparablement plus vite que le son. On peut donc
admettre, dans les limites où un son peut s'entendre, que
l'instant où l'on aperçoit un phénomène lumineux est
celui où il se produit.

(*) Les géomètres ont établi théoriquement que la vitesse du son dans l'air
peut s'exprimer par la formule $v = \sqrt{\dfrac{gh\delta}{d}}$; d représentant la densité de
l'air et $gh\delta$ son élasticité ; g est l'accélération due à la pesanteur, h la hauteur
barométrique, et δ la densité du mercure. Cette formule n'est qu'approchée.

Les premières expériences précises, qui remontent à 1738, ne donnèrent que des résultats incertains. Sur l'ordre de Laplace, elles furent reprises en 1822 par les membres du bureau des longitudes de Paris. Les stations choisies furent Montléry et Villejuif, où l'on tirait des coups de canon à intervalles convenus. Chaque groupe d'observateurs notait exactement le nombre de secondes qui s'écoulaient entre l'apparition de la lumière et la perception du son. La distance des deux stations étant de 18612 mètres et le temps noté 54″,8, on a eu pour la vitesse cherchée :

$$v = \frac{18612}{54,8} = 340 \text{ mètres, environ.}$$

Au moment de l'expérience, la température de l'air était de 16°.

La vitesse du son varie avec la température. Elle croît en même temps qu'elle. Newton a cherché la relation qui existe entre ces deux quantités, et a trouvé en représentant par v la vitesse du son dans l'air à $t°$ et par v_0 sa vitesse à 0°, l'égalité :

$$v = v_0 \sqrt{1 + \alpha t}, \qquad (1)$$

α étant égal à 0,00367 (**154**).

Cette formule donnera, en remplaçant les quantités littérales par leurs valeurs numériques, résultant de l'expérience rapportée plus haut :

$$v_0 = \frac{340}{\sqrt{1 + 0,00367 \times 16}} = 331,3 \text{ mètres,}$$

vitesse du son à 0°.

Ce nombre est un peu différent de celui qui a été donné par Regnault, à la suite de nombreuses expériences exécutées dans la plaine de Satory. Pour Regnault,

$v_o = 330,5$ mètres. En portant cette valeur dans l'équation (1), on aura :

$$v = 330,5 \sqrt{1 + \alpha t},$$

relation qui donne la vitesse du son dans l'air à une température quelconque.

La vitesse du son dans l'air est constante pour une même température. En effet, les expériences faites à des distances différentes, d, d', d'', ..., ont donné pour le nombre de secondes écoulées entre l'apparition de la lumière et la perception du son, des valeurs n, n', n'', ..., telles que les égalités $v = \dfrac{d}{n} = \dfrac{d'}{n'} = \dfrac{d''}{n''} = ...$, sont vérifiées. La vitesse est donc constante.

Tous les sons se propagent avec la même vitesse, qu'ils soient forts ou faibles, graves ou aigus, et quel que soit leur timbre. En effet, on sait que les notes d'un morceau de musique exécuté par un orchestre, conservent leurs distances relatives quand même elles sont entendues de loin.

Vitesse du son dans les gaz autres que l'air. Regnault a trouvé qu'en représentant la vitesse du son dans l'air par 1, la vitesse de propagation dans l'hydrogène pouvait se représenter par 3,8 ; dans le gaz ammoniac par 1,2 et dans l'anhydride carbonique par 0,8.

Il résulte évidemment de ces chiffres que *la vitesse du son diminue quand la densité du gaz augmente.* Il faut donc se garder de confondre la vitesse du son avec son intensité. Ainsi, l'hydrogène qui affaiblit considérablement le son le transmet environ quatre fois plus vite que l'air.

240. Vitesse du son dans l'eau. C'est à Colladon et Sturm que l'on doit la première détermination expérimentale de cette vitesse. L'expérience se fit en 1817, sur le lac de Genève. Chacun des observateurs montait une barque. A l'une d'elles était suspendue une cloche en métal qui plongeait dans l'eau. Cette cloche était frappée par un marteau dont le manche qui émergeait de l'eau allumait de la poudre au moment du choc. L'observateur placé dans l'autre barque recevait le son à l'aide d'un cornet acoustique dont l'extrémité évasée plongeait dans l'eau. En divisant la distance qui séparait les deux barques par le nombre de secondes écoulées entre le moment de l'inflammation de la poudre et celui où le son fut entendu, on a trouvé 1435 mètres (*). *Le son se propage donc beaucoup plus vite dans l'eau que dans l'air.*

241. Vitesse du son dans les solides. *Le son se propage plus rapidement dans les solides que dans les liquides.* Biot a déterminé expérimentalement sa vitesse dans la fonte, en opérant sur les tuyaux établis pour amener à Paris les eaux de la source d'Arcueil, qui ont une longueur de 951,25 mètres.

Donnons une idée du procédé suivi.

Si l'on frappe avec un marteau une extrémité du tuyau, un observateur dont l'oreille est appliquée à l'autre extrémité, entend deux fois le son à un intervalle de 2 secondes et demie. Le premier son entendu est transmis par la fonte et le second par l'air.

Le temps que le son a mis pour parcourir la fonte sur une étendue de 951,25 mètres sera évidemment $\frac{951,25}{x}$, x étant la vitesse de propagation cherchée, et $\frac{951,25}{340}$ sera le temps employé par le son pour arriver à l'oreille par l'air. (340 est la vitesse dans l'air à 16°.) Ces deux temps devant différer de 2 secondes et demie, on pourra

(*) Ce résultat ne s'éloigne pas beaucoup du nombre 1429 que donne la théorie.

poser l'équation : $\dfrac{951,25}{340} - \dfrac{951,25}{x} = 2,5,$

qui donne $x = 3194^m,3$.

En 1851, Wertheim et Breguet ont déterminé la vitesse du son dans les fils télégraphiques du chemin de fer de Paris à Versailles et ont trouvé 3485 mètres.

On peut aussi déterminer la vitesse de propagation du son dans les solides et dans les liquides par des considérations théoriques (*).

Il résulte de ces différentes recherches, tant expérimentales que théoriques, que les corps dans lesquels les sons se transmettent avec la plus grande vitesse sont l'hydrogène parmi les gaz, l'eau de mer parmi les liquides naturels, le fer parmi les métaux, et le verre et le bois de sapin parmi les autres solides.

242. Mode de propagation du son. Recherchons maintenant de quelle manière le mouvement vibratoire se propage dans l'air.

Si, au milieu d'un bassin plein d'eau, on enfonce et on retire à des intervalles de temps égaux un piston, on remarquera à la surface de l'eau une série d'ondes circulaires qui paraissent avancer; mais il n'en est rien en réalité. En un point donné, l'eau se soulève et s'abaisse successivement sans avancer ni reculer. Mais comme ce phénomène se produit de proche en proche, on s'imagine que l'eau est transportée et que l'onde marche.

Lorsqu'un corps sonore vibre, il se produit dans l'air ambiant un mouvement analogue.

Pour nous en rendre compte, supposons que l'on fasse vibrer dans l'air une lame élastique $a\,b$ fixée à l'une de

---

(*) Les calculs se font, soit en recherchant le coefficient d'élasticité, soit par la méthode des vibrations.

ses extrémités a (fig. 146). Supposons, en outre, qu'elle soit assez longue pour que son extrémité libre reste sensiblement parallèle à elle-même dans toutes ses positions. Amenons-la avec le doigt en ab', puis abandonnons-la à

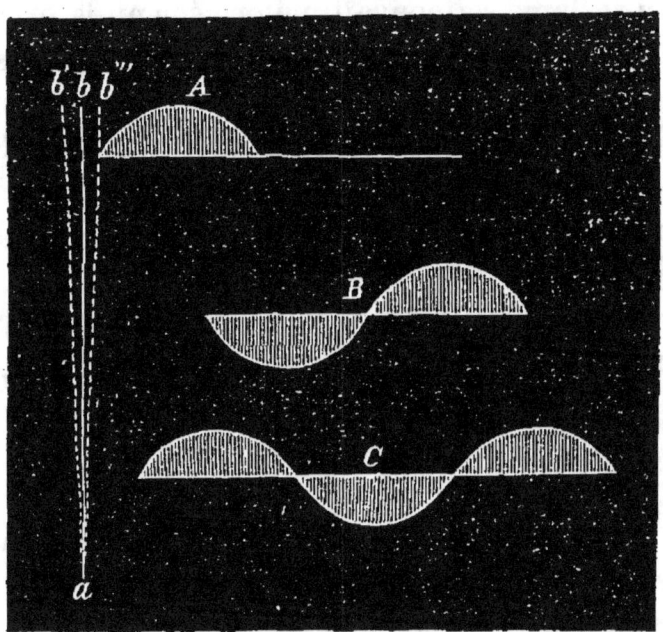

Figure 146.

elle-même. Elle vibrera en produisant un son, et sa vitesse variera aux différents points de son parcours. En effet, elle sera nulle en b', maximum en b, et de nouveau nulle en b''. La lame reviendra ensuite de b'' en b', en repassant par les mêmes variations de vitesse, mais en sens contraire.

Il est évident que pendant que la lame marche de b' en b'', la tranche d'air qui la touche se comprime entre la lame élastique et les tranches d'air suivantes. Cette compression (ou augmentation de densité) se transmet de proche en proche avec une vitesse de 340 mètres par seconde.

L'*épaisseur* de la couche d'air condensée pendant que la lame va de b' en b'', se nomme *onde condensée*. Dans l'hypothèse où la lame met $\frac{1}{100}$ de seconde pour aller de b' en b'', la longueur de l'onde condensée sera évidemment $\frac{340}{100} = 3^m,4\,(\text{*})$.

La condensation serait uniforme sur toute l'étendue de l'onde si la lame se mouvait uniformément de b' en b''; mais il n'en est pas ainsi et la condensation dans les différents points de l'onde, présente toutes les variations de grandeur que l'on remarque dans la vitesse de la lame.

On peut représenter graphiquement l'état de l'air aux différentes époques du mouvement vibratoire, de la manière suivante. Sur la ligne de propagation du son élevons, en chacun de ses points, des perpendiculaires dont les longueurs correspondent aux différents états de condensation de l'air. En réunissant par un trait continu les extrémités de ces perpendiculaires, on aura une courbe de la forme A (fig. 146).

Si la lame s'arrêtait en b'', le mouvement de condensation se propagerait avec une vitesse uniforme à travers de nouvelles couches d'air, tandis que les premières reprendraient leur état de repos. Mais la lame revient de b'' en b'. Pendant ce retour, la couche d'air qui a été condensée se dilate et éprouve en ses différents points des variations de dilatation correspondant aux variations de vitesse que présente la lame dans son mouvement rétrograde. Lorsque la lame sera revenue en b', *toute la couche d'air primitivement condensée sera dilatée.* Pendant ce temps, le mouvement de condensation aura progressé en affectant une couche d'air d'épaisseur à peu près égale à la première. De sorte que si l'on représente graphiquement comme ci-dessus, les

---

(*) On a généralement $l = \dfrac{v}{n}$; l étant la longueur de l'onde, v la vitesse du son et n le nombre de vibrations par seconde.

différents degrés de raréfaction de la première couche d'air, avec cette différence que les perpendiculaires sont tracées en dessous de la ligne de propagation, on aura, pour l'état de l'air pendant la deuxième vibration simple de la lame, les courbes B (fig. 146). Après la troisième vibration simple de la lame, l'état de l'air sera représenté par C (même figure). Il est facile de généraliser ce raisonnement (*).

Le son se propageant dans toutes les directions avec la même vitesse, il s'ensuit que l'état de l'air à un moment donné sera le même sur tous les points d'une sphère qui aurait pour centre le point ébranlé. Les ondes sonores sont donc sphériques. Les rayons des sphères se nomment *rayons sonores*. Au fur et à mesure que l'on s'éloigne du centre d'ébranlement, la masse d'air comprise dans les ondes sphériques augmentant de plus en plus, il s'ensuit que le mouvement vibratoire des molécules de l'air diminue d'amplitude, et partant, que le son diminue d'intensité. C'est ce que confirme l'expérience journalière.

L'analyse mathématique prouve que *cette intensité est en raison inverse du carré de la distance au corps sonore*. Mais une vérification expérimentale satisfaisante de cette loi est fort difficile, sinon impossible.

Propagation du son dans un tuyau cylindrique. Si, au lieu de se propager à l'air libre, le son se propageait dans un tuyau cylindrique, il ne perdrait presque rien de son intensité. En effet, dans ce cas, l'onde, au lieu

---

(*) Il importe de remarquer que les courbes A, B, C de la fig. 146 ne représentent pas des soulèvements et des abaissements de l'air, comme les ondes que l'on voit à la surface d'une eau qui a été agitée en un de ses points ; mais elles constituent la représentation graphique des changements de densité que subit l'air lorsqu'un son s'y propage.

d'augmenter de volume, conserve un volume constant ; et si le frottement de l'air contre la paroi du tube n'occasionnait pas une perte de mouvement, le son conserverait toute son intensité, quelle que soit la longueur du tuyau. Ce fait trouve son application dans les tuyaux acoustiques que l'on emploie pour transmettre la parole d'un appartement à un autre.

243. Réflexion du son. De même que la chaleur et la lumière, le son se réfléchit. En d'autres termes, les ondes sonores qui rencontrent un obstacle sont renvoyées ou réfléchies, comme si le centre d'ébranlement se trouvait, non pas devant l'obstacle, mais derrière à une distance égale, au point symétrique. Ainsi (fig. 147), O étant un centre d'ébranlement et O′ son point symétrique par rapport au plan PP′ qui forme l'obstacle, l'onde ABCD, qui a O pour centre, sera réfléchie suivant EBCF qui a pour centre O′.

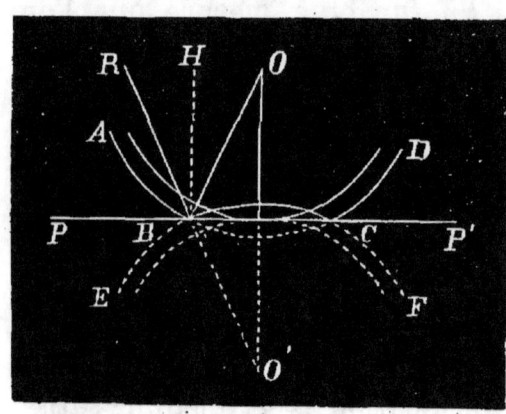

Figure 147.

Par définition, OB est le rayon sonore incident et BR le rayon réfléchi. Il est facile de prouver que les angles OBH et HBR sont égaux.

Donc, le son se réfléchit suivant les mêmes lois que la chaleur, savoir :

1° *Les angles d'incidence et de réflexion sont égaux.*

2° *Le rayon incident, le rayon réfléchi et la normale au point d'incidence sont dans un même plan.*

La vérification expérimentale de ces lois peut se faire au moyen de deux miroirs sphériques concaves (fig. 148), que l'on place en face l'un de l'autre et à une certaine distance, de manière que leurs axes principaux coïn-

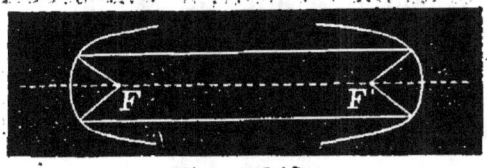

cident. Au foyer principal F de l'un d'eux on suspend une montre, et au foyer F' de l'autre, on applique

Figure 148.

l'oreille qui entendra parfaitement le tic-tac de la montre, alors que l'on n'entendra rien en plaçant l'oreille en un point voisin et plus rapproché. Cette expérience vérifie, en effet, les lois de la réflexion du son, ainsi qu'on le verra en optique à propos de la réflexion de la lumière sur les miroirs concaves (*).

244. Écho. — Résonnance. Le son réfléchi peut donner lieu à deux phénomènes différents : l'*écho* et la *résonnance.*

Il y a *écho* lorsque le son réfléchi est bien distinct du son primitif.

Supposons que A soit le lieu où se produit un son (fig. 149). Un observateur placé en un point assez rapproché de A, en C, par exemple, entendra directement le son

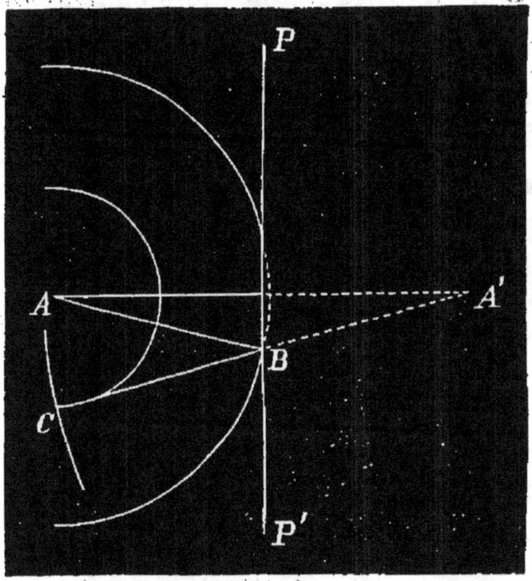

Figure 149.

_____

(*) L'axe principal du miroir est la droite indéfinie qui passe par son point milieu et le *centre de courbure*. On nomme *foyer principal* le point de l'axe principal où viennent converger, après leur réflexion, les rayons incidents parallèles à cet axe.

parti de A, parce qu'il se trouve sur une onde qui a ce point pour centre. Il entendra une deuxième fois le son, parce qu'il se trouve sur l'onde réfléchie qui a pour centre le point A', symétrique de A par rapport au plan réfléchissant PP'.

Mais le son réfléchi n'est bien distinct du son primitif que dans certaines conditions que nous allons établir.

L'expérience prouve que la persistance du son dans l'oreille dure environ $\frac{1}{10}$ de seconde après que le son a cessé. Il résulte de là que, pour qu'il y ait *écho*, il faut qu'il s'écoule au moins $\frac{1}{10}$ de seconde entre l'impression produite sur l'oreille par le son primitif et celle produite par le son refléchi.

Or, en $\frac{1}{10}$ de seconde le son parcourt $\frac{340}{10} = 34$ mètres. Il faut donc, pour qu'il y ait écho, que l'obstacle qui réfléchit le son se trouve au moins à une distance de 17 mètres du centre d'ébranlement, sans quoi le son réfléchi reviendrait à l'oreille avant que l'impression produite par le son primitif ne soit effacée.

L'obstacle peut être un mur, un rocher, un nuage, etc.

Il est évident que le son réfléchi sera plus faible que le son direct, puisqu'il aura parcouru l'espace ABC > AC pour arriver à l'oreille.

Dans l'hypothèse où l'obstacle est situé à une distance supérieure à 17 mètres, mais inférieure à 34 mètres, l'écho ne répétera distinctement que la dernière syllabe du mot prononcé. Mais si l'obstacle est situé à une distance d'au moins deux fois 17 mètres ou 34 mètres et si le son est suffisamment intense pour qu'il y ait écho, il y aura deux syllabes répétées.

Il est facile de généraliser et de formuler les conditions nécessaires pour obtenir un écho polyssyllabique.

Un même son peut être répété plusieurs fois par deux obstacles placés parallèlement. C'est ce que l'on nomme un *écho multiple*. On cite comme exemples de ce genre d'écho, celui de la cour de la villa Simonetta, près de Milan, qui répète plus de vingt fois un mot prononcé à haute voix entre les ailes parallèles de l'édifice, et un autre situé entre Coblentz et Bingen, qui répète 17 fois la même syllabe.

Lorsque l'obstacle réflecteur se trouve à une distance moindre que 17 mètres, le son réfléchi arrive à l'oreille avant que l'impression produite par le son direct soit effacée. L'effet de cette superposition partielle est de renforcer le son et de l'allonger. On a alors une *résonnance*.

Si la voix paraît plus forte et plus soutenue dans un appartement qu'à l'air libre, la cause en est due à la réflexion du son sur les murailles, qui produit la résonnance. C'est encore elle qui explique le bruit que fait un bateau à vapeur à roues lorsqu'il passe sous les arches d'un pont.

245. Porte-voix, cornet acoustique, mégaphone. Le *porte-voix* est un cône métallique qui porte à son sommet une embouchure. L'extrémité évasée est le pavillon. A cause de la forme de l'instrument, les rayons sonores qui se réfléchissent sur les parois divergent très peu à leur sortie, ce qui permet de porter le son à une assez grande distance sans que son intensité diminue notablement.

Le *cornet acoustique* est un porte-voix de petite dimension. Seulement le sommet se place dans l'oreille et l'on parle dans le pavillon.

Le *mégaphone* d'Édison, qui permet de converser facilement à 2 ou 3 kilomètres de distance, n'est rien autre qu'une combinaison ingénieuse du porte-voix et du cornet acoustique, auxquels on a donné de grandes dimensions.

CHAPITRE II.

QUALITÉS DU SON. — GAMME.

Les sons diffèrent entre eux par l'*intensité*, la *hauteur* et le *timbre*.

246. Intensité. L'intensité d'un son se mesure par la distance maximum à laquelle on peut l'entendre.

Nous avons vu dans le chapitre précédent l'influence qu'exercent sur la force du son *la densité* (**236**) du milieu dans lequel il se propage et la distance à laquelle on l'entend (**242**); mais d'autres causes que nous allons examiner augmentent ou diminuent cette intensité.

a) Un son s'affaiblit à mesure que l'*amplitude* des vibrations du corps sonore diminue. On nomme amplitude la grandeur d'une vibration. On peut vérifier ce fait expérimentalement en faisant vibrer une corde de violon. Elle donne un son d'abord intense, mais qui diminue insensiblement jusqu'à s'éteindre quand elle est immobile (*).

b) Un son est d'autant plus intense que l'étendue du corps vibrant est plus grande. Ainsi, une corde produit un son faible parce qu'elle frappe l'air sur une petite étendue, tandis qu'une cloche s'entend au loin parce qu'elle ébranle l'air sur une étendue beaucoup plus grande.

Pour une raison analogue, une corde tendue sur une planchette étroite donne, lorsqu'on la fait vibrer, un son beaucoup plus faible que lorsqu'elle est tendue sur une table résonnante, comme dans le violon, le piano, etc.

(*) On démontre par le calcul que l'intensité est proportionnelle au carré de l'amplitude.

De même, un diapason que l'on fait vibrer dans l'air donne un son beaucoup moins fort que lorsqu'on l'appuie sur une table ou sur un autre corps élastique. L'augmentation de l'intensité du son est due ici à une augmentation de la surface du corps vibrant qui augmente le volume de l'air ébranlé en même temps.

247. Influence de la nuit sur l'intensité du son. Tout le monde a pu remarquer que généralement les sons sont mieux entendus pendant la nuit que pendant le jour; mais les physiciens ne sont pas d'accord sur l'explication de ce fait.

M. de Humboldt (*) l'explique en faisant remarquer que pendant la nuit l'air est calme et homogène, tandis que pendant le jour il est agité et composé de parties de différentes densités. Or, dans un milieu homogène, le son se propage presque sans autre perte d'intensité que celle qui est due à la distance; tandis qu'il n'en est pas ainsi, si le milieu dans lequel se fait la propagation n'est pas homogène. Dans ce cas, à chaque passage d'une masse d'air dans une autre de densité différente, le son éprouve une réflexion partielle, de sorte que la portion qui passe outre a perdu une partie de son intensité.

Nicholson n'est pas de cet avis. Il attribue l'accroissement d'intensité du son pendant la nuit à ce seul fait que, pendant le jour, une multitude de bruits agissent sur l'oreille et empêchent de distinguer nettement chacun d'eux (**).

Mais de récentes et intéressantes expériences dues à M. Tyndall, montrent que cette question et d'autres relatives à la portée du son sont encore loin d'être élucidées.

(*) *Alexandre de Humboldt* est un savant universel qui a résumé ses travaux dans le *Cosmos* ou *Description physique du monde*. Né en 1767, mort en 1855.

(**) « Le silence exalte l'ouïe, comme l'obscurité aiguise la vue. »

248. Hauteur du son. *La hauteur d'un son*, c'est-à-dire son degré d'acuité ou de gravité, *dépend uniquement du nombre de vibrations exécutées par le corps sonore dans un temps donné.* Plus le son est aigu, plus le nombre de vibrations est grand; il est grave, au contraire, si le nombre est peu considérable.

Des appareils très variés permettent de mesurer facilement le nombre de vibrations par seconde qui correspond à un son déterminé. Citons la *roue dentée de Savart*, la *sirène de Cagniard-Latour*, la *sirène de Seebeck*, etc.

249. Roue dentée de Savart. Cet appareil (fig. 150) se compose d'une roue dentée R à laquelle on imprime un mouvement de rotation très rapide au moyen d'une

Figure 150.

manivelle et d'une courroie sans fin B, qui passe sur deux poulies P et P', de diamètres très différents. Les dents de la roue viennent tour à tour frapper une carte C qui est fixée au bâtis. La carte frappée s'écarte de sa position d'équilibre, y revient et la dépasse par le fait de son élasticité. Le même phénomène se reproduit pour chaque dent de la roue, qui produit ainsi une vibration double (aller et retour).

Un appareil compteur, solidaire de l'axe de rotation de la roue dentée, permet d'évaluer le nombre de tours que celle-ci a faits, pendant un temps déterminé.

Voici maintenant comment on opère :

On imprime à la roue dentée un mouvement aussi régulier que possible, d'abord lent, puis progressivement plus rapide, jusqu'à ce que la carte produise un son de même hauteur que le son à mesurer. On dit alors qu'il y a *unisson*, c'est-à-dire que *les deux sons sont produits par le même nombre de vibrations pendant le même temps*. A partir de ce moment, on maintient la vitesse constante pendant une durée de t secondes. Si n représente le nombre de dents de la roue et n' le nombre de tours indiqués par le compteur, le nombre de vibrations doubles par seconde correspondant au son donné, sera :

$$\frac{nn'}{t}.$$

Savart (*) a obtenu avec une roue munie de 600 dents jusqu'à 40 tours par seconde, soit 24000 vibrations doubles, ce qui correspond à un son d'une excessive acuité.

La manœuvre de cet appareil demande, on le conçoit, une grande habileté. Sinon, on est exposé à commettre des erreurs grossières. D'autres appareils ont plus de précision, mais leur description ne peut trouver place ici.

250. Procédé graphique. Donnons cependant une idée des *procédés graphiques* qui paraissent aujourd'hui devoir remplacer tous les autres, à cause de leur extrême simplicité.

Soit un corps vibrant, un diapason D, par exemple (fig. 151). A l'une de ses branches on fixe une pointe aiguë *p*, très légère. En face de la pointe se trouve un cylindre R dont le contour est enduit de noir de fumée, et

---

(*) *Savart*, mort en 1851 à Paris, fut professeur au Collège de France.

auquel on peut imprimer un mouvement de rotation, à l'aide d'une manivelle adaptée à une vis V qui traverse un écrou pratiqué dans l'une des branches du support. La vis a pour effet de déplacer le cylindre, suivant sa longueur, pendant sa rotation. En disposant convenablement

Figure 151.

le corps vibrant, le style décrira sur le contour de la roue une ligne sinueuse dont le nombre de sinuosités sera égal au nombre de vibrations. En comptant le nombre de sinuosités sur un quart de cercle, par exemple, on aura facilement le nombre de vibrations pendant le temps d'une rotation ; il est aisé de régler le mouvement de telle sorte que ce temps soit une seconde. On obtient donc ainsi, sans grande difficulté, le nombre de vibrations par seconde.

251. Limite des sons perceptibles. Les vibrations trop lentes ou trop rapides ne produisent pas de son perceptible. Despretz a fixé la limite des sons graves à 32 vibrations par seconde et Savart a donné pour limite aux sons aigus 48000 vibrations simples.

252. Timbre. Deux sons de même hauteur et de même intensité peuvent encore différer par le timbre. Le son d'une trompette, par exemple, n'a pas le même timbre que celui du violon. Les causes du timbre sont multiples et encore incertaines. Il paraît aujourd'hui qu'il faut l'attribuer aux harmoniques; mais nous reviendrons sur ce sujet quand nous aurons étudié la gamme.

253. Gamme. On nomme *gamme* une série de sept sons de hauteur constante et se succédant dans un ordre déterminé. Cette série de sons est agréable à l'oreille et est facile à reproduire. Supposons qu'à l'aide de la roue de Savart on ait déterminé le nombre de vibrations correspondant à chacun d'eux. Si nous représentons le nombre de vibrations du son le plus grave, c'est-à-dire de l'*ut* fondamental, par 1, on verra que l'on pourra représenter les nombres de vibrations correspondant aux six autres notes par les fractions $\frac{9}{8}, \frac{5}{4}, \frac{4}{3}, \frac{3}{2}, \frac{5}{3}$ et $\frac{15}{8}$.

On aura donc :

	ut,	*ré,*	*mi,*	*fa,*	*sol,*	*la,*	*si,*
	1,	$\frac{9}{8}$,	$\frac{5}{4}$,	$\frac{4}{3}$,	$\frac{3}{2}$,	$\frac{5}{3}$,	$\frac{15}{8}$.

Supposons que l'*ut* corresponde à 96 vibrations, on trouvera facilement la succession suivante :

ut,	*ré,*	*mi,*	*fa,*	*sol,*	*la,*	*si,*
96,	108,	120,	128,	144,	160,	180.

Cette gamme est suivie d'une autre dans laquelle le nombre de vibrations de chaque note est double de celui de la note de même nom; celle-ci est à son tour suivie d'une 3me gamme dans laquelle le nombre de vibrations de chaque note est double de celui de la note de même nom de la 2me gamme, et ainsi de suite.

Il suit de là que les nombres relatifs de vibrations des notes de la 2me gamme seront exprimés de la manière suivante :

$$1 \times 2, \quad \tfrac{9}{8} \times 2, \quad \tfrac{5}{4} \times 2, \text{ etc.};$$

ceux de la 3me par :

$$1 \times 2^2, \quad \tfrac{9}{8} \times 2^2, \quad \tfrac{5}{4} \times 2^2, \text{ etc.},$$

et ceux de la $n^{ième}$ par :

$$1 \times 2^{n-1}, \quad \tfrac{9}{8} \times 2^{n-1}, \quad \tfrac{5}{4} \times 2^{n-1}, \text{ etc.}$$

254. Intervalles. Pour mesurer *l'intervalle de deux notes*, on prend *le rapport des nombres de vibrations qui mesurent leur hauteur*, en ayant soin de diviser toujours le plus grand nombre par le plus petit.

On n'a pas pris pour mesure de l'intervalle de deux notes la différence de leurs nombres de vibrations, parce que cette mesure varierait d'une gamme à l'autre pour deux mêmes notes, ce qui n'arrive pas quand on prend le rapport par quotient.

Ce rapport s'exprime par la fraction $\dfrac{n'}{n}$, n' et n étant les nombres de vibrations correspondant à deux notes, et n' étant plus grand que n.

Les intervalles entre les différentes notes de la gamme seront donc (*) :

$$\text{de } ut_1 \text{ à } ré_1 \ldots \ldots \quad \tfrac{9}{8} : 1 = \tfrac{9}{8},$$
$$\text{de } ré_1 \text{ à } mi_1 \ldots \ldots \quad \tfrac{5}{4} : \tfrac{9}{8} = \tfrac{10}{9},$$
$$\text{de } mi_1 \text{ à } fa_1 \ldots \ldots \quad \tfrac{4}{3} : \tfrac{5}{4} = \tfrac{16}{15},$$
$$\text{de } fa_1 \text{ à } sol_1 \ldots \ldots \quad \tfrac{3}{2} : \tfrac{4}{3} = \tfrac{9}{8},$$
$$\text{de } sol_1 \text{ à } la_1 \ldots \ldots \quad \tfrac{5}{3} : \tfrac{3}{2} = \tfrac{10}{9},$$
$$\text{de } la_1 \text{ à } si_1 \ldots \ldots \quad \tfrac{15}{8} : \tfrac{5}{3} = \tfrac{9}{8},$$
$$\text{et de } si_1 \text{ à } ut_2 \ldots \ldots \quad 2 : \tfrac{15}{8} = \tfrac{16}{15}.$$

(*) Nous représenterons les notes de la première gamme par ut_1, $ré_1$, etc.; celles de la deuxième par ut_2, $ré_2$, mi_2, etc.; et celles de la $n^{ième}$ par ut_n, $ré_n$, mi_n, etc.

Il existe donc entre les notes consécutives de la gamme trois sortes d'intervalles :

1° l'intervalle $\frac{9}{8}$ que l'on nomme en musique un *ton majeur ;*

2° l'intervalle $\frac{10}{9}$, qui est un *ton mineur ;*

3° l'intervalle $\frac{16}{15}$, que l'on nomme *demi-ton majeur.*

Outre ces intervalles, on distingue encore les intervalles suivants :

l'intervalle de *ut* à *mi* ou *tierce majeure* $= \frac{5}{4}$,

" de *ut* à *fa* ou *quarte* . . . . . $= \frac{4}{3}$,

" de *ut* à *sol* ou *quinte* . . . . $= \frac{3}{2}$,

" de *ut* à *la* ou *sixte* . . . . . . $= \frac{5}{3}$,

" de *ut* à *si* ou *septième* . . . . $= \frac{15}{8}$,

" de *ut$_1$* à *ut$_2$* ou *octave* . . . . $= \frac{2}{1}$.

L'intervalle de deux sons de même hauteur ou l'*unisson* $= \frac{1}{1}$.

Si le rapport qui exprime l'intervalle est très simple, l'oreille est agréablement affectée par la production simultanée des deux sons et l'on a ce que l'on nomme une *consonnance.* Dans le cas contraire, il y a *dissonnance.*

Les intervalles les plus agréables à l'oreille sont : l'unisson $= \frac{1}{1}$, l'octave $= \frac{2}{1}$, la quinte $= \frac{3}{2}$, la tierce majeure $= \frac{5}{4}$, la tierce mineure $= \frac{6}{5}$ et la sixième $= \frac{5}{3}$.

255. Dièzes et bémols. Les intervalles qui séparent les notes d'une même gamme n'étant pas égaux, il s'en suit que si l'on prend pour point de départ, au lieu de la note *ut*, toute autre note, on sera obligé, pour conserver la succession des intervalles nécessaires à l'existence de la gamme, tantôt d'élever quelque peu une note, tantôt d'abaisser une autre. La note ainsi élevée est dite *diézée*, et la note abaissée est dite *bémolisée* (*).

_____

(*) Il est facile de voir que dans le cas où l'on prend *ré* pour tonique, les

On a trouvé que le nombre de vibrations correspondant à une note diézée égale le nombre de vibrations de la note naturelle multiplié par $\frac{25}{24}$, et que le nombre des vibrations d'une note bémolisée égale celui de la note naturelle multiplié par $\frac{24}{25}$.

En résumé, la gamme que nous venons d'étudier et que l'on nomme *gamme majeure*, est une suite de sons présentant la succession des intervalles :

$$\frac{9}{8}, \quad \frac{10}{9}, \quad \frac{16}{15}, \quad \frac{9}{8}, \quad \frac{10}{9}, \quad \frac{9}{8} \text{ et } \frac{16}{15}.$$

256. Gamme mineure. Les musiciens font encore usage d'une autre gamme nommée *gamme mineure*, qui présente les mêmes intervalles que la *gamme majeure*, mais se succédant dans l'ordre suivant :

$$\frac{9}{8}, \quad \frac{16}{15}, \quad \frac{9}{8}, \quad \frac{10}{9}, \quad \frac{16}{15}, \quad \frac{9}{8}, \quad \frac{10}{9}.$$

Chaque gamme majeure a sa gamme mineure correspondante (*).

257. Gamme tempérée. Chaque note pouvant être diézée ou bémolisée, il faudrait, dans les instruments à sons fixes, un piano, par exemple, 21 cordes par gamme, et par conséquent 21 touches, soit, pour un piano à sept octaves, 147 touches. Mais ce nombre est beaucoup réduit par suite des considérations suivantes :

Cherchons l'intervalle qui sépare une note diézée de la note suivante bémolisée.

L'*ut* ♯, par exemple, $= \frac{1 \times 25}{24}$,

et le *ré*♭ . . . . . $= \frac{9}{8} \times \frac{24}{25}$,

et leur intervalle $= \frac{9 \times 24 \times 24}{8 \times 25 \times 25} = \frac{648}{625}$.

Cet intervalle, quoique petit, puisqu'il diffère peu de

---

notes qui formeront la gamme seront : *ré, mi, fa dièze, sol, la, si, ut dièze, ré₂*, et si c'est le *fa* qui est la tonique, on aura : *fa, sol, la, si♭, ré, mi, fa₂*.

(*) Il est facile de voir, d'après l'ordre de succession des intervalles, que la *gamme mineure* prend son point de départ une tierce mineure plus bas que la gamme majeure correspondante.

l'unité, peut parfaitement se distinguer; mais sa moitié n'est guère appréciable. C'est pourquoi, dans les instruments à sons fixes, on élève un peu la note diézée et l'on descend un peu la note bémolisée suivante, de façon à les rendre identiques. De cette manière, la gamme comprend 13 notes au lieu de 21, et il n'y a alors que les notes naturelles qui conservent leur valeur, les notes diézées ou bémolisées étant altérées.

Aujourd'hui, dans les instruments à sons fixes, on divise l'intervalle d'une octave en 12 intervalles rigoureusement égaux, ce qui donne la *gamme tempérée*, à laquelle l'oreille s'habitue facilement, bien qu'il n'y ait que les octaves qui soient justes.

258. Harmoniques. — Timbre. On nomme *harmoniques* une suite de sons dont les nombres de vibrations sont entre eux comme la suite des nombres entiers, 1, 2, 3, ...

Ainsi ut_1, ut_2, sol_2, ut_3, mi_3, sol_3, etc., constituent une suite d'harmoniques, parce qu'ils sont représentés par les nombres (**253**) : 1, 1×2, $\frac{3}{2} \times 2$, 1×2^2, $\frac{5}{4} \times 2^2$, $\frac{3}{2} \times 2^2$, etc., ou $1, 2, 3, 4, 5, 6$, etc.

Les sons rendus par les différents instruments sont toujours accompagnés d'harmoniques; mais tandis que les uns ne donnent que les harmoniques de rang pair, les autres donnent les harmoniques de rang impair.

Les différents instruments ne donnent pas non plus le même nombre d'harmoniques. Ainsi, il en est qui ne donnent que les deux ou trois premiers harmoniques, tandis que d'autres en font entendre jusque six et même davantage.

La nature et le nombre des harmoniques qui accompagnent un son, sont considérées par M. Helmholtz *comme la cause générale du timbre.*

259. Résonnateurs de Helmholtz(*) à flammes manomé-triques. — Analyse des sons. Pour reconnaître les harmoniques qui accompagnent un son donné, M. Helmholtz se sert d'appareils que l'on nomme *résonnateurs*.

Leur emploi est basé sur la propriété suivante :

Si l'on fait entendre devant un instrument de musique une note qu'il peut rendre, il vibre spontanément et la note est renforcée. Ainsi, en chantant devant un piano, on fait résonner les cordes correspondant aux sons que l'on émet. Cette propriété explique le rôle des caisses sonores dans les instruments à cordes.

Le *résonnateur de Helmholtz* (fig. 152) est une sphère de métal R à deux ouvertures. La plus grande O se place

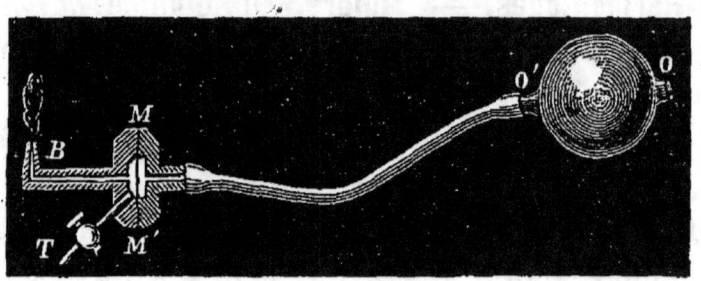

Figure 152.

vis à vis du corps sonore, la plus petite O' est engagée dans un tuyau qui aboutit à une capsule à deux loges séparées par une membrane élastique très mince MM'. La loge postérieure reçoit par le tube T du gaz d'éclairage qui brûle en B. Si le résonnateur est actif, l'air intérieur communique ses vibrations à la membrane élastique MM'. Celle-ci, à son tour, les transmet au gaz d'éclairage qui, par suite, étant alternativement comprimé et dilaté, fait vaciller la flamme.

Supposons que l'on ait construit huit résonnateurs,

(*) M. *Helmholtz* est professeur à l'Université de Berlin.

de telle sorte qu'ils donnent la suite des harmoniques :
ut_1, ut_2, sol_2, ut_3, mi_3, sol_3, $si_2{}^b$, et ut_4,
correspondant aux nombres :

1, 2, 3, 4, 5, 6, 7 et 8.

On place ces huit résonnateurs en série et l'on allume les becs. L'appareil ainsi disposé, voici comment on opère pour faire l'*analyse d'un son*, c'est-à-dire pour déterminer les harmoniques qui l'accompagnent.

On produit le son et on observe les flammes. On remarque que quelques-unes oscillent, tandis que les autres restent immobiles.

Les flammes oscillantes appartiennent évidemment aux résonnateurs actifs, c'est-à-dire à ceux qui correspondent aux harmoniques du son à analyser. On connaît ainsi le nombre et la nature des harmoniques qui accompagnent le son soumis à l'analyse.

260. Diapason. On nomme ainsi un petit instrument qui donne une note fixe. Il est en acier et courbé en forme de fourche (fig. 153). On peut le faire vibrer à l'aide d'un archet ou en le frappant contre un corps dur. On peut

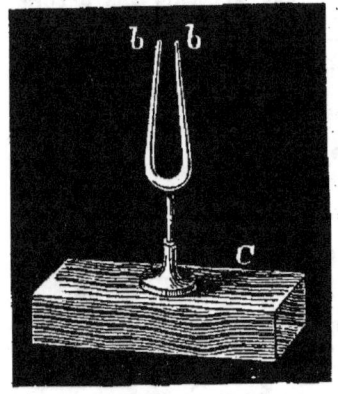

aussi, à cet effet, introduire une tige de fer entre les branches, puis tirer vivement pour la faire sortir. Pour renforcer le son, on place le diapason sur une caisse résonnante. Lorsqu'on veut jouer un morceau d'ensemble, il est évidemment indispensable que tous les instruments soient d'accord. C'est pour cela que, dans les orchestres, on les met à l'unisson à l'aide d'un diapason qui donne une note fixe. — Le diapason normal (*) qui

Figure 153.

(*) C'est le diapason officiel pour la France, fixé par décret en 1859.

est généralement employé aujourd'hui, donne le *la*, qui correspond à 870 vibrations simples par seconde. C'est la note de la troisième corde du violon. Le son le plus grave de la basse, l'*ut*, correspond à 130 ½ vibrations.

APPENDICE.

—

VIBRATIONS DES CORDES, DES PLAQUES ET DES TUYAUX SONORES.

261. Vibrations des cordes. Une corde élastique tendue peut recevoir deux espèces de vibrations :

1o *des vibrations transversales,* qu'on produit en frottant la corde avec un archet perpendiculairement à sa direction, ou en la pinçant.

2o *des vibrations longitudinales,* que l'on produit en frottant vivement la corde dans le sens de sa longueur avec un morceau de drap saupoudré de colophane.

Lois des vibrations transversales. L'analyse mathématique donne pour le nombre n des vibrations qu'une corde exécute pendant une seconde,

$$n = \frac{1}{rl} \sqrt{\frac{P}{\pi d}} \ (*) ;$$

n étant le rayon de la corde, l sa longueur, P le poids tenseur, d la densité, et $\pi = 3,1416$.

On voit, d'après cette formule, que les nombres de vibrations exécutées par des cordes différentes dans le même temps, varient :

1o *en raison inverse des longueurs ;*

2o *en raison inverse des rayons ;*

3o *proportionnellement aux racines carrées des poids tenseurs ;*

4o *en raison inverse des racines carrées des densités.*

La vérification expérimentale de ces lois se fait aisément à l'aide du *sonomètre* (fig. 154). C'est une caisse rectangulaire C, creuse, sonore, sur laquelle on peut tendre des cordes qui sont fixées invariablement à une extrémité A, passent sur une poulie et portent à l'autre extrémité un poids tenseur T. Des chevalets mobiles permettent de limiter la partie que l'on veut faire vibrer.

Il est facile de comprendre comment il faut s'y prendre pour la vérification des lois.

(*) Cette formule est due à *Lagrange.*

Soit, par exemple, à vérifier la première loi, à savoir : que *les nombres des vibrations de deux cordes de longueurs différentes sont en raison inverse de ces longueurs, les autres conditions étant les mêmes.*

Si cette loi est vraie, les longueurs des cordes qui donnent la *quinte,* par

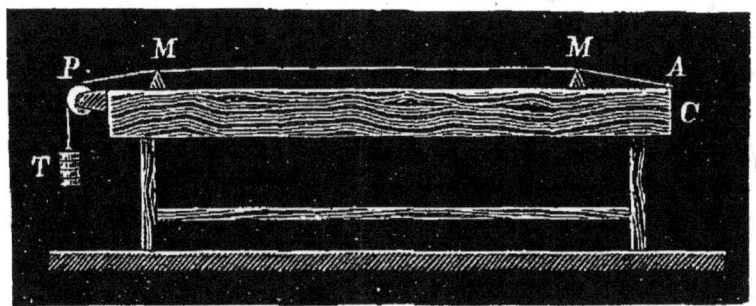

Figure 154.

exemple, doivent être dans le rapport de 2 à 3, puisque l'intervalle de quinte est $\frac{3}{2}$. Supposons que la corde du sonomètre vibre sur une longueur de 66 centimètres ; en la réduisant à 44 centimètres à l'aide d'un chevalet et en la mettant en vibration, on doit obtenir la *quinte,* et on l'obtient, en effet.

Soit encore à vérifier la troisième loi : *Les nombres des vibrations, toutes choses égales, sont entre eux comme les racines carrées des poids tenseurs.*

Voici comment on procède :

On tend une corde du sonomètre avec un poids de 4 kilogr., par exemple. Si la loi est vraie, en la remplaçant par un poids de 9 kilogr., on doit obtenir la quinte, puisque $\frac{3}{2}$ qui est le rapport de quinte $= \dfrac{\sqrt{9}}{\sqrt{4}}$; et on l'obtient, en effet.

262. Harmoniques des cordes vibrantes. Les lois que nous venons de formuler ont rapport aux vibrations d'ensemble de la corde ; mais il s'en produit d'autres qui donnent naissance à des *harmoniques* et qu'on peut mettre en évidence à l'aide d'un appareil très simple imaginé par M. *Melde de Marburg* (fig. 155). Il est

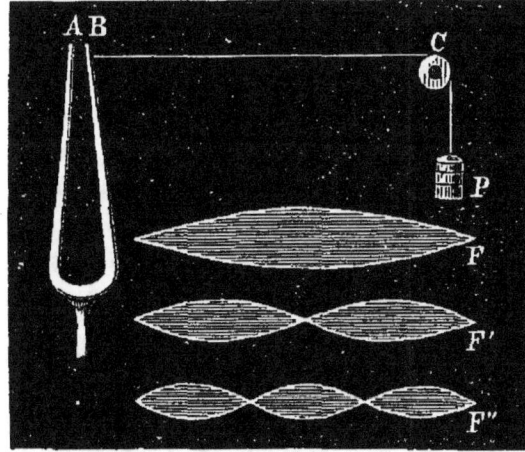

Figure 155.

formé ordinairement d'un diapason correspondant à l'*ut₁.* A une extrémité B, on attache un *fil blanc* qui passe sur une poulie et qui est tendu par un poids assez faible.

On met le diapason en vibration et on cherche par tâtonnements le poids P qui convient pour que le fil vibre dans toute sa longueur et prenne la forme d'un *fuseau gazé*, ainsi que le représente la figure F.

En diminuant graduellement le poids tenseur, on obtient successivement les figures F' et F''.

Il est clair, d'après la loi des longueurs, que si une corde vibre dans son ensemble, et qu'en même temps, elle se divise en deux parties égales qui vibrent aussi, elle donnera le son qui lui est propre et l'octave de ce son, c'est-à-dire le premier harmonique ; et que si elle se divise en trois parties égales, elle donnera, outre le son fondamental, le second harmonique, et ainsi de suite.

L'expérience établit qu'une corde qui vibre transversalement peut donner la suite des harmoniques 1, 2, 3, ...

On donne le nom de *ventres* aux parties renflées de la corde où la vitesse est maximum, et celui de *nœuds* aux points de subdivision.

263. Vibrations des plaques. — Lignes nodales.

Si on passe un archet sur le bord d'une plaque métallique sur laquelle on a projeté du sable fin, le sable saute par suite des vibrations de la plaque et s'accumule suivant certaines lignes que l'on nomme *lignes nodales*. Ces lignes représentent les

points immobiles de la plaque. Par conséquent, lorsqu'une plaque métallique vibre, elle se divise comme les cordes en segments élémentaires qui vibrent en même temps que la plaque vibre dans son ensemble. Les lignes nodales sont disposées régulièrement et présentent, suivant les circonstances, une grande variété de formes. La fig. 156 en donne quelques spécimens.

Figure 156.

264. Vibrations des tuyaux sonores.

Dans les tuyaux sonores, c'est l'air qu'ils renferment qui est le corps vibrant. Si les parois sont suffisamment résistantes, elles n'ont aucune influence sur le son produit. Il en est tout autrement quand elles sont minces, parce qu'elles vibrent en même temps que l'air.

On distingue deux espèces de tuyaux : des *tuyaux à bouche* et des *tuyaux à anche*. Dans les premiers, toutes les parties de l'embouchure sont fixes ; dans les seconds, l'air est ébranlé par une lame élastique que l'on nomme *anche*. Dans le flageolet et la flûte traversière, toutes les parties de l'embouchure sont fixes. Ce sont les lèvres qui dirigent le courant d'air contre les bords de l'ouverture. Il en est de même pour une clef forée dans laquelle on siffle. Dans le basson, qui est un instrument à anche, l'anche est une fente assez large dont les bords, formés par des lames de roseau très élastiques, vibrent sans jamais fermer l'ouverture. Il en est de même dans le hautbois, seulement la fente est plus étroite. Dans la clarinette, il n'y a qu'un des bords qui puisse vibrer. Dans les tuyaux d'orgue, l'anche est une lame métallique très élastique.

La production du son dans les tuyaux à anche est due aux vibrations de l'anche, le tuyau faisant simplement l'effet de résonnateur.

Dans les tuyaux à bouche, il existe un orifice latéral, nommé *bouche,* dont la lèvre supérieure est taillée en biseau, et l'on admet que l'air insufflé dans le tuyau en frappant la lèvre supérieure produit dans l'air du tuyau des contractions et des dilatations successives qui sont la cause du son.

Les lois qui règlent la production du son dans ces sortes de tuyaux diffèrent suivant que leur extrémité supérieure est ouverte ou fermée.

PREMIÈRE LOI. *Dans les tuyaux ouverts ou fermés, les nombres de vibrations qui correspondent au son fondamental sont en raison inverse des longueurs.*

Soient quatre tuyaux ayant pour longueurs 1, $\frac{4}{5}$, $\frac{3}{2}$ et $\frac{1}{2}$; les nombres de vibrations qu'ils donneront dans le même temps seront proportionnels aux nombres 1, $\frac{5}{4}$, $\frac{2}{3}$ et 2, c'est-à-dire que le premier rendant un certain son, le second donnera la tierce majeure; le troisième, la quinte, et le quatrième, l'octave.

DEUXIÈME LOI. *Le son émis par un tuyau fermé est l'octave du son émis par un tuyau ouvert de même longueur.*

TROISIÈME LOI. *Les tuyaux ouverts émettent les harmoniques 1, 2, 3, 4, ...*

QUATRIÈME LOI. *Les tuyaux fermés n'émettent que les harmoniques impairs 1, 3, 5, 7.*

CINQUIÈME LOI. *Dans les tuyaux fermés, le fond du tuyau correspond à un nœud et l'orifice à un ventre.*

SIXIÈME LOI. *Dans les tuyaux ouverts, les deux extrémités correspondent à des ventres.*

Il résulte des quatre dernières lois que la colonne d'air d'un tuyau à bouche se divise comme une corde en parties aliquotes qui vibrent en même temps que la colonne d'air entière. C'est la cause des harmoniques.

La vérification expérimentale de ces lois peut se faire avec une soufflerie qui chasse le vent dans un sommier d'orgue percé de trous dans lesquels on ajuste des tuyaux de dimensions convenables pour la loi qu'il s'agit de vérifier.

La présence des nœuds et des ventres se constate en descendant dans un tuyau dont une des faces est en verre, un petit panier à fond membraneux, recouvert de sable fin qui sautera très fort quand le panier sera arrivé à un ventre et restera immobile quand il sera à un nœud.

265. Phonographe d'Édison (fig. 157). C'est un instrument qui permet : 1º une représentation graphique des vibrations qui correspondent à la *parole articulée* ; 2º de reproduire la parole articulée à l'aide de cette représentation graphique. Il est formé d'un cylindre de laiton C fixé à un axe, que l'on peut

Figure 157.

faire tourner à l'aide d'une manivelle. Une rainure en hélice est creusée sur le cylindre que l'on enveloppe d'une feuille d'étain E. Le pas de l'hélice est le même que celui de la vis V de l'axe du cylindre; de cette façon, celui-ci, à chaque tour, se déplace dans le sens longitudinal d'une quantité égale au pas de l'hélice. Une embouchure T, représentée en coupe fig. 158, est placée devant le cylindre. Elle est fermée par une membrane métallique vibrante L qui s'appuie, par l'intermédiaire d'un ressort en caoutchouc *rr*, sur un style S porté à l'extrémité d'une lame flexible. L'embouchure doit être placée de telle sorte que la pointe du style touche la feuille d'étain en un des points où elle passe au-dessus de la cavité de la rainure.

Figure 158.

L'appareil ainsi disposé, on parle à haute voix devant l'embouchure, en faisant en même temps tourner le cylindre d'un mouvement aussi uniforme que possible. Par suite des vibrations de la membrane et du mouvement correspondant du style, il se produit sur la feuille d'étain une sorte de gaufrure présentant la figure d'une hélice formée d'une suite de dépressions, dont le nombre correspond à la hauteur du son rendu par la membrane, et la profondeur à l'intensité du même son.

Si l'on veut maintenant faire répéter par l'appareil les paroles qui lui ont été confiées, il faut soulever l'embouchure, amener le cylindre dans sa position initiale, remettre l'embouchure dans sa première position, le style étant en contact avec la membrane. On tourne ensuite le cylindre bien régulièrement et autant que possible avec la même vitesse que dans la première expérience. La pointe du style, à cause de sa rencontre avec les dépressions de la feuille d'étain, vibre et communique ses vibrations à la membrane et celle-ci à l'air. En adaptant à l'embouchure un cornet en carton, qui fait l'effet d'un porte-voix, on entend le son répété avec toutes ses particularités de hauteur, d'intensité et de timbre. Cependant, on comprend que l'intensité absolue des sons soit affaiblie ; cet instrument, excessivement ingénieux, a besoin d'être perfectionné pour donner des résultats tout à fait satisfaisants.

OPTIQUE.

—

CHAPITRE I.

PROPAGATION ET INTENSITÉ DE LA LUMIÈRE.

266. Division de l'optique. L'optique a pour objet l'étude des phénomènes lumineux. Elle peut se diviser en deux parties :

1° L'*optique physique,* dans laquelle on explique tous les phénomènes en partant d'une hypothèse sur la nature de la lumière.

2° L'*optique géométrique,* dans laquelle on s'occupe des lois générales de la propagation de la lumière, sans se préoccuper de la manière dont se produit cette propagation.

Nous ne traiterons ici que de l'optique géométrique.

267. Propagation de la lumière. Dans un milieu homogène, la lumière se transmet en ligne droite; dans un milieu hétérogène, elle se meut en ligne brisée ou en ligne courbe.

On appelle *rayon lumineux,* la ligne droite suivant laquelle se propage la lumière. Le rayon lumineux n'a pas une existence matérielle, c'est simplement une direction. Un ensemble de rayons forme un *faisceau*. S'ils sont parallèles, le faisceau est dit parallèle.

Un cône de rayons émanant d'un point d'un corps lumineux forme un faisceau *divergent*. Le faisceau est, au contraire, *convergent*, lorsque les rayons qui le composent tendent à concourir en un même point.

Certains corps, comme les gaz, l'eau, le verre, etc., se laissent traverser par la lumière; ce sont des corps *transparents*; les corps *opaques*, au contraire, sont ceux qui arrêtent la lumière, comme le bois, la pierre, les métaux. Ces derniers peuvent cependant laisser passer la lumière quand ils sont réduits en lame très mince; c'est ce qui arrive, par exemple, pour l'or en feuilles de $0^{mm},001$ d'épaisseur. On appelle *translucides*, les corps qui laissent passer une partie de la lumière qu'ils reçoivent, mais à travers lesquels on ne peut distinguer la forme des objets qui sont du côté opposé; tels sont le verre dépoli, le papier huilé.

268. Théorie géométrique des ombres. Si, devant un point lumineux S (fig. 159), on place un corps opaque C de forme sphéri-

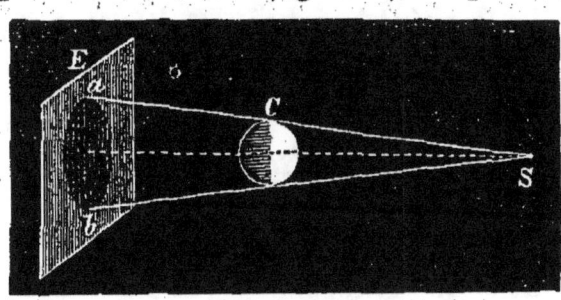

Figure 159.

que par exemple, ce dernier arrête les rayons qui le rencontrent et derrière lui il y a toute une région de l'espace qui ne reçoit pas de lumière, qui est dans l'*ombre*. On obtient l'ombre projetée, en circonscrivant au corps opaque un cône ayant pour sommet le point lumineux. Si l'on place derrière le corps un écran E, l'intersection $a\,b$ de ce plan avec le cône se trouvera dans l'ombre.

Si, au lieu d'un point lumineux, on a une source de lumière S d'une certaine étendue (fig. 160) et que, pour plus de simplicité, nous supposerons sphérique, ainsi que le corps opaque, il est évident que la partie *ab* interceptée sur l'écran par le cône tangent extérieur ne reçoit aucune

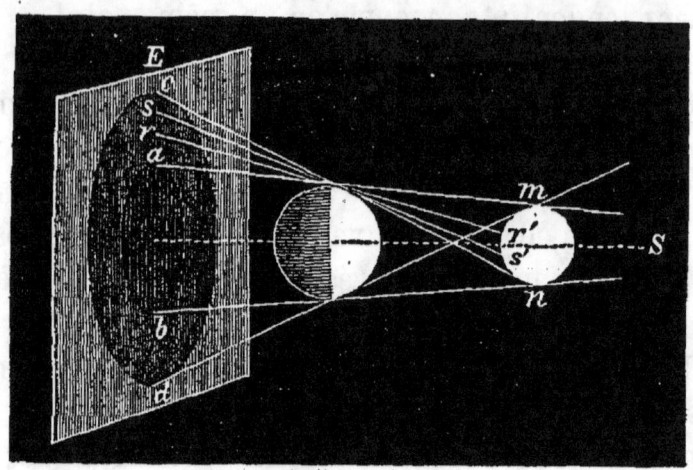

Figure 160.

lumière et est dans l'ombre, et que la partie annulaire *c a b d*, comprise entre le cône intérieur et le cône extérieur, reçoit de la lumière d'une partie seulement du corps lumineux. Ainsi, le point *r* peut recevoir de la lumière de la portion *m r'* du corps lumineux, mais n'en point recevoir de la partie *r'n* du même corps; *s* peut recevoir de la lumière de la partie *m s'*, mais n'en point recevoir de la partie *s'n*. Enfin, le point *c* sera éclairé par toute la portion *m r' s' n* du corps lumineux, et le point *a* sera absolument dans l'ombre.

Le point est donc d'autant plus éclairé qu'il est plus éloigné de la partie complètement dans l'ombre. La région *a b c d* de l'écran est ce que l'on appelle *la pénombre*.

Si le corps lumineux et le corps opaque ne sont pas sphériques, il faut, en général, pour obtenir l'ombre et la pénombre, mener une suite de plans tangents intérieurs et extérieurs, communs aux surfaces du corps éclairant et du corps opaque.

269. Chambre obscure. Si l'on perce un trou très étroit dans le volet d'une chambre obscure et qu'on place derrière l'ouverture un écran blanc, les objets extérieurs forment sur cet écran *leur image renversée*, avec d'autant plus de netteté que le trou est plus petit et l'objet plus éloigné.

En effet, les rayons qui partent de l'objet AB (fig. 161) et passent par un point déterminé p de l'ouverture,

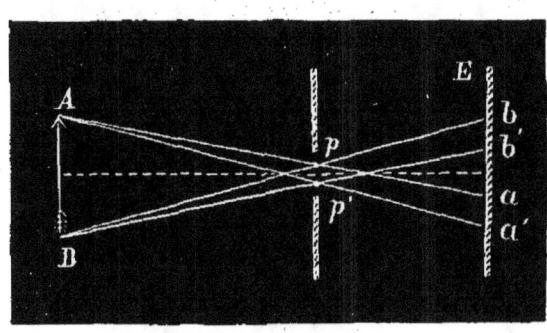

Figure 161.

forment un cône lumineux dont l'intersection avec l'écran E donne une image renversée ab de l'objet. A un 2ᵉ point p' de l'ouverture correspond une 2ᵉ image $a'b'$, se confondant sensiblement avec la 1ʳᵉ si les deux points considérés sont très rapprochés. La même superposition aura lieu pour tous les points de l'ouverture, si celle-ci est très petite. De là l'apparence observée.

En agrandissant l'ouverture, on diminue la netteté de l'image, car celle-ci résultant de la superposition de toutes les images partielles correspondant aux différents points de l'ouverture, doit devenir de plus en plus confuse à mesure que ces images partielles s'éloignent les unes des autres sur l'écran. Il est facile de voir aussi que plus l'objet A B est éloigné, et plus la superposition des images se fait complètement.

270. Intensité de la lumière. L'*intensité lumineuse* d'un corps éclairé se mesure par la *quantité de lumière qu'il reçoit sur l'unité de surface.*

Soit un point lumineux S situé au centre d'une sphère

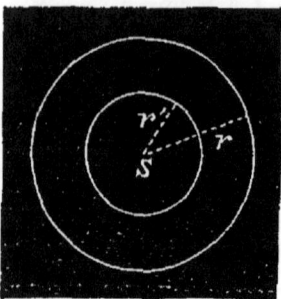

Figure 162.

de rayon r (fig. 162). Soit Q la quantité totale de lumière émise par ce point et reçue tout entière par la sphère, l'intensité i de la lumière qu'elle reçoit sera, par définition :

$$i = \frac{Q}{4\pi r^2} \ (*);$$

et, si la sphère est de rayon r', l'intensité i' de la lumière reçue sera :

$$i' = \frac{Q}{4\pi r'^2}.$$

On aura pour le rapport des intensités aux distances r et r' :

$$\frac{i}{i'} = \frac{r'^2}{r^2}.$$

L'intensité de la lumière est donc en raison inverse du carré de la distance de la surface éclairée à la source lumineuse.

Vérification expérimentale. On peut vérifier cette loi au moyen de l'appareil de Bouguer. Cet appareil se

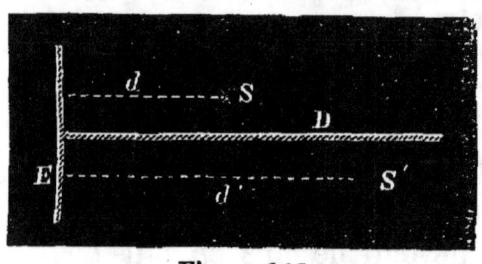

Figure 163.

compose d'une lame verticale E (fig. 163) de verre dépoli et d'un écran opaque D perpendiculaire à cette lame. On reconnaît que les deux moitiés de la lame E sont également éclairées, quand elles reçoivent, la première, la lumière d'une bougie; la seconde, la lumière de 4, 9, 16 ... bougies égales, placées à une distance 2, 3, 4 ... fois plus grande, ce qu'il fallait vérifier.

(*) $4\pi r^2$ est la surface de la sphère.

271. Photomètres. La loi précédente est appliquée dans les instruments appelés *photomètres*, qui servent à comparer les pouvoirs éclairants des corps lumineux.

On prend généralement comme unité dans les mesures photométriques, l'*intensité lumineuse* produite à l'unité de distance par une bougie de blanc de baleine, ou par une lampe Carcel brûlant par heure 42 grammes d'huile de colza épurée.

272. Photomètre de Bouguer. C'est l'appareil (fig. 163) que nous venons de décrire pour vérifier la loi des intensités. Les deux sources de lumière à comparer sont placées en S et S', à des distances d et d' de la lame, de manière à éclairer également les deux moitiés.

Soient i et i' les intensités des deux lumières S et S' à la distance 1. Les intensités aux distances d et d' (**270**) seront respectivement :

$$\frac{i}{d^2} \text{ et } \frac{i'}{d'^2},$$

et, puisque ces quantités sont égales, on aura :

$$\frac{i}{d^2} = \frac{i'}{d'^2}, \quad \text{d'où : } \frac{i}{i'} = \frac{d^2}{d'^2},$$

c'est-à-dire que *les intensités de deux lumières sont proportionnelles aux carrés de leurs distances respectives aux points qu'elles éclairent également*. Si la lumière i' est prise comme unité, on a :

$$\frac{i}{1} = \frac{d^2}{d'^2}, \text{ ou mesure de } i = \frac{d^2}{d'^2}.$$

Le photomètre de Bouguer, perfectionné par Foucault, est très employé aujourd'hui.

273. Photomètre de Rumford. Il se compose d'une lame E de verre dépoli ou de porcelaine translucide (fig. 164, en plan), devant laquelle est une tige cylindrique verticale T ; au-delà de cette tige on place les deux sources de lumière S et S' à comparer, et de telle sorte que les deux ombres de la tige O et O' se projettent très près l'une de l'autre. L'ombre O' est éclairée par la lumière S

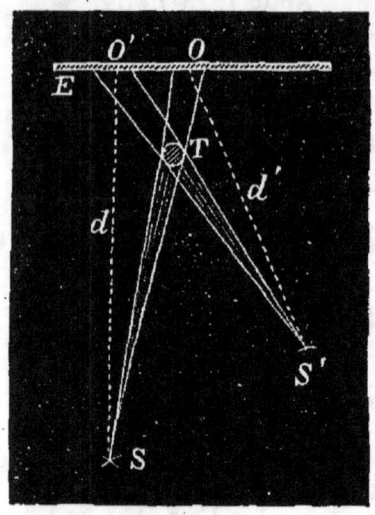

Figure 164.

et l'ombre O par la lumière S'; on fait alors varier la distance de l'une des sources jusqu'à ce que les ombres paraissent d'égale force, et on mesure les distances d et d' des deux sources à l'ombre qu'elles éclairent.

En représentant par i et i' les intensités de chacune des lumières S et S' à la distance 1, les intensités de la lumière reçue en O' et O sont respecti-

vement : $\dfrac{i}{d^2}$ et $\dfrac{i'}{d'^2}$.

Donc, puisque les deux ombres sont également fortes :

$$\frac{i}{d^2} = \frac{i'}{d'^2}, \quad \text{ou } i = \frac{d^2}{d'^2},$$

en prenant l'intensité i' comme unité.

274. Photomètre de Bunsen. Cet appareil repose sur le principe suivant : Si, sur une feuille de papier blanc F

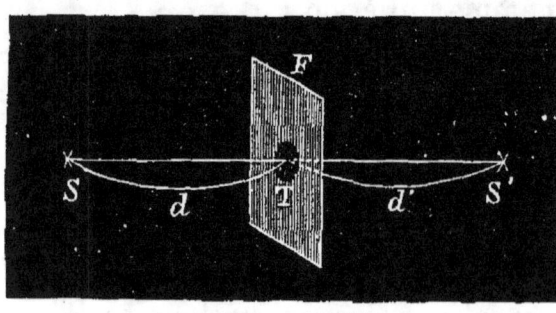

Figure 165.

(fig. 165), on a fait une tache T avec une substance grasse; cette tache disparaît lorsque les deux faces de la feuille sont éga-

lement éclairées par deux lumières S et S'. Désignant par d et d' les distances qui séparent ces lumières de la feuille F, et par i et i' leurs intensités à l'unité de distance, on a :

$$\frac{i}{i'} = \frac{d^2}{d'^2}, \text{ d'où } i = \frac{d^2}{d'^2},$$

Généralement, la lumière servant d'unité, une bougie, par exemple, est en S à une distance d invariable de la feuille de papier ; l'autre lumière S', dont on veut déterminer l'intensité, peut se mouvoir de l'autre côté de la feuille sur une règle graduée, qui donne par une simple lecture la distance d'.

L'emploi des photomètres demande une certaine habitude, et il devient surtout difficile lorsque les lumières à comparer ont des teintes différentes. C'est ainsi que l'on éprouve une grande difficulté à comparer la lumière électrique ou la lumière du jour à la lumière donnée par une lampe Carcel ou par une bougie.

275. Résultats d'observations photométriques. Bouguer a observé que l'une des ombres O' obtenues par l'emploi du photomètre de Rumford (**273**), disparaît lorsqu'on se sert de lumières égales et que la distance d' (fig. 164) est huit fois plus forte que la distance d, ou, ce qui revient au même, quand l'éclairement produit par la source S est 64 fois plus grand que l'éclairement produit par la source S'.

Dans ce cas, le point O' est éclairé avec une intensité 1 et les points voisins avec une intensité $1 + \frac{1}{64}$, provenant des deux lumières. Or, comme l'œil n'aperçoit aucune différence entre ces points, on est conduit à admettre que le sens de la vue juge égales deux intensités lumineuses qui sont entr'elles dans le rapport de 1 à $1 + \frac{1}{64}$, ou qu'il ne peut apprécier l'intensité d'une lumière avec une approximation supérieure à $\frac{1}{64}$ de sa valeur.

D'après Fechner, l'approximation, au lieu d'être $\frac{1}{64}$, est égale à $\frac{1}{100}$. D'après les expériences de Masson,

Arago, Helmholz, cette limite varie avec les individus, avec l'intensité de l'éclairage, etc.

Suivant Franklin, deux bougies dont les flammes se touchent, donnent une lumière dont l'intensité est plus grande que la somme de leurs intensités observées séparément. Les lampes à plusieurs mèches concentriques imaginées par Arago et Fresnel pour l'éclairage des phares, sont fondées sur ce fait.

Dans son ascension au mont Blanc, le docteur Frankland a reconnu que le pouvoir éclairant d'une bougie est considérablement affaibli par la diminution de pression de l'air, bien que l'énergie de la combustion reste sensiblement la même. Il a également reconnu que, en condensant l'air autour de la flamme pâle de la lampe à alcool, on peut donner à cette flamme l'éclat de celle du gaz d'éclairage.

CHAPITRE II.

RÉFLEXION DE LA LUMIÈRE.

276. Lois de la réflexion de la lumière. Quand un rayon lumineux rencontre la surface d'un corps opaque, il se réfléchit suivant les mêmes lois que la chaleur (**205**), c'est-à-dire que :

1° *Le rayon incident, le rayon réfléchi et la normale à la surface au point d'incidence sont dans un même plan.*

2° *L'angle d'incidence est égal à l'angle de réflexion.*

Pour vérifier expérimentalement ces deux lois, on se sert de l'*appareil de Silbermann*, qui se compose d'un cercle divisé vertical (fig. 166), portant à son centre un miroir M. Sur ce cercle peuvent se mouvoir deux tubes T et T' dirigés vers son centre; avec le tube T se meut un petit miroir M' que l'on incline à volonté de façon à diriger les rayons lumineux qui tombent sur sa surface, suivant l'axe de ce tube. Le faisceau lumineux tombe

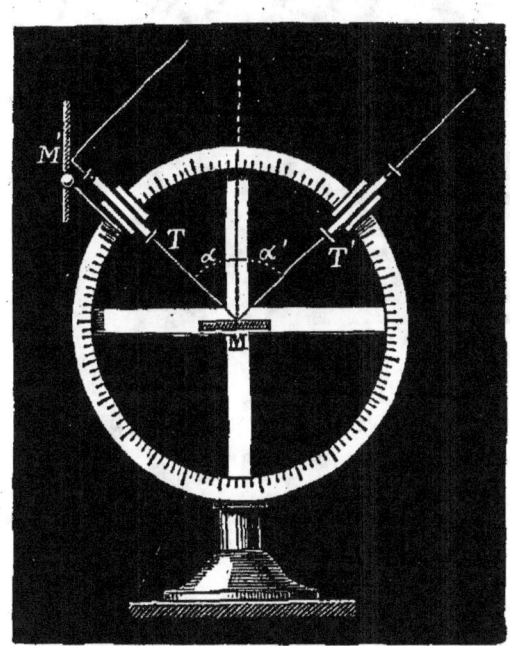

Figure 166.

alors au centre du cercle, où il se réfléchit, et par tâtonnement on place le tube T' de manière à voir en son

centre le faisceau réfléchi. On peut remplacer le tube T'
par un petit écran mobile qu'on fixera dès qu'on apercevra en son milieu un point lumineux. On reconnaît
alors que l'angle α est égal à l'angle α', et que le faisceau
incident, de même que le faisceau réfléchi, est parallèle
au plan du cercle.

On peut vérifier plus exactement les mêmes lois de la
manière suivante : Avec une lunette L (fig. 167), mobile
autour du centre d'un cercle vertical C et se mouvant
dans un plan vertical, on vise une étoile dans la direction
E, directement. Ensuite on tourne la lunette vers le bas,

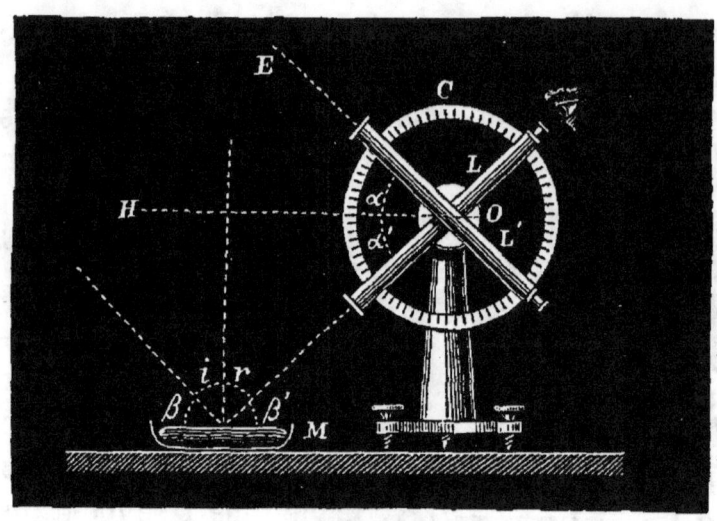

Figure 167.

et par tâtonnement, on cherche à voir l'image de cette
même étoile par réflexion sur la surface d'un bain de
mercure qui remplit l'office d'un miroir parfaitement
horizontal. On constate alors que les angles α et α' formés par les deux directions de la lunette avec l'horizontale OH, sont égaux. On en déduit facilement l'égalité
des angles d'incidence et de réflexion i et r. En effet, les
rayons venant de l'étoile étant parallèles entre eux à
cause de sa grande distance, α = β comme angles ayant

leurs côtés parallèles, et $\alpha' = \beta'$ comme angles correspondants. Or, $\alpha = \alpha'$, donc $\beta = \beta'$, et par suite $i = r$
comme compléments d'angles égaux.

La quantité de lumière réfléchie augmente avec l'angle
d'incidence, c'est-à-dire que plus les rayons tombent
obliquement snr la surface réfléchissante, plus la quantité renvoyée est grande. Ainsi, sur 1000 rayons, l'eau en
réfléchit 22 sous l'incidence de 40°; 65 sous celle de 60°;
333 quand elle est de 80°, et 721 quand elle est de 89° $\frac{1}{2}$.

277. Lumière diffuse. La lumière réfléchie par une
surface polie est dite réfléchie *spéculairement* (du latin
speculum, miroir); mais, de même que les rayons calorifiques, les rayons d'un faisceau lumineux parallèle peuvent se réfléchir dans toutes les directions, quand ils
tombent sur une surface qui n'est pas polie. La lumière
ainsi dispersée est dite *diffuse*.

La plupart des corps diffusent la lumière; c'est même
cette propriété qui permet de les apercevoir; il n'y a que
certains corps, comme les métaux polis, le verre, la surface des liquides, qui ne la diffusent pas ou que très peu.
Ainsi, un morceau de papier blanc disperse dans tous les
sens le faisceau de lumière qui tombe sur lui, au point
d'éclairer une chambre dans toutes ses parties, même
celles non opposées aux fenêtres. Un miroir plan qui
reçoit le faisceau de lumière solaire le réfléchit dans une
direction déterminée et n'éclaire qu'une petite portion
de la chambre.

278. Détermination de la vitesse de la lumière. La
première détermination de la vitesse de la lumière a été
faite en 1675 par *Roemer* (*), qui l'a déduite de l'observation des éclipses du premier satellite de Jupiter.

Jupiter est une planète J (fig. 168) autour de laquelle

(*) *Roemer*, astronome danois, né en 1644, mort en 1710.

tournent quatre satellites. Si l'on considère le plus rapproché P, il réfléchit sur la terre T la lumière que lui envoie le soleil S, de sorte que la lumière parcourt le chemin SPT; mais chaque fois que le satellite P entre dans l'ombre O projetée par Jupiter, c'est-à-dire chaque fois qu'il fait une *immersion*, il disparaît et il y a éclipse

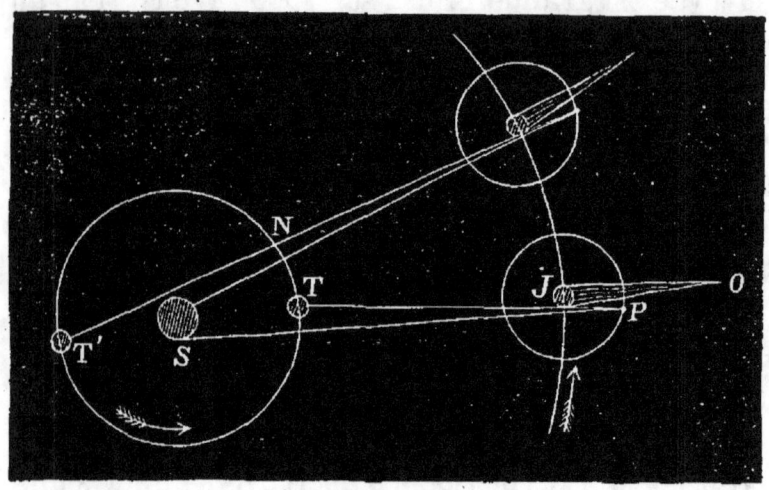

Figure 168.

du satellite. Ces immersions se font à des intervalles de temps égaux, qui sont de 42 heures 28 minutes 36 secondes. Si donc, on détermine l'instant d'une immersion du satellite, la n^{me} immersion suivante devra se produire après un temps égal à n fois 42 heures 28 minutes 36 secondes. Or, en faisant la première observation à l'époque où la terre est en T en *conjonction* avec Jupiter, et la seconde au moment où elle est en T' en *opposition* avec la même planète, on trouve que l'époque à laquelle est constatée cette dernière immersion est en retard de 16' 26" ou 986" sur le résultat du calcul.

Roemer a attribué ce retard au temps que met la lumière pour parcourir l'espace NT' et qu'elle doit parcourir en plus lorsque la terre est en T'. Cette distance NT' n'est autre que le diamètre de l'orbite terrestre. En la divisant par 986, on a donc le chemin parcouru par la lumière en une seconde, c'est-à-dire sa vitesse.

Elle a été trouvée égale à 308000 kilomètres.

MM. *Foucault* et *Fizeau* ont trouvé, par deux procédés tout différents et extrêmement délicats, des chiffres à peu près semblables.

Les recherches de M. Fizeau ont été récemment reprises par M. *Cornu* qui a trouvé une vitesse de 300000 kilomètres par seconde.

En adoptant ce dernier chiffre, il ne faudrait à la lumière que $0'',13$ pour parcourir une longueur égale à la circonférence de la terre, qui est de 40000 kilomètres.

Puisque la lumière du soleil met $16',26''$ pour parcourir le diamètre de l'orbite terrestre, elle mettra la moitié de temps, ou $8',13''$, pour arriver jusqu'à nous, puisqu'elle n'a alors qu'à franchir le rayon de cet orbite. Un boulet de canon qui conserverait sa vitesse initiale, emploierait 17 ans à franchir le même espace.

279. Images dans les miroirs plans. Les miroirs sont des corps polis qui réfléchissent la lumière régulièrement et reproduisent les images des objets qu'on leur présente.

PRINCIPE. *On aperçoit toujours un point lumineux dans la direction que possède, au moment de son*

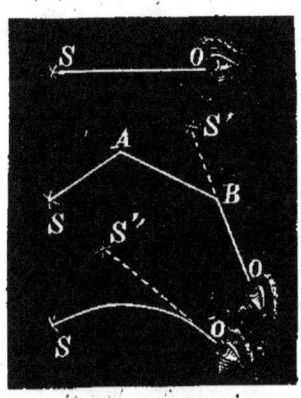

Figure 169.

entrée dans l'œil, un des rayons émis par ce point. On n'apercevra donc un point S suivant sa vraie direction, que dans le cas où le rayon qui pénètre dans l'œil aura parcouru une ligne droite SO (fig. 169). Si le rayon a parcouru, par suite de réflexions ou de réfractions, le contour polygonal SABO, l'œil apercevra le point S quelque part en S' sur le prolongement du dernier côté, et s'il a parcouru une ligne courbe, comme la chose a lieu dans l'atmosphère, le point S sera aperçu quelque part en S″, c'est-à-dire suivant la direction de la tangente. Cette considération est de nature à faciliter la recherche des images.

THÉORÈME. *Tous les rayons émis par un point lumineux* S (fig. 170) *et réfléchis par le miroir plan* M, *divergent après leur réflexion; mais leurs prolongements se rencontrent au point* S', *symétrique de* S *par rapport au plan du miroir.*

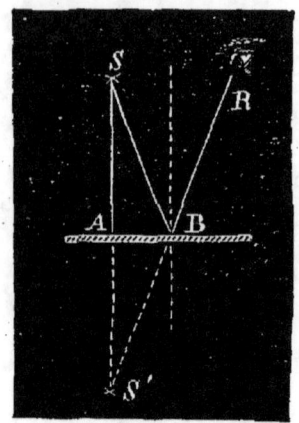

Figure 170.

DÉMONSTRATION. Soit un rayon incident SB et réfléchi suivant BR, de telle sorte que les angles d'incidence et de réflexion soient égaux. Le rayon BR, étant prolongé, rencontrera la normale SA au miroir en un point S', symétrique de S par rapport au plan du miroir. En effet, SA = S'A, puisque les triangles SAB et S'AB sont égaux.

Le même raisonnement pouvant s'appliquer à tous les rayons partis du point S, ceux-ci formeront, après leur réflexion, un cône dont le sommet est en S', ce qu'il fallait démontrer.

L'œil placé dans le faisceau réfléchi apercevra le point lumineux S en S' (**279**). C'est donc en ce dernier point que se formera l'image; mais celle-ci n'existe pas en réalité, car elle est formée par les prolongements géométriques des rayons lumineux, prolongements qui n'existent pas. Ce n'est donc qu'une apparence; c'est pourquoi l'on dit que l'image est *virtuelle*.

Il résulte de ce qui précède que *l'image d'un point lumineux dans un miroir plan est le point symétrique*

15

par rapport au plan du miroir ; par conséquent, il est facile de construire l'image d'un objet quelconque en construisant l'image d'un nombre suffisant de points pour en déterminer la forme et la position. S'il s'agit d'une droite AB (fig. 171), il suffira évidemment de

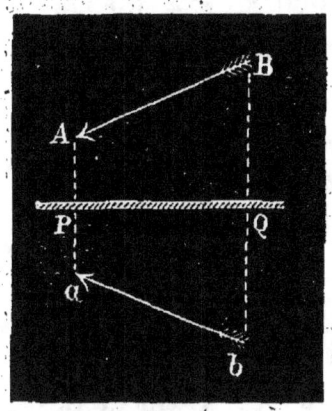

construire l'image *a* de A en prenant AP = P*a* et l'image *b* de B en prenant BQ = Q*b*. On joint ensuite les points *a* et *b*.

REMARQUE. Il est bon de remarquer que l'image *ab* n'est pas égale à AB par superposition, mais lui est seulement symétrique. En effet, si une personne qui a fermé l'œil droit se regarde dans une glace, elle verra que son image a l'œil gauche fermé. Cette symétrie permet de

Figure 171.

lire, avec le secours d'un miroir, une écriture à l'envers comme si elle était faite à la manière ordinaire. Les typographes disposent leurs caractères d'imprimerie renversés, de manière à ce qu'ils soient droits sur la feuille d'impression. Un miroir permet de lire la page composée comme si elle était imprimée.

280. Images multiples formées par deux miroirs inclinés. Si l'on place un point lumineux entre deux miroirs inclinés, on apercevra un certain nombre d'images variant avec l'angle des deux miroirs. On construira ces images successivement, en cherchant d'abord l'image du point dans chacun des miroirs, puis les images de ces images, et ainsi de suite.

Prenons le cas où les deux miroirs M et M' se coupent à angle droit (fig. 172). Le point lumineux S formera dans le miroir M l'image S' et dans le miroir M', l'image S''. Le point S' pourra être considéré comme le point de départ des rayons réfléchis par M, tel est le rayon *mn* ; ces rayons formeront donc, par leur nouvelle réflexion sur le miroir M' une image S''', telle que S'*a* = S'''*a*. En

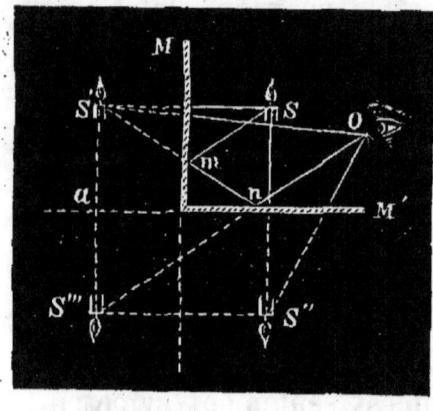

Figure 172.

appliquant le même raisonnement au point S'', on verra qu'il doit se former une nouvelle image de S en S''', qui se confondra par conséquent avec la précédente.

Il est à remarquer que le point S''' est à la fois le symétrique de S' et de S'' par rapport aux deux miroirs.

L'œil placé en O verra donc trois images. Il est facile de comprendre que le nombre en est limité, puisque deux images arrivent tôt ou tard à se produire au même point.

Pour un angle de 60° des miroirs, on obtient 5 images, pour un angle de 45°, on en obtient 7. En général, si l'angle des miroirs est égal à $\frac{1}{n}$ de 360 degrés, n étant un nombre entier, il se forme $n - 1$ images.

Cette propriété des miroirs inclinés est appliquée dans le *kaléidoscope*. Cet instrument, ou plutôt ce jouet, se compose d'un tube de carton fermé à l'une de ses extrémités par une plaque percée d'un trou derrière lequel on place l'œil; à l'autre extrémité sont placés, entre deux disques de verre parallèles, de petits objets très irréguliers (verre coloré, dentelle, clinquant, etc.). L'image de ces objets se répète dans deux ou trois miroirs inclinés dont les intersections sont parallèles à l'axe du tube. Les images étant disposées symétriquement par rapport aux différents miroirs, leur ensemble prend l'aspect d'une rosace ou d'une étoile dont la forme change quand, en faisant tourner le tube, on fait varier les positions relatives des différents objets placés entre les deux plaques de verre.

281. Images dans les miroirs parallèles. Soit un point lumineux S situé entre deux miroirs parallèles M et M' (fig. 173). D'après la règle connue, nous obtiendrons dans

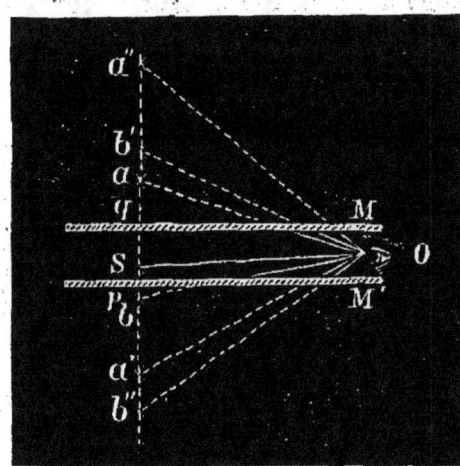

le miroir M l'image a et dans le miroir M' une image b, de telle manière que $Sq = qa$ et $Sp = pb$. Mais le point a pouvant être considéré comme le point de départ des rayons réfléchis par M, formera dans le miroir M' une image a' telle que $ap = pa'$. De même, b for-

Figure 173.

mera dans le miroir M une image b' telle que $bq = b'q$. Il est facile de voir que a' pourra, à son tour, former une nouvelle image a'', et b' une nouvelle image b'', et ainsi de suite. L'œil placé en O apercevra la succession des images dans les directions Oa, Ob, etc.

Théoriquement, le nombre des images successives ainsi formées est indéfini; dans le fait, une fraction notable de la lumière est absorbée à chaque réflexion, de sorte que l'intensité des images décroît rapidement, et qu'elles finissent par n'être plus aperçues.

IMAGES DANS LES MIROIRS COURBES.

282. Miroirs sphériques. Les miroirs sphériques ont la forme d'une calotte sphérique d'un petit nombre de degrés (fig. 174).

On nomme *axe* d'un miroir toute droite indéfinie qui passe par son centre de courbure C. Un de ces axes, celui qui passe par le centre de figure O, est l'*axe principal,* les autres sont des *axes secondaires.*

On appelle *section principale* celle que l'on obtient en coupant le miroir par un plan passant par l'axe principal. Dans ce qui suit, il ne sera question que de lignes situées dans une même section principale.

On distingue deux sortes de miroirs sphériques : les *miroirs concaves,* polis sur la surface concave, et les *miroirs convexes,* polis sur la surface convexe.

La réflexion de la lumière sur les miroirs courbes est ramenée au cas de la réflexion sur les miroirs plans, en considérant leurs surfaces comme formées d'éléments plans tangents en chacun de leurs points. Tout rayon lumineux dirigé suivant l'axe principal ou suivant l'un des axes secondaires, est donc normal au plan tangent au point d'incidence; par suite, dans ces conditions, le rayon incident et le rayon réfléchi se confondent. Cette considération permet de simplifier la construction de l'image d'un point lumineux, en choisissant pour l'un des deux rayons lumineux nécessaires à cette détermination celui qui est dirigé suivant l'axe de ce point. Pour abréger, nous dirons axe principal et axe secondaire, pour désigner les rayons lumineux dirigés suivant ces lignes.

MIROIRS CONCAVES.

283. Foyer principal. Soit d'abord le point lumineux situé sur l'axe principal, à une distance assez grande pour que les rayons émanant de ce point puissent être considérés comme formant un faisceau parallèle à cet axe. Considérons seulement un des rayons SM (fig. 174) de ce faisceau ; il se réfléchira suivant MF', de telle manière que l'angle d'incidence i soit égal à l'angle de réflexion r.

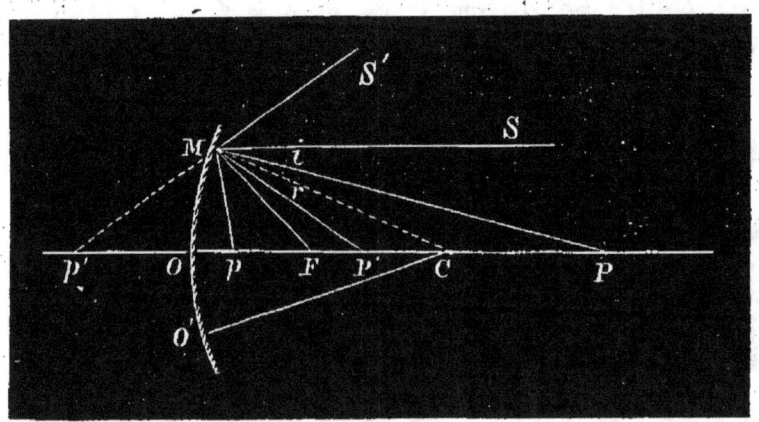

Figure 174.

Le point de rencontre F du rayon réfléchi avec l'axe principal détermine la position de l'image. Ce point occupe sensiblement le milieu de la distance CO. En effet, le triangle MCF est isocèle, car $r = i =$ MCF ; donc MF = FC.

Or, si le point M est très près du point O, on peut sans erreur sensible remplacer MF par FO. Par conséquent FO = FC.

Le même raisonnement pouvant s'appliquer à tous les

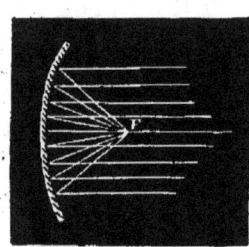

rayons parallèles, pourvu qu'ils soient très rapprochés de l'axe, il s'ensuit qu'ils iront tous concourir au même point F (fig. 175). Ce point est appelé *foyer principal* et sa distance au miroir est la *distance focale principale*.

Figure 175.   En la désignant par f, et appelant R le rayon de courbure du miroir, on a sensiblement : $f = \dfrac{R}{2}$.

284. Foyers conjugués. Le point lumineux étant situé en P sur l'axe principal (fig. 174), un rayon quelconque PM émanant de ce point fera avec le miroir un angle d'incidence plus petit que l'angle i; par suite, l'angle de réflexion sera également plus petit que l'angle r, et le rayon réfléchi rencontrera l'axe principal en un point P' situé entre F et C. Tant que l'ouverture du miroir ne dépasse pas un certain nombre de degrés, les rayons

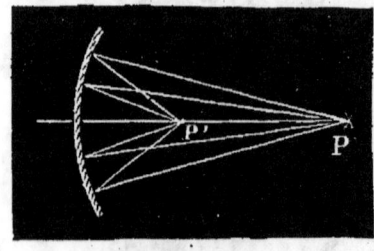

Figure 176.

partant du point P se réfléchissent au même point P' (fig. 176). Les deux points P et P' sont deux *foyers conjugués*; ils sont réciproques l'un de l'autre, c'est-à-dire que si le point lumineux était en P', les rayons partis de ce point se réfléchiraient en P. Si le point lumineux était situé au centre de courbure C (fig. 174), le rayon incident et le rayon réfléchi coïncideraient (**282**). Si l'on suppose le point lumineux placé au foyer principal F, il est facile de voir qu'un rayon incident MF doit prendre, après s'être réfléchi sur le miroir, la direction MS, parallèle à l'axe principal. Quand l'ouverture du miroir est petite, tous les autres rayons émanant du point F prendront la même direction, et donneront lieu à un faisceau parallèle à l'axe principal (fig. 175).

Enfin, si le point lumineux est situé en p (fig. 174), entre le foyer principal et le centre de figure, un rayon tel que pM partant de ce point fera avec le miroir un angle d'incidence plus grand que l'angle r; donc l'angle de réflexion sera plus grand que l'angle i, et le rayon réfléchi prendra une direction telle que MS'. Ce rayon prolongé rencontrera l'axe principal en p' qui est appelé le *foyer virtuel* du point p, car le prolongement Mp' du rayon n'a pas d'existence réelle.

Tous les autres rayons émis par le point p allant

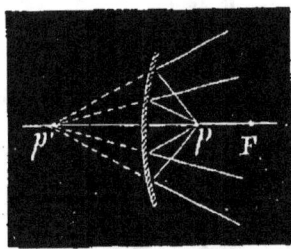

sensiblement converger en p', le faisceau réfléchi est divergent (fig. 177) (*).

285. Image d'un point lumineux situé en dehors de l'axe principal.
Supposons que le point lumineux, au lieu d'être placé sur l'axe principal, comme nous l'avons supposé jusqu'à présent, soit

Figure 177.

cipal, comme nous l'avons supposé jusqu'à présent, soit

(*) **Formule relative aux miroirs sphériques concaves.** La relation qui existe entre la position d'un point lumineux et celle de son image peut se représenter par une formule très simple.

Soit P le point lumineux (fig. 178), PM un rayon incident, réfléchi suivant

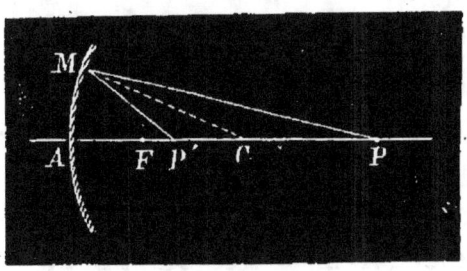

Figure 178.

MP'. Posons :

$$AP = p, \quad AP' = p'.$$

Dans le triangle PMP', la droite MC étant bissectrice de l'angle PMP', on a :

$$MP : MP' = CP : CP'.$$

Or, MP est sensiblement égal à p, M'p' à p' et AC à $2f$, donc :

$$p : p' = p - 2f : 2f - p',$$
$$p(2f - p') = p'(p - 2f),$$
$$2pf - pp' = pp' - 2p'f.$$
$$p'f + pf = pp'.$$

En divisant tous les termes par $pp'f$, on a enfin :

$$\frac{1}{p} + \frac{1}{p'} = \frac{1}{f}.$$

On voit par cette formule que la position du point P' est indépendante de la direction du rayon incident MP ; car cette formule ne contient pas l'angle d'incidence i, il en résulte que tous les rayons partant du point P, se réfléchissent au même point P' situé sur l'axe principal du miroir.

La discussion de cette formule conduit à des résultats qui concordent avec les constructions géométriques des paragraphes **283** et **284**. En effet :

Si p augmente, $\frac{1}{p}$ diminue et $\frac{1}{p'}$ augmente, donc p' diminue ; c'est-à-dire que le point p s'éloignant du centre, le point p' s'en éloigne en même temps.

situé en dehors de cet axe en S (fig. 179). On obtiendra
son image en traçant son axe secondaire SA′ et le rayon

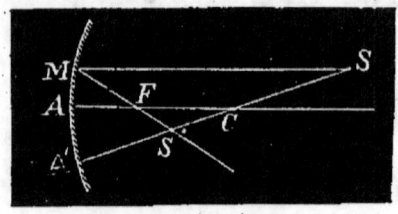

SM parallèle à l'axe principal. Ce rayon, après sa réflexion, passe par le foyer
principal F; l'intersection S′
de ces deux rayons déter-
mine la position de l'image

Figure 179.

du point. L'axe secondaire SA′ contiendra également un
foyer principal où iront concourir les rayons parallèles
à cet axe.

Ce que nous avons dit relativement aux foyers situés
sur l'axe principal est applicable aux foyers situés sur
un axe secondaire quelconque.

286. Détermination du rayon de courbure des miroirs concaves.
On tourne le miroir vers le soleil et on l'incline
de manière que son axe principal soit dirigé vers le
soleil. Les rayons solaires qui rencontrent le miroir
peuvent être considérés comme parallèles. On recherche
alors le foyer principal en déterminant le lieu où l'image
présente le plus d'éclat et de netteté sur un petit écran.

Si $p = \infty$, $\dfrac{1}{p} = 0$, donc $p' = f$; les rayons sont alors parallèles à l'axe
principal et convergent au foyer principal après leur réflexion sur le miroir.

Si p diminue, on voit facilement que p' augmente; les deux points p et p'
se rapprochent donc du centre en même temps.

Si $p = 2f$, $\dfrac{1}{p'} = \dfrac{1}{f} - \dfrac{1}{2f}$, d'où $p' = 2f$; le point lumineux étant au
centre du miroir, le foyer conjugué s'y trouve également; les deux rayons
incidents et réfléchis se superposent.

Si $p = f$, $\dfrac{1}{p'} = 0$, donc $p' = \infty$; le point lumineux étant au foyer
principal, le foyer conjugué s'éloigne à l'infini.

Enfin, si p est plus petit que f, $\dfrac{1}{p}$ est plus grand que $\dfrac{1}{f}$, donc $\dfrac{1}{p'} = \dfrac{1}{f} - \dfrac{1}{p}$
est une quantité négative, c'est-à-dire que le point de concours des rayons
réfléchis se trouve de l'autre côté du miroir et produit un foyer virtuel.

de verre dépoli ou de papier. Appelant f la distance de ce point au miroir, on aura pour le rayon cherché R = 2f. On peut encore déplacer un objet devant le miroir, jusqu'à ce que l'on trouve une position telle que l'image se forme dans le plan même de l'objet qui se trouve alors au centre. Sa distance au miroir est dans cette position égale au rayon de courbure.

287. Images produites par les miroirs concaves. L'image d'un objet produite par un miroir concave s'obtient en construisant un nombre suffisant de points de cet objet. Nous simplifierons la construction en réduisant l'objet à une droite AB perpendiculaire à l'axe principal.

a) *Cas où l'objet* AB *est situé au delà du foyer principal.* On construit l'image du point A (fig. 180), en menant de ce point l'axe secondaire AC′ et le rayon AM

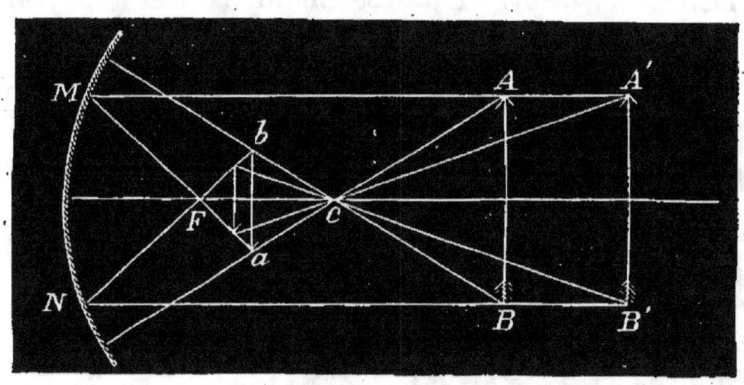

Figure 180.

parallèle à l'axe principal; ces deux rayons après leur réflexion déterminent par leur rencontre l'image a du point A. On construira de même l'image b du point B. Puisqu'il s'agit d'une droite, on joint le point a au point b; *l'image ab obtenue est réelle et renversée.*

Si l'objet est plus éloigné et placé en A′B′, l'image qui se forme est plus petite, en effet : la construction des rayons parallèles à l'axe principal ne change pas, mais il n'en est pas de même des axes secondaires A′C et B′C qui rencontrent les rayons réfléchis MF et NF plus près de l'axe principal; l'image obtenue est donc plus petite.

On voit facilement qu'au contraire l'image grandit quand l'objet se rapproche du centre de courbure du miroir.

Réciproquement, si l'objet lumineux est placé en *ab*, entre le foyer et le centre, son image se forme en AB plus grande que l'objet, et d'autant plus grande que celui-ci est plus rapproché du foyer.

Si l'objet est placé au foyer principal, les rayons partant d'un point de cet objet sont réfléchis parallèlement à l'axe secondaire de ce point (**285**), et il n'y a plus d'image.

b) *Cas où l'objet* AB (fig. 181) *est placé entre le foyer principal et le miroir.* L'axe secondaire CA et le rayon AN parallèle à l'axe principal ne se rencontrent pas,

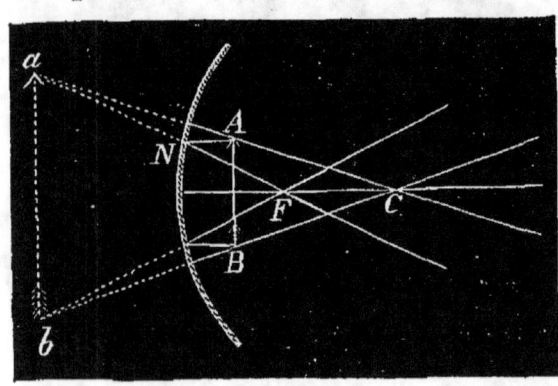

après leur réflexion en avant du miroir, mais prolongés géométriquement, ils forment en *a*, derrière le miroir, une image virtuelle de A.

Figure 181.

On obtiendra de même l'image virtuelle *b* de B, de sorte que l'image *a b* obtenue est *virtuelle, droite et plus grande que l'objet.*

288. Vérification expérimentale. Pour vérifier expérimentalement les différents cas qui viennent d'être examinés, il suffit de déplacer, dans une chambre obscure, la flamme d'une bougie suivant l'axe principal d'un miroir concave et de recevoir son image sur un écran (fig. 182). Voici ce que l'on constatera : La bougie étant d'abord placée à une distance du miroir plus grande que la distance focale principale, l'image se forme sur l'écran placé entre le foyer principal et le centre de courbure. Cette image est

Figure 182.

renversée et plus petite que l'objet. A mesure que l'on éloigne la lumière du miroir, on doit, pour recevoir son image, rapprocher l'écran du foyer principal; l'image reste renversée et diminue de plus en plus de grandeur.

Si, au contraire, on rapproche la bougie du miroir, l'image grandit tout en restant renversée, jusqu'au moment où elle arrive au centre; alors image et objet se confondent. En continuant à rapprocher la bougie du miroir, il faut, pour recevoir son image sur l'écran, placer celui-ci au delà du centre (fig. 183); on constatera

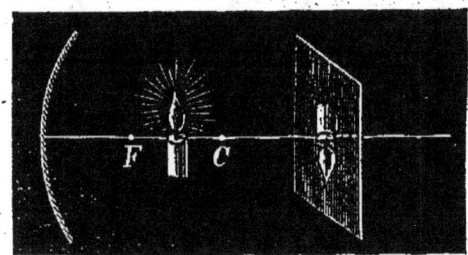

Figure 183.

qu'elle est renversée. A mesure qu'on rapproche la source de lumière du foyer principal l'image s'éloigne de plus en plus du miroir en augmentant de grandeur et en devenant de plus en plus diffuse. Enfin, quand la bougie est au foyer principal, l'image s'évanouit. Si l'on dépasse cette position, en se rapprochant toujours du miroir, l'image ne peut plus être reçue sur l'écran, parce qu'elle est virtuelle; on l'aperçoit alors dans le miroir concave comme dans un miroir plan; on constate qu'elle est droite et plus grande que l'objet (*).

(*) **Calcul du grossissement.** Le grossissement produit par un miroir concave est le rapport $\dfrac{ab}{AB}$ de la grandeur de l'image à celle de l'objet (fig. 184).

MIROIRS CONVEXES.

289. Foyer principal. — Foyers conjugués. La théorie des miroirs convexes s'établit de la même manière que

a) *Cas des images réelles.*

Soient p' la distance de l'image ab au miroir et p la distance de l'objet AB au miroir.

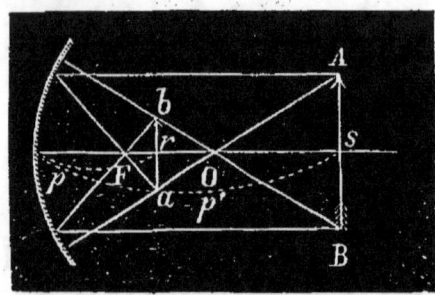

Figure 184.

Les triangles semblables bOa et AOB donnent :

$$\frac{ab}{AB} = \frac{Oa}{OA} = \frac{Or}{Os} = \frac{2f - p'}{p - 2f} ; (1)$$

or, on a trouvé (**284**, note) :

$$\frac{1}{p} + \frac{1}{p'} = \frac{1}{f} ;$$

d'où :

$$p' = \frac{pf}{p - f}.$$

En remplaçant dans (1), on a :

$$\frac{ab}{AB} = \frac{2f - \dfrac{pf}{p - f}}{p - 2f} = \frac{f}{p - f}.$$

DISCUSSION.   Si $p > 2f$ . . . . $\dfrac{ab}{AB} < 1.$

$\qquad\qquad p = 2f$ . . . . $\dfrac{ab}{AB} = 1.$

$\qquad\qquad p < 2f$ . . . . $\dfrac{ab}{AB} > 1.$

b) *Cas des images virtuelles.* En conservant les mêmes significations aux mêmes lettres, on a dans les triangles semblables Oab et OAB (fig. 185) :

$$\frac{ab}{AB} = \frac{Oa}{OA} = \frac{2f + p'}{2f - p} ; (2)$$

or, p' étant négatif dans le cas de l'image virtuelle, on a :

$$\frac{1}{p} - \frac{1}{p'} = \frac{1}{f},$$

d'où :

$$p' = \frac{pf}{f - p}.$$

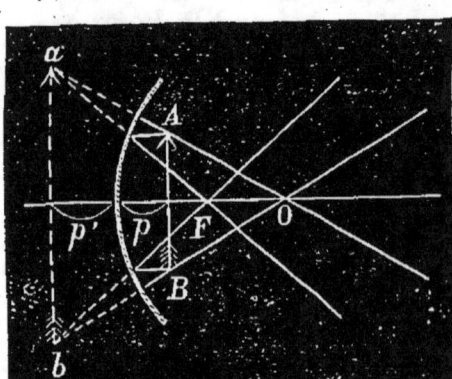

Figure 185.

En remplaçant dans la formule (2),

celle des miroirs concaves. *Dans ces miroirs, le foyer principal et les foyers conjugués sont toujours virtuels.* En effet, soit le point lumineux placé à l'infini sur l'axe principal; les rayons incidents seront alors parallèles à cet axe. L'image du point lumineux s'obtient en traçant l'axe principal RA (fig. 186), ainsi qu'un rayon

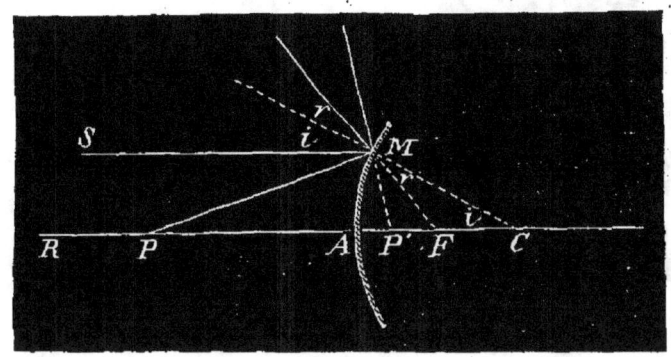

Figure 186.

SM qui lui est parallèle. Après leur réflexion, ces deux rayons seront divergents, mais prolongés, ils se rencontrent en F derrière le miroir, où ils forment évidemment *un foyer principal virtuel.*

On peut démontrer que le triangle MFC est isocèle et que, par conséquent, le point F est sensiblement le milieu de AC pour les rayons situés très près de l'axe principal.

On voit facilement que si le point lumineux P est placé sur l'axe principal, son foyer conjugué se formera virtuellement en P' (*).

---

il vient :
$$\frac{ab}{AB} = \frac{2f + \dfrac{pf}{f-p}}{2f-p} = \frac{f}{f-p}.$$

Donc $\dfrac{ab}{AB}$ est toujours plus grand que 1; par conséquent, l'image est toujours plus grande que l'objet.

(*) Par des considérations géométriques semblables à celles que nous avons

290. Détermination du rayon des miroirs convexes. Les images étant toutes virtuelles, cette détermination est un peu plus compliquée que pour les miroirs concaves. Pour y parvenir, on recouvre le miroir de papier, à

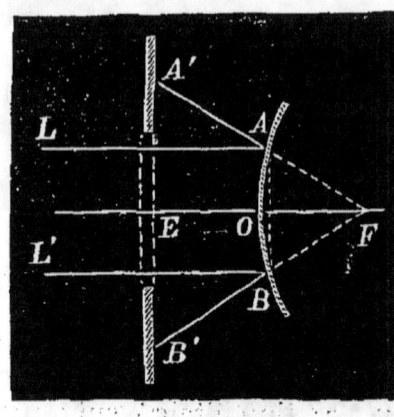

l'exception de deux points A et B (fig. 187), où la surface reste à découvert. Ces deux points sont assez rapprochés pour qu'on puisse regarder l'arc AOB comme se confondant avec sa corde. Le miroir étant exposé aux rayons solaires, les rayons tels que LA et L'B, qui tombent sur les surfaces nues en A et en

Figure 187.

B, se réfléchissent suivant AA' et BB', et forment, sur un écran placé devant le miroir parallèlement à la corde AB, deux petites images lumineuses A' et B'. On déplace l'écran de manière que la distance A'B' soit double de AB. Si d représente la distance EO de l'écran au miroir,

---

appliquées aux miroirs concaves, on trouve que les positions des points P et P' sont reliées par la formule :

$$\frac{1}{p'} - \frac{1}{p} = \frac{1}{f},$$

dans laquelle AP $= p$, AP $= p'$ et AF $= f$; on peut la discuter comme la formule $\frac{1}{p} + \frac{1}{p'} = \frac{1}{f}$, relative aux miroirs concaves, de laquelle, d'ailleurs, elle peut être déduite directement en remarquant qu'il suffit d'y changer les signes de p' et de f, puisque le centre et le point P' ont passé de l'autre côté de la surface réfléchissante, on a alors :

$$\frac{1}{p} - \frac{1}{p'} = -\frac{1}{f},$$

ou, en changeant tous les signes,

$$\frac{1}{p'} - \frac{1}{p} = \frac{1}{f}.$$

on a $d = f$. En effet, les triangles semblables FAB et FA'B' donnent :

$$\frac{AB}{A'B'} = \frac{FO}{FE}.$$

Si A'B' = 2AB, on a aussi FE = 2FO,

et par suite : OF = OE = d.

Le rayon de courbure sera donc R = $2d$.

Il va de soi que l'écran doit être percé d'une ouverture plus grande que AB, pour permettre le passage du faisceau parallèle de lumière.

291. Formation des images dans les miroirs convexes. Les images s'obtiennent par points comme dans les autres miroirs et chacun de ces points est obtenu le plus facilement en traçant deux rayons; l'un dirigé suivant l'axe secondaire, l'autre parallèle à l'axe principal. En suivant cette règle, il est facile de voir que l'image de la

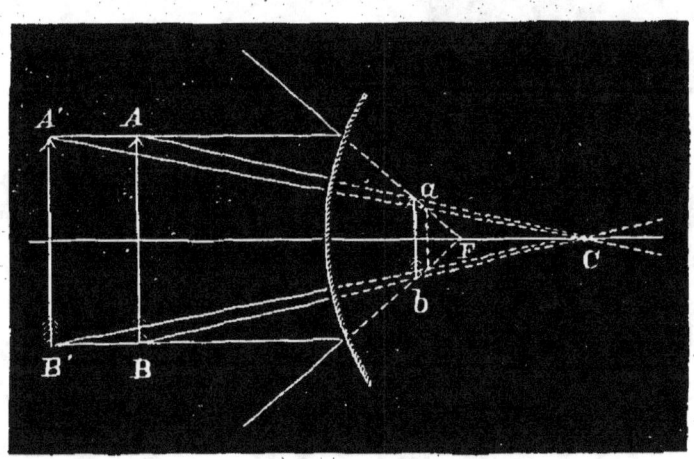

Figure 188.

droite AB (fig. 188) est *ab*, qu'elle est *virtuelle, droite et plus petite que l'objet.*

Si l'objet AB s'éloigne du miroir, l'image devient de plus en plus petite, car les axes secondaires rencontrent alors les rayons parallèles à l'axe principal plus près de cet axe. Ainsi, l'objet étant en A'B', son image se formerait plus petite que *ab* (*).

292. Aberration de sphéricité. — Miroirs paraboliques.
Nous avons supposé que tous les rayons lumineux émanant d'un point, allaient concourir, après leur réflexion sur un miroir sphérique, en un point unique appelé *foyer*. Dans le fait, il n'en est pas ainsi, les rayons réfléchis se coupent deux à deux ; ils ont donc en réalité chacun leur foyer. C'est ainsi (fig. 189) que les divers rayons incidents formeront, après leur réflexion, leurs foyers

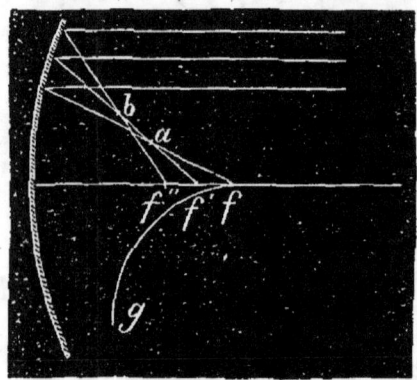

aux points *f*, *f'* et *f"*, très près l'un de l'autre, en se coupant aux points *a* et *b*. Cette circonstance nuit beaucoup à la netteté des images que donnent les miroirs, surtout quand ils ont une grande ouverture. Ce défaut de netteté est appelé *aberration de sphéricité*

Figure 189.

par réflexion ; la courbe lumineuse, telle que *fg*, que l'on obtient en joignant les intersections successives des rayons par un trait continu, s'appelle *caustique par réflexion*.

On corrige ce défaut en donnant à la surface réfléchissante des miroirs une forme un peu différente de la

---

(*) **Calcul du grossissement.** Le calcul pour déterminer le grossissement produit par un miroir convexe est analogue à celui qui a été appliqué aux miroirs concaves.

On arrive ainsi à la formule :

$$\frac{ab}{AB} = \frac{f}{f+p} ;$$

ce rapport étant plus petit que l'unité, il s'en suit que l'image est toujours plus petite que l'objet.

sphère, la *forme parabolique*. Les miroirs paraboliques sont plus difficiles à construire que les miroirs sphériques.

On peut encore corriger l'aberration de sphéricité en n'utilisant pour la formation des images que les rayons très voisins de l'axe principal, ce que l'on obtient au moyen d'un écran percé d'une ouverture qui ne laisse passer que les rayons peu distants de l'axe principal.

293. Usages des miroirs. Les miroirs plans sont employés dans l'économie domestique pour se mirer et dans un grand nombre d'appareils de physique, tel est l'appareil de Silbermann qui sert à démontrer les lois de la réflexion, etc.

Les miroirs concaves s'emploient pour concentrer en leur foyer les rayons solaires qui tombent sur leur surface, et produire des effets calorifiques très remarquables; tels sont les miroirs ardents dont les propriétés, croit-on, étaient déjà connues d'Archimède.

En 1878, à l'Exposition universelle de Paris, M. Mouchot a fait figurer un appareil réflecteur qui utilise la chaleur solaire pour amener, en peu de temps, une certaine quantité d'eau à l'ébullition.

Les miroirs concaves sont encore employés comme réflecteurs pour augmenter la portée des lumières. En effet, une source lumineuse placée au foyer principal d'un de ces miroirs, donne un faisceau réfléchi parallèle à l'axe principal. La lumière ne se disperse donc pas dans toutes les directions, comme cela aurait lieu sans miroir; et elle conserverait intégralement son intensité à toute distance, si l'atmosphère n'en absorbait pas une certaine quantité.

C'est pourquoi les lampes des voitures publiques, ainsi que certaines lampes servant aux signaux sur les chemins de fer, sont munies de réflecteurs sphériques ou paraboliques. On les emploie également dans les phares, mais là cependant on leur préfère aujourd'hui les verres lenticulaires, car les miroirs font perdre 40 pour 100 de lumière par la réflexion, et leur surface métallique s'altère assez rapidement.

Les miroirs convexes ne donnant que des images virtuelles, ne sont guère employés que dans quelques appareils de physique.

On place quelquefois dans les jardins des boules de verre étamé, dites *boules panorama,* qui se comportent comme des miroirs convexes et donnent des images virtuelles très petites. Lorsque les objets sont très rapprochés, leurs images apparaissent très déformées, à cause de la petitesse du rayon de courbure.

CHAPITRE III.

RÉFRACTION DE LA LUMIÈRE.

294. Lois de la réfraction. Lorsque la lumière se propage dans un milieu homogène, sa direction est rectiligne; mais lorsqu'elle passe *obliquement* d'un milieu dans un autre, elle dévie en pénétrant dans le second milieu. On exprime ce fait en disant que la lumière se *réfracte* à la surface de séparation des deux milieux. On nomme *rayon réfracté* la direction suivie par la lumière dans le second milieu.

Ainsi, le rayon SO (fig. 190), en passant de l'air dans l'eau, suit la direction OR en se rapprochant de la normale ON, à la surface de séparation des deux milieux.

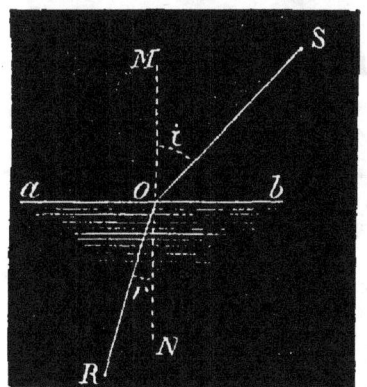

Figure 190.

Généralement, à chaque rayon lumineux correspond un rayon réfracté unique; on dit alors que *la réfraction est simple*; mais il arrive, pour certains corps cristallisés, le spath calcaire, par exemple, qu'à chaque rayon incident correspondent deux rayons réfractés de directions différentes. Alors *la réfraction est double*.

Il ne s'agira ici que de la réfraction simple, qui est soumise aux deux lois suivantes, formulées la première fois par *Descartes* (*).

1° *Le rayon incident et le rayon réfracté sont dans*

(*) *Descartes*, célèbre philosophe français, physicien, géomètre, auteur du *Discours sur la méthode*. (Né en 1596, mort en 1650.)

*un même plan perpendiculaire à la surface de sépa-
ration des deux milieux.*

2° *Le sinus de l'angle d'incidence et le sinus de
l'angle de réfraction sont dans un rapport constant
pour les mêmes milieux, quelle que soit la valeur de
l'angle d'incidence.*

On aura donc (fig. 190), d'après cette seconde loi :

$$\frac{\sin i}{\sin r} = n ; \quad \text{d'où} : \quad \sin i = n \sin r.$$

La quantité n est constante pour deux mêmes milieux;
sa valeur dépend de la nature des deux milieux traversés par la lumière. On la nomme *indice de réfraction.*
Cet indice est *absolu*, lorsque la lumière passe du vide
dans un milieu matériel ; il est *relatif*, lorsqu'elle passe
d'un milieu matériel dans un autre.

De deux milieux diaphanes, celui dans lequel l'angle
formé par le rayon lumineux et la normale est le plus
petit, est dit le plus *réfringent*. Ainsi, d'après la fig. 190,
l'eau est plus réfringente que l'air, parce que le rayon
OR est plus près de la normale MN que le rayon SO.
Le milieu le plus réfringent est *généralement* le plus
dense.

L'expérience démontre, en outre, que la lumière suit
le même chemin, quel que soit le sens suivant lequel elle
le parcourt, c'est-à-dire que si le rayon incident suivait
la direction RO, il se réfracterait suivant OS. Dans ce
cas, r est l'angle d'incidence et i l'angle de réfraction,
et l'indice de réfraction s'exprime par :

$$\frac{\sin r}{\sin i} = \frac{1}{n}.$$

Dans l'égalité $\frac{\sin i}{\sin r} = n$, ou $\sin i = n \sin r$, posons
$i = 0$; on aura : $\sin r = 0$, ou $r = 0$.

Donc, quand le rayon tombe normalement sur la

surface de séparation des deux milieux, il passe dans le second sans déviation ; en d'autres termes, il n'y a que les rayons obliques à la surface de séparation des deux milieux qui soient déviés.

295. Démonstration expérimentale des lois de la réfraction simple. On emploie à cet effet l'appareil de Silbermann, le même qui nous a servi pour la vérification des lois de la réflexion, avec cette différence que le petit miroir plan placé au centre du cercle gradué, est remplacé par un vase hémi-cylindrique plein d'eau et dont le centre de courbure coïncide avec le centre du cercle gradué. L'appareil étant bien vertical, on incline le miroir M de façon que le rayon lumineux IO qu'il réfléchit tombe au centre O du vase. Le rayon réfracté suit alors la direction OR d'un rayon du cercle ; il n'est pas dévié au point a, parce qu'il tombe normalement sur la paroi du vase. Si l'on ne donnait pas au vase la forme hémi-cylindrique, le rayon subirait une nouvelle réfraction à la sortie du vase, et la seconde loi ne pourrait être vérifiée par ce moyen.

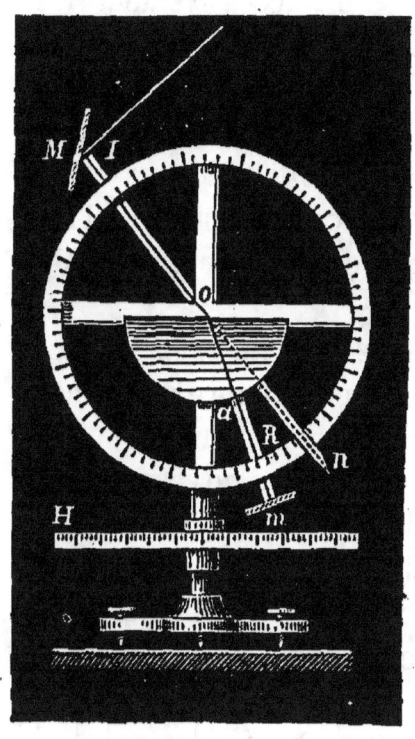

Figure 191.

On reconnaît que si le faisceau incident IO est parallèle au plan du cercle gradué, le faisceau réfracté OR est parallèle au même plan, et que si l'on donne à l'angle d'incidence des valeurs différentes quelconques, i, i',

i'', ..., les angles de réfraction correspondants obtenus, r, r', r'', ..., seront liés aux premiers par la relation :

$$\frac{\sin i}{\sin r} = \frac{\sin i'}{\sin r'} = \frac{\sin i''}{\sin r''} = \ldots,$$

ou $\log \sin i - \log \sin r = \log \sin i' - \log \sin r' = \ldots$

Pour éviter ce calcul, Silbermann a modifié l'appareil en plaçant sur le pied une règle horizontale H que l'on soulève jusqu'à ce qu'elle atteigne successivement les extrémités m, n, des bras mobiles. Le zéro de cette règle étant dans la verticale du centre O du cercle, il suffit de lire la division à laquelle aboutissent les extrémités m et n, pour obtenir les sinus de l'angle d'incidence et de l'angle de réfraction. C'est ainsi qu'on a trouvé que l'indice de réfraction de l'air à l'eau est $\frac{4}{3}$ et celui de l'air au verre $\frac{3}{2}$.

296. Phénomènes produits par la réfraction. La réfraction de la lumière explique un grand nombre de phénomènes.

1° Ainsi, un objet O placé au fond d'un vase plein d'eau, semble plus rapproché de la surface qu'il ne l'est en réalité ; car deux rayons lumineux tels que OA et OB s'écartent de la normale en passant dans l'air, et leurs prolongements concourent en un point O' situé sur le rayon vertical OO'. L'œil placé dans la direction des rayons AR et BS, voit l'objet O en O'. C'est par un effet semblable qu'un bâton plongé obliquement dans l'eau paraît brisé au point où il sort du liquide.

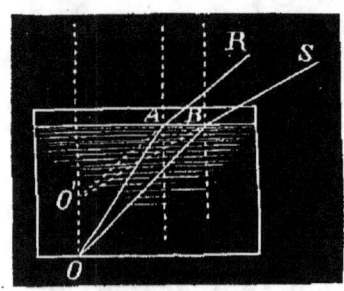

Figure 192.

2° Les astres nous paraissent plus élevés au-dessus de l'horizon qu'ils ne le sont en réalité, parce que les rayons qu'ils émettent se réfractent en traversant notre atmosphère. En voici la raison : à mesure que l'on se rapproche de la surface du globe, la densité de l'air augmente et en même temps son indice de réfraction, de sorte que si l'on suppose l'air partagé en couches con-

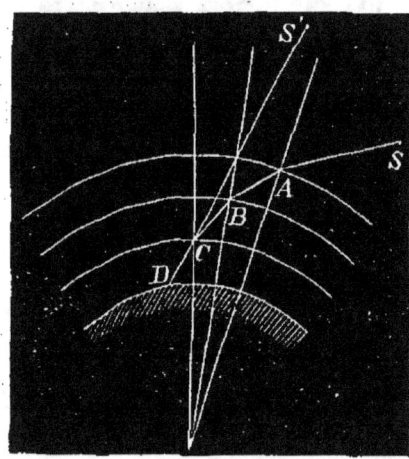

centriques très minces, un rayon lumineux tel que SA (fig. 193), émanant de l'astre, se rapprochera continuellement de la normale au point d'incidence, en passant d'une couche à une autre, et se propagera suivant une ligne brisée SABCD. Il en résulte que S sera vu quelque part en S' sur le prolongement du dernier rayon.

La déviation totale est d'autant plus grande que le rayon entre plus obliquement dans l'atmosphère ; elle est donc maximum à l'horizon ; le relèvement du rayon atteint alors environ 34'. Or, ce relèvement est supérieur au diamètre apparent du soleil ; de sorte que cet astre est encore aperçu tout entier après qu'il est réellement couché. Pour la même raison, on aperçoit le soleil se lever alors qu'il est encore au-dessous de l'horizon.

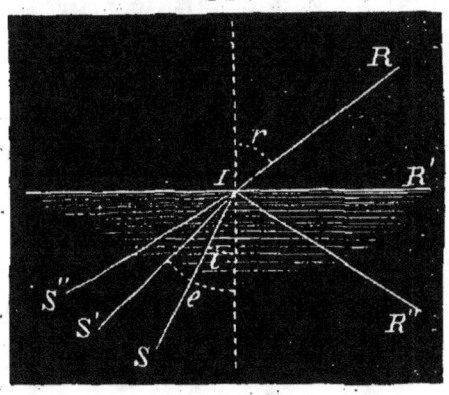

Figure 194.

297. Angle limite. — Réflexion totale. Si un rayon SI (fig. 194) passe d'un milieu dans un autre moins réfringent, l'angle de réfraction r sera plus grand que l'angle d'incidence i. L'angle i venant à croître, l'angle r croît également.

Pour une certaine valeur θ de l'angle i, r sera droit, c'est-à-dire que le rayon lumineux prendra, à l'émergence, la direction IR' en rasant la surface.

L'angle θ, qui est appelé *angle limite*, est donc l'angle d'incidence pour lequel l'angle de réfraction est droit. Or, on a :

$$\frac{\sin r}{\sin i} = n;$$

et comme dans le cas de l'angle limite, $\sin r = 1$ et $\sin i = \sin θ$, on obtient :

$$\frac{1}{\sin θ} = n; \quad \text{d'où :} \quad \sin θ = \frac{1}{n};$$

donc, *l'angle limite est d'autant plus grand que l'indice de réfraction est plus petit.*

De l'eau à l'air, cet angle a pour valeur 48°,35', et du verre à l'air 41°,48'; on obtient ces nombres en résolvant les équations : $\sin θ = \frac{3}{4}$ et $\sin θ = \frac{2}{3}$.

Lorsque l'angle i est supérieur à l'angle limite, la valeur de $\sin r$ est plus grande que l'unité, et le phénomène de la réfraction n'a plus lieu. La lumière se réfléchit alors à la surface de séparation des deux milieux comme sur un miroir plan. Ainsi, le rayon S"I (fig. 194) se réfléchit suivant IR", en faisant un angle de réflexion égal à l'angle d'incidence.

Lorsqu'un faisceau lumineux, tel que SI (fig. 194), se présente à la surface de séparation de deux milieux, une partie est réfractée et l'autre est réfléchie. Il y a donc une *réflexion partielle*. Mais dans le cas où l'angle d'incidence est supérieur à θ, *toute* la lumière est réfléchie et rien ne passe dans l'autre milieu; on dit alors qu'il y a *réflexion totale*.

Le passage de la lumière d'un milieu dans un autre plus dense est toujours possible, mais non le passage inverse, qui ne peut avoir lieu que si l'angle d'incidence

16

est plus petit que θ ; d'où la dénomination d'*angle limite* appliquée à cet angle.

On peut observer le phénomène de la réflexion totale en plaçant devant un vase de verre rempli d'eau un objet

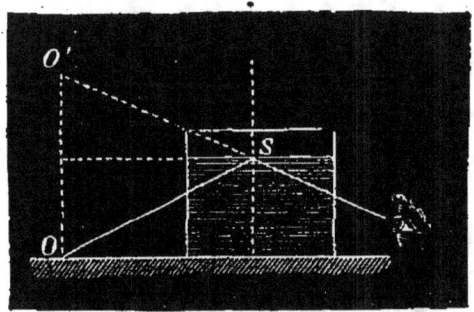

O (fig. 195). Si l'on regarde de l'autre côté du vase, dans une direction convenable , on verra en O' l'image de l'objet formée par les rayons réfléchis en S ;

Figure 195.

O' sera le point symétrique de O par rapport à la surface du liquide (**279**).

298. Phénomène du mirage. Ce phénomène est dû à la réflexion totale de la lumière. Le mirage peut présenter des aspects différents, suivant les circonstances dans lesquelles il se produit. On l'observe fréquemment dans les déserts de sable où l'insolation est très forte. On voit alors une image symétrique des objets éloignés semblable à celle qui se formerait par suite de la réflexion des rayons sur la surface d'une nappe d'eau.

Monge a donné une théorie complète de ce curieux météore dont il fut souvent témoin lors de la campagne d'Égypte en 1798. Au moment de la grande chaleur du jour, les villages paraissaient de loin comme au milieu d'un lac dans les eaux duquel on voyait les images renversées des maisons et des arbres. A mesure qu'on s'approchait, ce prétendu lac semblait fuir , l'apparence disparaissait, et les soldats, épuisés de fatigue et accablés par la soif et la chaleur, éprouvaient une déception d'autant plus cruelle que l'illusion avait été plus complète.

Voici comment Monge a expliqué ce phénomène : par suite de l'échauffement du sol, il se forme à son contact une succession de couches d'air chaud A_1, A_2, A_3 (fig. 196), telles que la densité croisse quand on s'élève, au lieu de décroître, ce qui est le cas général. Il en résulte que la couche A₄ est plus réfringente que la couche A₃, la couche A₃ plus que la couche A₂, etc. Par suite, un rayon lumineux émanant d'un objet S se réfracte en pénétrant dans la couche A₄, de telle manière que l'angle 2 soit plus grand que l'angle 1. En pénétrant dans la couche A₃, le rayon subit une nouvelle réfraction, de telle sorte

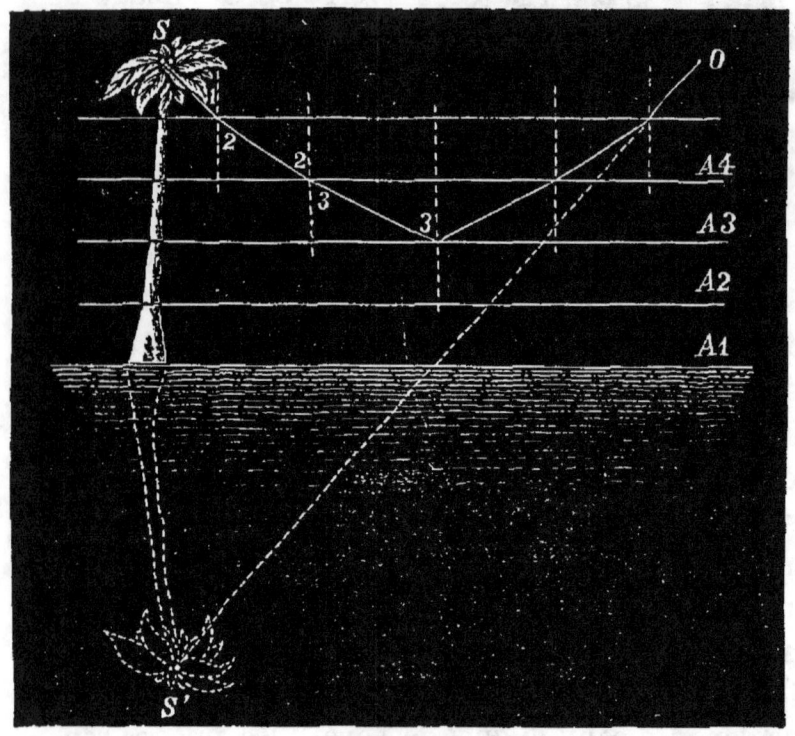

Figure 196.

que l'angle 3 soit plus grand que l'angle 2. On voit que l'angle d'incidence croît d'une couche à une autre, de sorte qu'il finit par dépasser l'angle limite (**297**). Alors il y a réflexion totale ; le rayon réfléchi se relève, et, passant à travers des couches de plus en plus denses, se réfracte en se rapprochant de la normale. Il arrive en O en suivant la même direction que s'il était parti du point

S'. On voit donc dans cette direction une image du point S. Telle est la cause de l'illusion nommée mirage..

299. Propagation de la lumière à travers une lame à faces parallèles. Si l'on pose une lame de verre L (fig. 197)

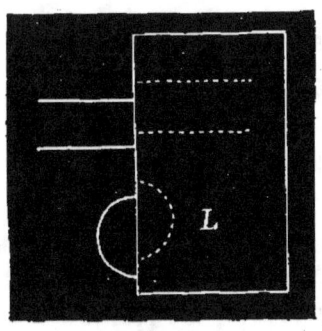

Figure 197.

à faces parallèles sur un papier où se trouvent tracées des lignes droites ou courbes, de manière que la lame ne recouvre qu'une partie de ces lignes, en regardant perpendiculairement, on remarquera que les lignes vues par transparence sont la continuation des lignes vues directement, et en regardant obliquement, on remarquera une déviation, ainsi que l'indique la figure. On peut constater facilement que cette déviation sera d'autant plus marquée que l'incidence des rayons lumineux sera plus oblique et que l'épaisseur de la lame sera plus considérable. A proprement parler, il n'y a pas de déviation, mais simplement déplacement latéral, car le rayon incident est parallèle au rayon émergent, c'est-à-dire au rayon à sa sortie de la lame.

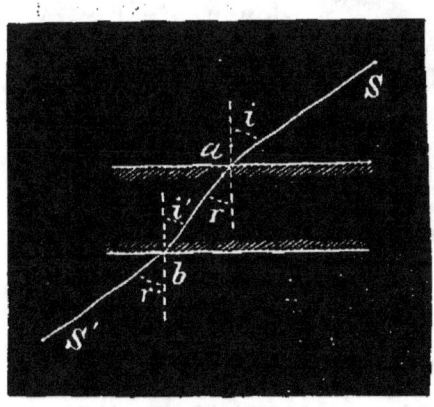

Figure 198.

En effet, considérons le rayon SabS' (fig. 198) traversant la lame de verre; on a :

$$\frac{\sin i}{\sin r} = \frac{3}{2},$$

$\frac{3}{2}$ étant l'indice de réfraction de l'air par rapport au verre; mais on a aussi :

$$\frac{\sin r'}{\sin i'} = \frac{3}{2},$$

puisque le rayon suivrait exactement le même chemin, s'il émanait du point S' ; donc :

$$\frac{\sin i}{\sin r} = \frac{\sin r'}{\sin i'} ;$$

or, $r = i'$; donc $i = r'$; et comme les normales aux points a et b sont parallèles, il s'ensuit que les rayons Sa et bS' sont aussi parallèles. Cela est encore vrai quand la lumière traverse deux ou un plus grand nombre de lames à faces parallèles superposées.

300. Propagation de la lumière à travers les milieux terminés par des surfaces planes inclinées. — Prismes. Étudions maintenant la marche de la lumière à travers un corps réfringent dont les faces planes ne sont pas parallèles, mais inclinées, telles que AB et AC (fig. 199).

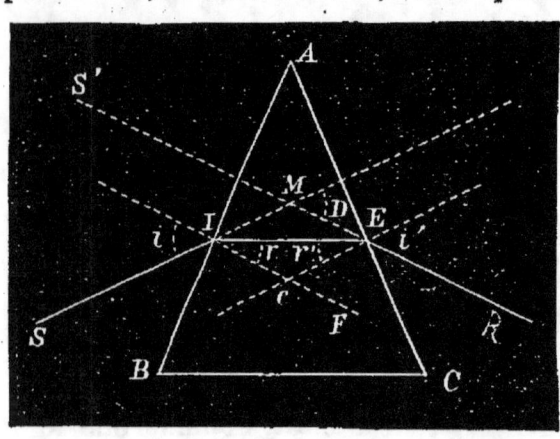

Figure 199.

Le corps prend alors nécessairement la forme d'un prisme, car devant être limité du côté opposé à l'arête d'intersection, on le termine ordinairement par une surface plane BC parallèle à cette arête. La substance réfringente est ordinairement le verre. On appelle *arête* ou *sommet* du prisme, l'intersection A des deux faces que traverse le rayon lumineux ; la troisième face BC qui ne sert pas et qui pourrait être dépolie ou noircie, se nomme *la base* du prisme ; la *section principale* est une section ABC déterminée dans le prisme par un plan perpendiculaire à l'arête. Le prisme est ordinairement adapté sur un pied, de manière à ce qu'on puisse le tourner ou l'incliner à volonté.

Lorsqu'on regarde un objet à l'aide d'un prisme, en plaçant son arête dans une position horizontale, la base tournée vers le bas, on aperçoit cet objet *relevé vers le sommet*, si le prisme est plus réfringent que l'air, ce qui est le cas ordinaire. En effet, un rayon incident tel que SI (fig. 199), situé dans le plan de la section principale BAC, se réfracte au point I et suit dans le prisme le chemin IE en se rapprochant de la normale. Arrivé en E, il se réfracte une seconde fois suivant la direction ER, en s'écartant de la normale. Le rayon lumineux subit ainsi deux réfractions successives qui le rejettent vers la base du prisme.

Si la lumière part d'un point lumineux S, tous les rayons partis de ce point formeront à leur sortie du prisme un faisceau divergent dont les *prolongements* se couperont en un point S', qui est le *foyer virtuel* du point lumineux S. Celui-ci paraît donc relevé vers le sommet du prisme, mais les rayons émergents sont déviés vers la base.

On peut démontrer qu'il en est toujours ainsi, quel que soit l'angle d'incidence, lorsque la substance du prisme est plus réfringente que le milieu ambiant. Dans certains cas, l'angle d'incidence r' peut être supérieur à l'angle limite, et alors il y a réflexion totale dans l'intérieur du prisme.

Le relèvement des objets, lorsqu'ils sont regardés à travers les prismes, n'est pas le seul phénomène observé; on constate encore que les images sont colorées sur les bords. Nous nous occuperons plus loin de ce phénomène, dans le chapitre qui traite de la dispersion.

301. Angle de déviation. L'angle D formé par le rayon incident et le rayon émergent est appelé *angle de* *déviation*. Il représente la quantité angulaire dont a tourné le rayon incident pour prendre la direction qu'il possède à l'émergence du prisme (*).

302. Variations de la déviation. L'angle de déviation varie : 1° avec la *nature du prisme*, 2° avec l'*angle du prisme*, et 3° avec l'*angle d'incidence sur la face d'entrée*.

On démontre l'*influence de la nature du prisme* au moyen de plusieurs prismes de même angle et de verres

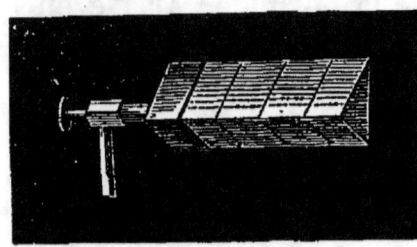

Figure 200.

différents collés les uns aux autres par les faces qui représentent leurs sections principales (fig. 200). Lorsqu'on regarde à travers ce polyprisme une ligne droite, par exemple, les différentes parties en sont vues à des hauteurs différentes.

L'influence de l'angle du prisme est démontrée au

(*) Voici comment on calcule sa valeur : L'angle D étant extérieur au triangle IME (fig. 199), on a :
$$D = MIE + MEI;$$
mais $MIE = i - r$ et $MEI = i' - r'$, donc :
$$D = i - r + i' - r' = i + i' - (r + r').$$
On a aussi : $\qquad\qquad r + r' = A;\qquad\qquad\qquad$ (1)
car les angles A et ECF sont égaux, leurs côtés étant perpendiculaires ; de plus, ECF, extérieur au triangle IEC, est égal à $r + r'$.

Remplaçant $r + r'$ par A dans la valeur de D, on obtient :
$$D = i + i' - A.\qquad\qquad\qquad (2)$$
Si i' n'était pas connu, on pourrait le déterminer en s'aidant des formules suivantes données par les lois de la réfraction (**294**) :
$$\sin i = n \sin r, \quad (3) \qquad \text{et} \qquad \sin i' = n \sin r'. \qquad (4)$$
L'équation (3) permettrait de déterminer r, puisque i et n sont supposés connus ; de l'équation (1) on tirerait alors r', et enfin l'équation (4) donnerait i'.

moyen d'un prisme à angle variable. Il est formé de deux plaques de cuivre parallèles entre lesquelles deux lames de verre, montées à charnières, peuvent se déplacer et prendre différentes inclinaisons. Dans l'auge ainsi formée, on verse de l'eau ou tout autre liquide réfringent, puis on la fait traverser par un faisceau lumineux dont la trace se produit en un certain point d'un écran; en déplaçant les lames de verre, on constate que la trace se déplace.

Enfin, on constate l'*influence de l'angle d'incidence*, en laissant pénétrer dans une chambre obscure un faisceau de rayons solaires qui formera sa trace en *a* sur un écran (fig. 201). Si l'on interpose un prisme, le faisceau est dévié vers la base et sa trace se produit en *b*, par exemple. En faisant tourner le prisme autour de son arête S, ce qui fait varier l'angle d'incidence, la trace se déplace sur l'écran.

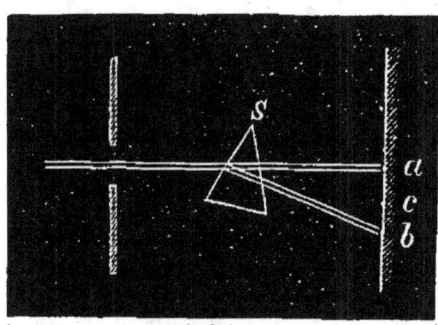

Figure 201.

303. Déviation minimum. On peut encore constater, dans l'expérience précédente, qu'en faisant tourner graduellement le prisme dans un certain sens, la trace *b* se rapproche du point *a*, jusqu'à une certaine position *c*, puis s'en éloigne.

La déviation est donc *minimum* lorsque la trace se produit en *c*; on constate alors que les angles d'incidence *i* et d'émergence *i'* sont égaux (*).

(*) Si l'on porte cette condition dans les équations de la note page 361, on voit, d'après les formules (3) et (4), que si $i = i'$, $r = r'$. Donc, l'équation (1) donnera : $A = 2r$, d'où $r = \dfrac{A}{2}$, et l'équation (2) : $D = 2i - A$,

RÉFRACTION DANS LES MILIEUX TERMINÉS PAR LES SURFACES COURBES.

304. Lentilles. On nomme *lentilles* des corps transparents limités par deux surfaces courbes ou par une surface courbe et un plan.

Nous ne parlerons ici que des lentilles dont les surfaces courbes sont sphériques et appelées, pour ce motif, *lentilles sphériques* ; ce sont d'ailleurs les seules employées dans les instruments d'optique. Elles sont ordinairement de *crown-glass,* verre qui ne contient pas de plomb, ou de *flint-glass,* verre qui en contient et qui est plus réfringent que le crown.

L'*axe principal* d'une lentille est la ligne droite qui joint les centres des deux surfaces sphériques, ou si l'une des faces est plane, la perpendiculaire abaissée du centre de la surface sphérique sur la face plane. Tout rayon lumineux dirigé suivant cet axe, ne subit pas de réfraction, puisqu'il est normal aux faces d'incidence et d'émergence.

---

d'où $i = \dfrac{A + D}{2}$. En remplaçant dans l'équation (3), on obtient :

$$n = \frac{\sin \dfrac{A + D}{2}}{\sin \dfrac{A}{2}}.$$

Cette formule permet de déterminer l'indice de réfraction n des différentes substances lorsqu'on connait les angles A et D.

Pour les liquides, on les enferme dans un prisme creux, limité par des lames de verre à faces parallèles et qui, par suite, ne dévient pas elles-même les rayons lumineux.

INDICES DE RÉFRACTION PAR RAPPORT A L'AIR.

Eau 1,336	Spath d'Islande. 1,654
Flint-glass (cristal). . 1,57 à 1,58	Diamant. . . . . 2,47 à 2,75
Crown-glass (verre sans plomb), 1,509	Sulfure de carbone 1,678
Sel gemme. 1,545	Éther sulfurique 1,358

On distingue six formes de lentilles (fig. 202). Les trois premières, ABC, sont dites *convergentes*, parce

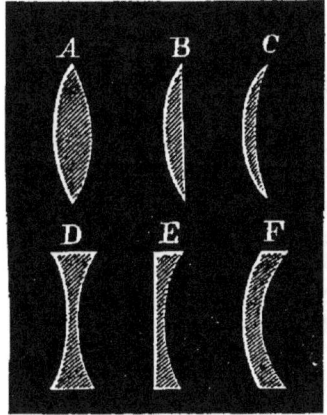

qu'elles ont la propriété de rapprocher de l'axe les rayons qui les ont traversées ; on les reconnaît aisément en ce que leur épaisseur est plus grande au centre que près des bords.

On les appelle :

A, *lentille biconvexe* ;

B, *lentille plan-convexe* ;

C, *lentille concave-convexe convergente.*

Figure 202.

Les trois dernières, C, D et F, sont appelées *divergentes*, parce qu'elles écartent de l'axe les rayons qui les ont traversées ; elles sont plus minces au milieu que sur les bords.

On les appelle :

D, *lentille biconcave* ;

E, *lentille plan-concave* ;

F, *lentille concave-convexe divergente.*

Les propriétés des lentilles de chacun des deux groupes étant semblables, il suffit de considérer une lentille de chaque groupe. Pour le premier, nous choisirons la lentille biconvexe et pour le second, la lentille biconcave.

MARCHE DES RAYONS LUMINEUX DANS LES LENTILLES BICONVEXES.

305. Foyer principal. Pour déterminer la marche des rayons lumineux dans les lentilles, on supposera, comme on l'a fait pour les miroirs courbes (**282**), que la surface est formée d'éléments plans infiniment petits.

Examinons le cas où les rayons tombent sur la lentille parallèlement à son axe principal, ce qui suppose le point lumineux d'où ils émanent situé à l'infini sur l'axe principal. Un de ces rayons SI (fig. 203), en pénétrant dans la lentille, se rapproche de la normale CI menée au point

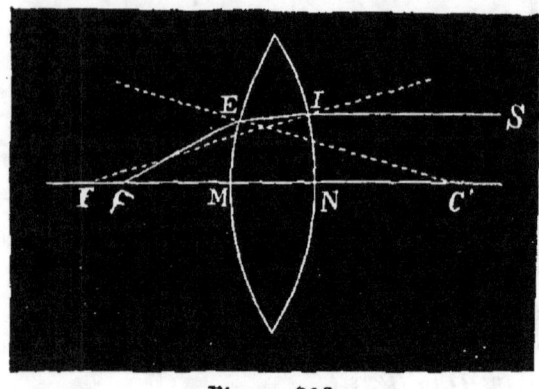

Figure 203.

d'incidence et suit une direction telle que IE ; en sortant de la lentille en E, il s'écarte de la normale C'E menée au point E et coupe l'axe principal en un point F appelé *foyer principal.*

La distance FM du foyer à la lentille s'appelle *distance focale principale*. Sa grandeur dépend de la substance de la lentille et de la courbure des surfaces. La distance focale est d'autant plus faible que la courbure est plus prononcée ; on dit alors que la lentille a un court foyer.

Dans les lentilles en crown-glass, le foyer principal coïncide très approximativement avec le centre de courbure, tandis qu'il se rapproche de la lentille lorsque celle-ci est en flint.

306. Détermination expérimentale du foyer principal. Le calcul montre que tous les rayons parallèles à l'axe principal et qui n'en sont pas trop éloignés, viennent sensiblement converger au foyer. On peut s'en assurer par l'expérience suivante qui constitue en même temps un moyen de déterminer le foyer principal : On place la lentille en face du soleil, de façon à ce que son axe principal soit parallèle aux rayons de cet astre. La lumière, à sa sortie de la lentille, étant reçue sur un écran, y forme un cercle lumineux dont l'éclat et la grandeur varient avec le déplacement de l'écran. Pour une certaine position de celui-ci, ce cercle atteint son plus vif éclat et se réduit à peu près à un point lumineux qui est le foyer.

On peut aussi placer la lentille à l'ouverture d'une chambre obscure, alors on aperçoit facilement le cône lumineux qui est accusé par l'illumination des poussières en suspension dans la chambre. Le sommet de ce cône est évidemment le foyer principal.

307. Foyers conjugués. Considérons, à présent, le cas où le point lumineux L (fig. 204) est situé sur l'axe principal, mais au delà du foyer. Le faisceau émanant de ce

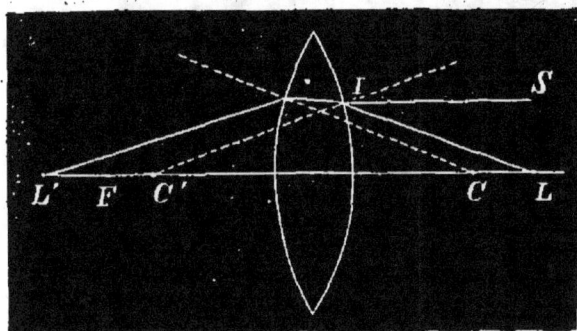

Figure 204.

point et reçu sur la lentille est alors divergent. Examinons la marche d'un des rayons LI de ce faisceau. Ce rayon fera avec la normale au point I un angle d'incidence plus grand que s'il possédait la direction SI parallèle à l'axe principal; il en sera de même de l'angle de réfraction, de sorte qu'à l'émergence il rencontrera le rayon dirigé suivant l'axe principal en un point L' plus éloigné de la lentille que le foyer principal F. Tous les autres rayons émanant du point L viendront sensiblement concourir au point L'.

Les deux points L et L' sont appelés *foyers conjugués*. Ils sont réciproques l'un de l'autre, c'est-à-dire que si la source lumineuse était en L', le point de concours des rayons réfractés se trouverait en L.

A mesure que le point L s'approche de la lentille, la divergence des rayons émergents augmente, et le point L' s'éloigne; lorsqu'il sera arrivé au foyer principal, les rayons émergents seront parallèles à l'axe principal;

alors l'intensité du faisceau lumineux ne décroît que lentement et la lumière peut être portée à une grande distance.

308. Foyers virtuels. Si le point lumineux L est situé entre la lentille et son foyer principal (fig. 205), on voit que l'angle d'incidence *i* formé par l'un des rayons LI émanant de ce point est plus grand que l'angle d'incidence *i'* formé par un rayon FI émis du foyer principal.

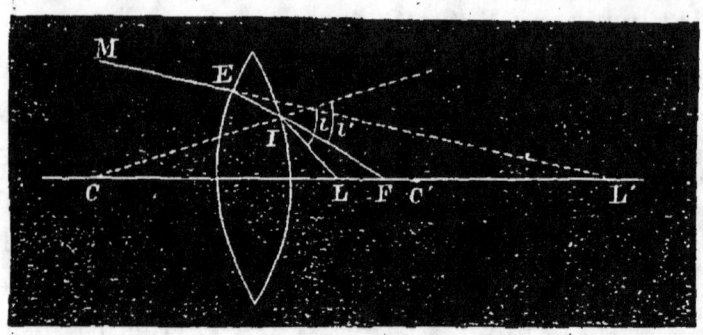

Figure 205.

Par suite, le rayon émergent EM s'éloigne de l'axe principal et ne peut, par conséquent, le rencontrer. Il n'y a donc pas alors de foyer réel ; mais si l'on prolonge géométriquement le rayon émergent, il rencontrera l'axe principal en L' et y formera un foyer virtuel d'où sembleront diverger tous les rayons partis du point L.

Lorsque le point L se rapproche de la lentille, le point L' en approche également, et l'inverse a lieu s'il s'en éloigne (*).

309. Centre optique. — Axes secondaires. Pour déterminer l'image d'un point lumineux situé en dehors de l'axe principal, il est nécessaire de parler d'un point

---

(*) **Formule relative aux lentilles biconvexes.** Les différents cas que nous venons d'examiner sont renfermés dans une formule que nous allons rechercher.

Soit L (fig. 206) le point lumineux et L' son foyer conjugué,

remarquable situé sur l'axe principal de la lentille et appelé *centre optique*. Il jouit de la propriété suivante :

On a (294) : $\sin i = n \sin r$, $\sin i' = n \sin r'$.

Si les angles i, i'', r et r' sont très petits, leurs arcs se confondent sensiblement avec leurs sinus, et l'on peut écrire :

$$i = nr, \quad i' = nr', \quad \text{d'où} : \quad i + i' = n\,(r + r'). \qquad (1)$$

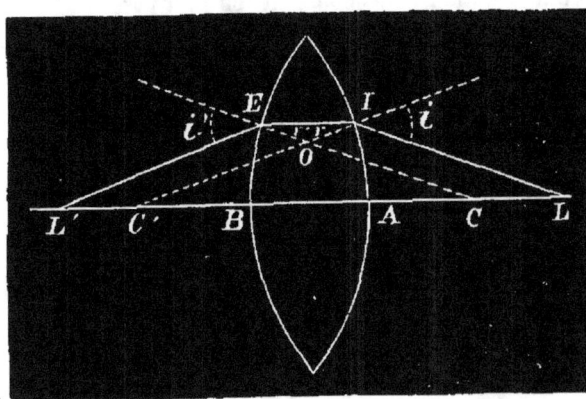

D'un autre côté, l'angle i étant extérieur au triangle $C'IL$, on a :

$$i = c' + L; \qquad (2)$$

en désignant par c' et par L les angles en ces points tournés vers la lentille.

De même, on aura :

$$i' = c + L'. \qquad (3)$$

Figure 206.

En additionnant terme à terme les équations (2) et (3), on obtient :

$$i + i' = c + c' + L + L'. \qquad (4)$$

Les deux triangles EOI et C'OC ayant l'angle en O égal, on a :

$$r + r' = c + c'.$$

Remplaçant dans (1), on a :

$$i + i' = n\,(c + c').$$

Substituant cette valeur de $i + i'$ dans (4), on obtient :

$$n\,(c + c') = c + c' + L + L',$$

ou : $$n\,(n - 1)\,(c + c') = L + L'. \qquad (5)$$

Si l'on désigne par p et p' les distances des points L et L' à la lentille, par R et R' les rayons de courbure CB et C'A de cette lentille, les angles c, c', L et L' ont respectivement pour valeur :

$$c = \frac{EB}{R}, \quad c' = \frac{AI}{R'}, \quad L = \frac{AI}{p}, \quad L' = \frac{BE}{p'}.$$

AI et BE dans les valeurs de L et de L' remplacent les arcs correspondants décrits de ces deux points comme centres avec les rayons AL et BL'.

Remplaçant dans (5), on obtient :

$$(n - 1)\left(\frac{EB}{R} + \frac{AI}{R'}\right) = \frac{AI}{p} + \frac{BE}{p'}.$$

Si l'épaisseur de la lentille est très petite et si les rayons incidents s'écartent

Tout rayon réfracté qui passe par ce point donne un rayon émergent parallèle au rayon incident.

---

peu de l'axe, les arcs EB et AI peuvent être considérés comme à peu près égaux, et en supprimant le facteur commun, la formule devient :

$$(n - 1) \left(\frac{1}{R} + \frac{1}{R'} \right) = \frac{1}{p} + \frac{1}{p'}. \tag{6}$$

Le premier membre de cette équation étant constant, on peut poser :

$$(n - 1) \left(\frac{1}{R} + \frac{1}{R'} \right) = \frac{1}{f},$$

et par suite :

$$\frac{1}{p} + \frac{1}{p'} = \frac{1}{f}. \tag{7}$$

Cette formule montre, en tenant compte des restrictions précédentes, que la position du point L est indépendante de la direction du rayon LI, puisque l'angle en L n'intervient pas dans la formule ; par suite, tous les rayons partis du point L concourent, après leur réfraction, au même point L' qui est l'image du point lumineux.

DISCUSSION. Pour mettre de l'ordre dans la discussion, supposons que le point lumineux s'éloigne d'abord de la lentille, puis s'en rapproche.

1° Si p augmente, $\frac{1}{p}$ diminue, $\frac{1}{p'}$ augmente, donc p' diminue. Par conséquent, lorsque le point lumineux s'éloigne de la lentille, son image L' s'en approche.

2° Si $p = \infty$, $\frac{1}{p} = 0$, $\frac{1}{p'} = \frac{1}{f}$, donc $p' = f$; c'est-à-dire que si les rayons lumineux tombent sur la lentille parallèlement à l'axe principal, ils concourent au foyer.

3° Si p diminue, $\frac{1}{p}$ augmente, $\frac{1}{p'}$ diminue, par suite, p' augmente. Donc, quand le point lumineux se rapproche de la lentille, le foyer conjugué s'en éloigne.

4° Si $p = 2f$, $p' = 2f$. Le point lumineux et son foyer conjugué se trouvent alors à la même distance de la lentille.

5° Si $p' = f$, $\frac{1}{p'} = 0$, donc $p' = \infty$; c'est-à-dire que si le point lumineux est au foyer principal, les rayons émergents sont parallèles à l'axe principal.

6° Si $p < f$, $\frac{1}{p} > \frac{1}{f}$, donc $\frac{1}{p'}$ est une quantité négative; les rayons réfractés sont divergents et leurs prolongements géométriques forment un foyer virtuel.

Démontrons d'abord qu'il existe un point tel dans une lentille biconvexe. Menons pour cela deux rayons de courbure parallèles CR et C'R' (fig. 207). Les éléments plans tangents aux points R et R' sont donc parallèles.

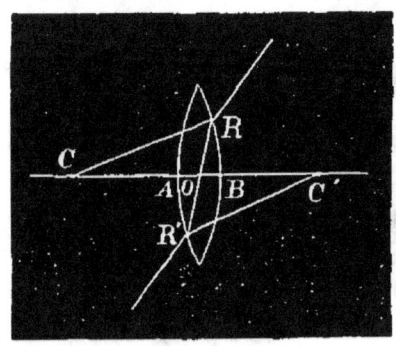

Par suite, un rayon lumineux qui tombe sur la lentille de telle sorte que, réfracté, il suive la direction RR', se propage comme dans un milieu à faces parallèles, donc, le rayon émergent sera parallèle au rayon incident (**299**). Le point O où le rayon

rencontre l'axe principal est le *centre optique.*

Déterminons sa position. Les triangles OCR et OC'R' étant semblables, on a :

$$CR : CO = C'R' : C'O;$$

d'où : $$CR — CO : C'R' — C'O = CR : C'R',$$

ou encore, en remarquant que $CR = CB$ et $C'R' = C'A$:

$$CB — CO : C'A — C'O = CR : C'R',$$

ou enfin : $$OB : OA = r : r',$$

en désignant par r et r' les rayons de courbure CR et C'R'.

On voit par là que *les distances du centre optique aux deux faces de la lentille sont proportionnelles aux rayons de courbure de ces faces*, et comme le rapport $\dfrac{r}{r'}$ est constant, il en de même du rapport $\dfrac{OB}{OA}$; ce qui prouve que le position du point O est invariable et indépendante de la position du point d'incidence R.

Toute droite autre que CC', passant par le centre optique, est appelée axe secondaire.

Lorsqu'un rayon lumineux passe par le centre optique d'une lentille à faible épaisseur, on peut négliger la petite déviation latérale qu'il subit et le considérer comme se propageant en ligne droite; sa direction est ainsi celle d'un axe secondaire.

L'image d'un point lumineux situé en dehors de l'axe principal, tel que L (fig. 208), se déterminera facilement en menant le rayon LOL' dirigé suivant l'axe secondaire de ce point et le rayon LI parallèle à l'axe principal. Ce dernier rayon, après réfraction, passe par le foyer principal F et rencontre l'axe secondaire en L' où se forme l'image du point L.

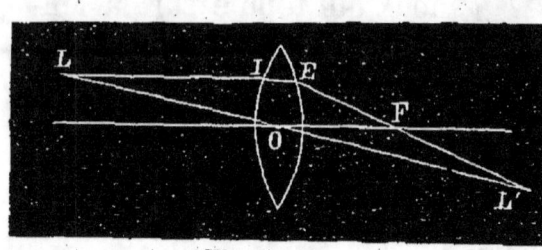

Figure 208.

On démontre, en effet, que si le point L s'écarte peu de l'axe principal, tous les rayons partant de ce point se rencontrent après leur réfraction au point L'.

Un point lumineux situé hors de l'axe principal donne donc un foyer conjugué sur son axe secondaire.

Pour tracer un rayon lumineux tel que LIEFL' (fig. 208), il faut connaître l'indice de réfraction de la substance du prisme, sinon, on peut se borner à prolonger le rayon en ligne droite jusqu'au plan AB (fig. 209), puis à tracer la ligne IF.

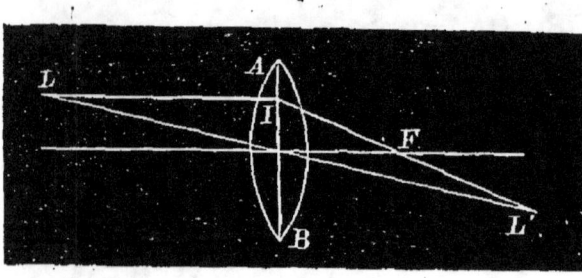

Figure 209.

Cette construction de l'image n'est évidemment pas rigoureuse, mais elle est rapide et peut suffire dans beaucoup de cas. Nous l'emploierons pour déterminer les images dans les lentilles.

310. Image réelle. Soit l'objet AB (fig. 210) situé au delà du foyer principal. L'image du point A se fera en a, point d'intersection de l'axe secondaire AOa et du rayon

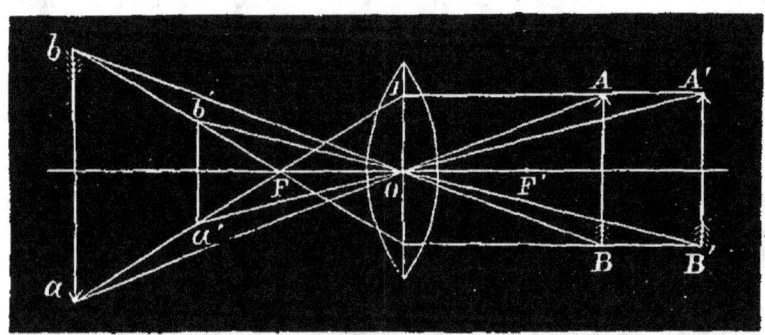

Figure 210.

AIa, parallèle à l'axe principal avant qu'il ne rencontre la lentille. De même, l'image du point B se fera en b, et ainsi des autres points de l'objet. Si ceux-ci sont peu écartés de l'axe principal de la lentille, l'image est semblable à l'objet.

On voit donc que l'image est *réelle* et *renversée*; elle est d'autant plus petite que l'objet AB est plus éloigné de la lentille. En effet, supposons qu'il soit en A'B'. Les rayons AI et A'I se confondent, mais la rencontre avec l'axe secondaire A'O se fera en a'. On détermine ainsi l'image du point A'; on obtiendra de même en b' celle de B'. L'image de l'objet $a'b'$ sera donc plus petite que ab. Il serait tout aussi facile de démontrer que, si l'objet se rapproche du foyer de la lentille, l'image grandit.

311. Vérification expérimentale. On peut vérifier ces faits expérimentalement en recevant sur un écran, dans l'obscurité, l'image de la flamme d'une bougie placée à une distance d'une lentille plus grande que son foyer principal. On constate d'abord que cette image est renversée, qu'elle diminue à mesure que l'on éloigne la bougie de la lentille, et grandit à mesure qu'on l'en rapproche.

312. Images virtuelles. Si l'objet AB (fig. 211) est placé entre le foyer F et la lentille, on voit que les rayons AIF et AO, émanés du point A, divergent après avoir traversé

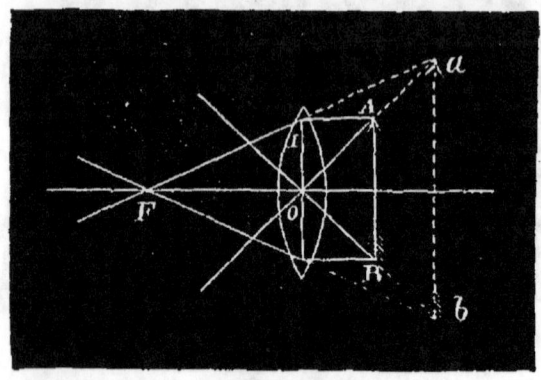

la lentille et forment un foyer virtuel en *a*. On obtient de même le foyer virtuel *b* du point B. L'image *a b* est donc *virtuelle*, *droite* et *amplifiée*.

Figure 211.

Lorsque les lentilles biconvexes sont ainsi employées comme verres grossissants, on les désigne sous le nom de *loupes* ou de *microscopes simples*.

Les rayons ne se rencontrant pas en réalité, l'image ne pourra être reçue sur un écran, comme dans le cas précédent; pour l'apercevoir, il faut appliquer l'œil près de la lentille (*).

(*) **Grandeur de l'image.** On peut déterminer le rapport de la grandeur de l'image à celle de l'objet.

Soit, dans la figure 210, AB = G, *ab* = *g*, et représentons par *p* la distance de l'objet et par *p'* celle de l'image à la lentille. Les deux triangles AOB et *aob* étant semblables, on a :

$$\frac{g}{G} = \frac{p'}{p}.$$

Or, on a trouvé (**308**, note) : $\frac{1}{p} + \frac{1}{p'} = \frac{1}{f}$; d'où : $\frac{p'}{p} = \frac{f}{p-f}$;

par suite :
$$\frac{g}{G} = \frac{f}{p-f} = \frac{1}{\dfrac{p}{f} - 1}.$$

DISCUSSION. Si $p > 2f$, alors $\frac{g}{G} < 1$, l'image est plus petite que l'objet.

MARCHE DES RAYONS LUMINEUX DANS LES LENTILLES
BICONCAVES.

313. Foyer principal. — Foyer conjugué. Considérons

un rayon SI (fig. 212) d'un faisceau parallèle à l'axe prin-

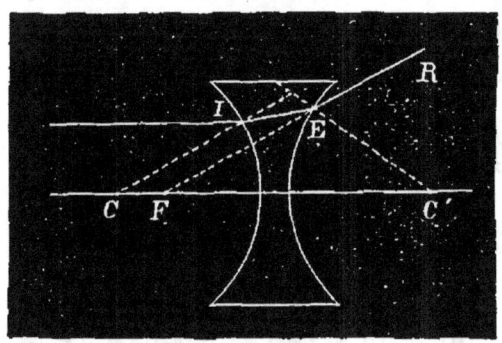

Figure 212.

cipal CC'. En péné-
trant dans la lentille,
il se rapproche de la
normale CI au point
d'incidence et suit la
direction IE. En sor-
tant de la lentille, il
s'écarte de la normale
C'E au point d'émer-
gence et prend la direction ER. Il s'écarte donc de l'axe
principal et ne peut le rencontrer. Il en sera de même
des autres rayons du faisceau et, par suite, il ne se

Si $p = \infty...$, $\frac{g}{G} = 0$, ce qui veut dire que l'objet étant très éloigné de
la lentille, l'image est très petite.

Si $p = 2f$, $\frac{g}{G} = 1$, l'image est alors égale à l'objet.

Si $p < 2f$ et $> f$, $\frac{g}{G} > 1$, l'image est plus grande que l'objet.

Si $p = f$, $\frac{g}{G} = \infty$, c'est-à-dire qu'il n'y a plus d'image.

Si $p < f$, $\frac{g}{G} =$ quantité négative, ce qui revient à dire qu'il n'y a plus
d'image réelle.

On remarquera que l'image est égale à l'objet lorsque $p = 2f$, mais dans
ce cas la formule $\frac{1}{p} + \frac{1}{p'} = \frac{1}{f}$ donne $p' = 2f$. Cette propriété permet de
déterminer la distance focale principale d'une lentille, en projetant sur un
écran avec la lentille une image réelle d'un objet quelconque et en déplaçant la lentille jusqu'à ce que l'image et l'objet aient la même dimension.
La distance entre l'écran et l'objet est alors égale à 4f. Le quart de cette
distance sera la distance focale. M. Silbermann a imaginé un appareil appelé
focomètre destiné à faire commodément cette expérience.

formera pas de foyer réel ; mais les prolongements géométriques des rayons émergents rencontreront l'axe principal en un point F qui sera le *foyer principal virtuel* de la lentille.

Si le point lumineux est situé sur l'axe principal, on verra facilement, par une construction semblable, qu'il se forme un *foyer conjugué virtuel*, situé entre le foyer principal et la lentille. On conclut donc que dans les lentilles biconcaves il ne se forme que des *foyers virtuels*.

314. Détermination de la distance focale principale. Les foyers des lentilles biconcaves étant virtuels, on ne peut les déterminer en se servant d'un écran, ainsi qu'il a été fait pour les lentilles biconvexes. On a alors recours à un moyen semblable à celui employé pour rechercher le foyer des miroirs concaves. On recouvre l'une des faces de la lentille d'une feuille de papier noir dans laquelle on ménage deux petites ouvertures, A et B, à égale distance de l'axe principal (fig. 213). Si l'on reçoit sur la lentille ainsi préparée un faisceau de lumière solaire parallèlement à l'axe principal, la lumière pénètrera dans la lentille seulement par les ouvertures A et B et ira former leur image sur un écran en *a* et *b*. On déplace

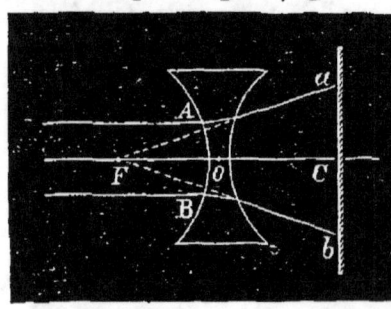

Figure 213.

l'écran jusqu'à ce que la distance *ab* soit double de AB, alors la distance OC est égale à la distance focale OF. Cela résulte de la similitude des triangles *aFb* et AFB.

315. Formation des images dans les lentilles biconcaves. On peut démontrer qu'il existe aussi pour ces lentilles un centre optique qui se détermine de la même manière que pour les lentilles biconvexes : on mène des centres des deux faces deux rayons parallèles et on joint les points où ces rayons rencontrent les faces correspondantes. L'intersection de cette droite avec l'axe est le centre optique.

Les lentilles biconcaves ne donnent que des images virtuelles. La règle de construction est la même que

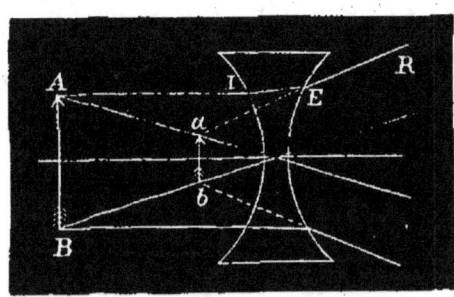

pour les lentilles biconvexes. S'il s'agit, par exemple, de construire l'image d'une droite AB (fig. 214), on trouvera que l'image du point A se fera en *a*, point de rencontre de l'axe secon-

Figure 214.

daire et du rayon AIER, prolongé géométriquement. De même, celle du point B se fera en *b*. On voit que *l'image de l'objet est virtuelle, droite et plus petite que l'objet.*

316. Aberration de sphéricité. — Lentilles à échelons.
On a admis dans tout ce qui précède que les rayons émis d'un point lumineux allaient, après s'être réfractés, concourir très sensiblement en un point unique. En réalité, les rayons réfractés près des bords d'une lentille coupent l'axe en des points plus rapprochés de la lentille que les rayons qui la traversent près de l'axe. Cette imperfection des lentilles est appelée *aberration de sphéricité.* Seulement, pour la distinguer de l'aberration de sphéricité des miroirs sphériques (**292**), on la désigne plus particulièrement sous le nom d'*aberration de sphéricité par réfraction.* L'intersection des rayons réfractés forme une surface appelée *caustique par réfraction.* L'aberration nuit à la netteté des images; ainsi l'image de la flamme d'une bougie placée vis à vis d'une lentille et reçue sur un écran, paraît entourée d'une auréole; il suffit d'intercepter les rayons pénétrant

dans la lentille près des bords, au moyen d'un écran percé d'une ouverture centrale, pour que cette auréole disparaisse et pour que l'image soit nette.

Pour l'éclairage des phares, on cherche à obtenir un faisceau de rayons parallèles, afin que l'intensité de la lumière ne décroisse que par suite de son absorption par l'atmosphère. Ce faisceau peut être obtenu en plaçant au foyer d'une lentille une source de lumière. Les rayons émergents sont parallèles si la lentille a une ouverture (*) qui ne dépasse pas 15°, car au delà les effets d'aberration sont sensibles et le parallélisme n'existe alors que pour les rayons s'écartant peu du centre. D'un autre côté, l'emploi des lentilles à faible ouverture fait perdre beaucoup de lumière.

Pour remédier à cet inconvénient, Fresnel a inventé les *lentilles à échelons*. Elles sont formées au centre d'une lentille plan convexe A (fig. 215, en coupe), à petite ouverture entourée de segments annulaires concentriques BB, CC, DD, dont les courbures sont telles que les foyers de ces divers segments coïncident avec celui de la lentille centrale.

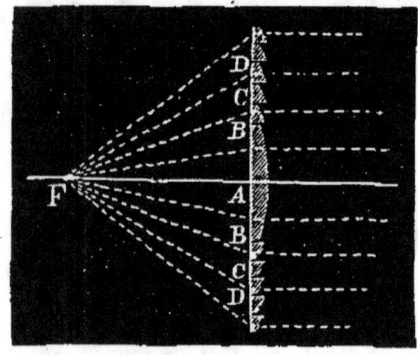

Figure 215.

On comprend alors qu'une source de lumière intense (lumière électrique ou lampe à plusieurs mèches concentriques), étant placée à ce foyer commun, donne un faisceau émergent dont les rayons seraient parallèles si la source de lumière était réduite à un point. La lentille

---

(*) On nomme *ouverture* d'une lentille l'angle sous-tendu par la surface dont le rayon de courbure est le plus petit et ayant son sommet au centre de courbure de cette surface.

ainsi composée présentant une grande surface reçoit une grande quantité de lumière. Cette quantité peut être neuf fois plus forte que celle recueillie sur une lentille ordinaire, à ouverture de 15°.

CHAPITRE IV.

DISPERSION.

317. Décomposition de la lumière. — Spectre solaire.
Lorsqu'un faisceau de lumière solaire pénètre par une
ouverture pratiquée dans le volet d'une chambre obscure,
il se produit sur un écran placé convenablement une
image I (fig. 216) parfaitement blanche de l'ouverture.

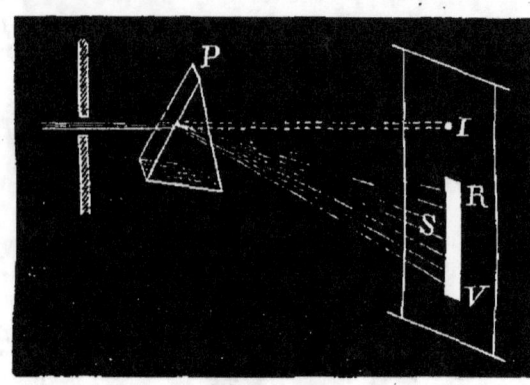

Figure 216.

Mais si l'on oblige
le faisceau à tra-
verser un prisme P
de flint-glass, on
constate alors que
non seulement il
est dévié vers la
base du prisme
(300), mais que
l'image S formée
sur l'écran a pris une forme allongée dans le plan d'incidence. On observe, en outre, que cette image, au lieu
d'être blanche, est diversement colorée, qu'elle présente
une infinité de teintes très vives dont la dégradation
d'une couleur à la suivante se fait d'une manière insen-
sible. Il est d'usage de distinguer les couleurs suivantes
en commençant par la plus réfrangible, c'est-à-dire par
celle qui est la plus déviée vers la base du prisme :

Violet, indigo, bleu, vert, jaune, orangé et *rouge.*

L'image lumineuse ainsi formée se nomme *spectre
solaire.* Le phénomène est appelé *dispersion.*

Newton a le premier décomposé la lumière solaire et
a expliqué la dispersion en admettant que cette lumière
est formée de rayons diversement colorés, ayant des

17

degrés différents de réfrangibilité. Il en résulte qu'en traversant un prisme les rayons lumineux se séparent et se dispersent.

Les sources lumineuses autres que le soleil donnent un spectre généralement moins brillant que le spectre solaire.

318. Étendue du spectre. L'étendue du spectre varie :

1° *Avec la substance du prisme.* On constate ce fait en faisant traverser un faisceau lumineux sur toute la longueur du polyprisme (fig. 200). Les spectres fournis auront une étendue plus ou moins grande suivant la matière traversée. Les substances qui donnent les spectres les plus étendus sont les plus *dispersives*.

La dispersion se mesure par la différence des indices de réfraction des deux couleurs extrêmes : le rouge et le violet. Cette différence est égale à 0,0433 pour le *flint-glass* et à 0,0246 pour le *crown-glass*; la dispersion du flint est donc à peu près double de celle du crown.

2° *Avec l'angle réfringent du prisme.* La dispersion croît en même temps que l'angle du prisme. On peut constater ce fait au moyen d'un prisme à angle variable (**302**); on reconnaît facilement que l'étendue du spectre varie dans le même sens que l'angle formé par les deux lames de verre mobiles.

319. Les couleurs du spectre sont simples et inégalement réfrangibles. Pour démontrer que les couleurs du spectre sont simples, c'est-à-dire indécomposables en d'autres rayons colorés différemment, on forme le spectre sur un écran blanc E (fig. 217), percé d'une petite ouverture O dans laquelle passe

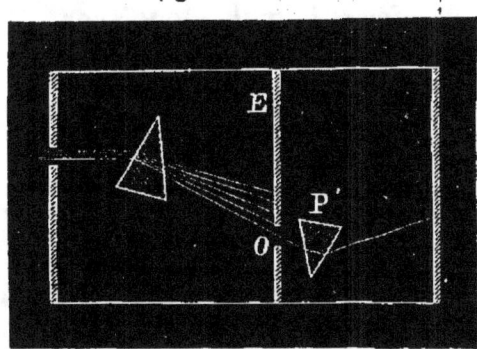

Figure 217.

une portion déterminée du spectre et d'une seule couleur. Cette portion étant reçue dans un prisme P, on constate que la lumière est encore déviée, mais n'est plus décomposée. Si la lumière, par exemple, est violette à son entrée dans le prisme, elle conservera cette couleur à sa sortie.

Pour opérer successivement sur les différentes couleurs du prisme, il suffit de faire tourner le premier prisme autour de son arête supérieure; alors les diverses couleurs passeront successivement par l'ouverture O.

On constatera en même temps que la déviation des différents rayons colorés augmente du rouge au violet, ce qui prouve que les indices de réfraction propres à chacune de ces couleurs sont différents.

On démontre encore ce fait au moyen d'une bande de papier dont une moitié est rouge et l'autre bleue. En regardant cette bande à travers un prisme on remarque que les deux moitiés sont séparées; la partie bleue est plus relevée vers le sommet que la partie rouge. Les rayons bleus émanant de l'objet ont, par conséquent, dévié plus fortement que les rayons rouges.

Il est inutile, croyons-nous, de multiplier les expériences pour démontrer l'inégale réfrangibilité des couleurs du spectre; le phénomène de la dispersion en est la preuve la plus directe et la plus incontestable.

320. Recomposition de la lumière blanche. Nous avons fait l'analyse de la lumière solaire en la décomposant au moyen d'un prisme. Inversement, on peut en faire la synthèse, c'est-à-dire, étant donnés les différents rayons colorés qui composent le spectre solaire, s'assurer si leur réunion produira la lumière blanche. Cette recomposition peut s'opérer, soit en ramenant au parallélisme les rayons dispersés, soit en les rassemblant en un même point.

Voici quelques-uns des moyens employés :

1° *Par les prismes.* On reçoit la lumière dispersée

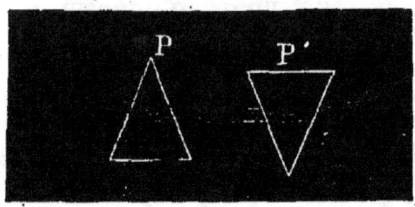

par un premier prisme P (fig. 218) sur un second prisme P' identique au premier, mais inversement placé. A l'émergence du prisme P', le faisceau est ramené au parallélisme et en le recevant sur un écran blanc, on constate que l'image obtenue est blanche.

Figure 218.

2° *Par les lentilles ou les miroirs sphériques.* On peut recevoir sur une lentille convergente le faisceau dispersé; les rayons de diverses couleurs convergeront sensiblement au foyer et y formeront de la lumière blanche que l'on pourra recevoir sur un écran de verre dépoli. Au lieu d'une lentille, on peut se servir d'un miroir sphérique concave; à son foyer on obtiendra encore de la lumière blanche.

3° *Par les miroirs plans.* On peut encore recevoir les sept couleurs du spectre sur sept petits miroirs plans que l'on peut incliner à volonté et dans tous les sens. On les dispose de façon que les sept images produites par la réflexion sur ces miroirs se superposent en un même point du plafond. L'image ainsi obtenue est parfaitement blanche.

4° *Par le disque de Newton.* C'est un disque en carton divisé en secteurs (fig. 219), peints des différentes couleurs du spectre. Ces secteurs ont une étendue en rapport avec l'espace occupé dans le spectre par la couleur dont ils sont recouverts(*). En imprimant à ce disque

---

(*) Les étendues des secteurs, en commençant par le violet, sont respectivement proportionnelles aux nombres :

$$\frac{1}{9}, \frac{1}{16}, \frac{1}{10}, \frac{1}{9}, \frac{1}{10}, \frac{1}{16}, \frac{1}{9}.$$

un mouvement de rotation très rapide, il paraît uniformément blanc. Quand le disque tourne, l'œil aperçoit, il

Figure 219.

est vrai, successivement chacune des sept couleurs du spectre, mais chacune d'elles produit sur la rétine **(330)** de l'œil une impression qui persiste un certain temps (un dixième de seconde environ) après que la lumière colorée qui l'a produite a cessé d'agir **(337)**. Il en résulte donc que si la rotation du disque est suffisamment rapide, l'impression produite par la première couleur ne sera pas effacée quand celle de la dernière commencera. La rétine subissant ainsi simultanément l'impression des sept couleurs du spectre, le disque paraît blanc.

321. Propriétés du spectre. Le spectre s'étend dans les deux sens au delà de ses limites visibles, c'est-à-dire qu'au delà du rouge et du violet, il existe encore des rayons impropres à exciter la vision. Voici quelles sont les différentes propriétés des rayons visibles aussi bien que des rayons invisibles :

1° PROPRIÉTÉS LUMINEUSES. Les différentes couleurs du spectre ont une intensité lumineuse différente : son maximum est situé d'après Herschell dans les rayons jaunes et verts; d'après d'autres physiciens, au centre de la région jaune, et d'après M. Draper, dans le rouge.

2° PROPRIÉTÉS CALORIFIQUES. L'intensité calorifique croît du violet vers le rouge. Avec un prisme de sel gemme, Melloni a constaté que les rayons les plus chauds se trouvent au delà du rouge dans la partie obscure du spectre.

3° PROPRIÉTÉS CHIMIQUES. Certaines parties du spectre peuvent produire des actions chimiques. Ainsi, le chlorure mercureux et le chlorure d'argent noircissent par l'action de la lumière. On a reconnu que cette action augmente du rouge au violet et même beaucoup au delà dans la partie obscure du spectre.

322. Arc-en-ciel (*). Ce phénomène est dû à la décomposition de la lumière solaire lorsqu'elle pénètre dans les gouttes de pluie et à la réflexion sur leur face interne. Considérons un faisceau SI (fig. 220) de lumière solaire tombant sur une goutte d'eau. En y pénétrant, elle se

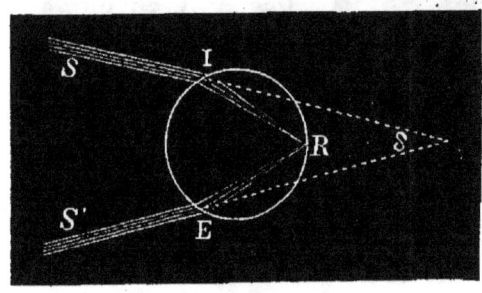

Figure 220.

décompose, se réfléchit ensuite totalement en R, puis émerge au point E. L'angle δ formé par le faisceau incident SI et le faisceau émergent S'E est appelé *angle de déviation.* En général, le parallélisme des rayons du faisceau à son entrée dans la goutte n'existe plus à sa sortie, sauf lorsque l'angle de déviation a sa valeur maximum. Alors le faisceau émergent étant parallèle possède assez d'intensité pour impressionner l'œil, et les *rayons* qui le composent sont dits *efficaces.* Chaque couleur possède un angle particulier de déviation maximum. Cet angle est de 42°, 2' pour les rayons rouges ; il en résulte que l'œil recevra la sensation de la couleur rouge lorsque les rayons qui y pénètrent feront avec les rayons qui

---

(*) C'est Newton qui a donné la théorie de l'arc-en-ciel. Nous n'en indiquons ici que les principes d'une façon sommaire.

tombent sur la goutte un angle de 42°, 2′. Cela aura évidemment lieu pour toutes les gouttes situées sur la circonférence C (fig. 221) de la base d'un cône ayant pour sommet l'œil de l'observateur, pour axe une droite OA, parallèle aux rayons solaires incidents, appelée *axe de vision*, pour angle au sommet le double de l'angle de déviation, soit 82°, 4′ pour les rayons rouges. Telle est la formation de la bande rouge de l'arc. Pour la bande violette, l'angle du cône est de 80°, 34′ plus faible que celle des rayons rouges ; l'arc de cercle coloré que l'on apercevra aura donc le rouge en dehors et le violet en dedans. Les autres couleurs du spectre seront intercalées entre ces deux dernières.

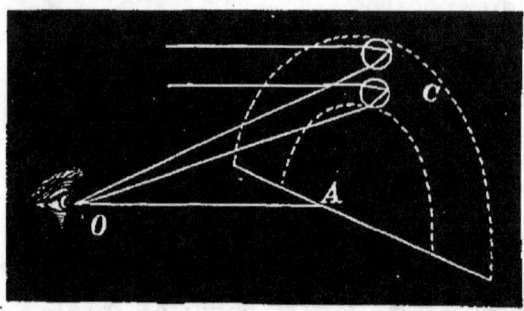

Figure 221.

Lorsque le soleil est à l'horizon, l'axe de vision est évidemment horizontal et l'arc-en-ciel apparaît sous la forme d'un demi-cercle. Mais à mesure que le soleil s'élève, l'axe de vision s'abaisse et avec lui le cône fictif sur la base duquel se produit l'arc-en-ciel. On n'apercevra plus qu'une partie du demi-cercle de ce météore, et il disparaîtra complètement lorsque le soleil est haut de 42°, 4′. Il suit de là que l'arc-en-ciel n'a jamais lieu que le matin et le soir. Il est évident aussi que le spectateur doit avoir le dos tourné au soleil.

On aperçoit souvent deux arcs-en-ciel en même temps. L'arc intérieur se forme alors comme il vient d'être dit, l'arc extérieur est formé par des rayons qui ont subi dans l'intérieur de la goutte deux réflexions successives. Il sera donc plus pâle que l'arc intérieur.

323. Couleurs complémentaires. On appelle *couleurs complémentaires* deux couleurs qui, par leur mélange, donnent du blanc. On obtiendra la complémentaire d'une couleur en la retranchant du spectre et en déterminant la nuance que l'on obtiendra par le mélange des autres couleurs. On mélange ainsi, pour avoir du blanc, une couleur simple et une couleur composée. Mais on peut aussi l'obtenir par la superposition de deux couleurs simples. Ainsi le jaune et le bleu du spectre solaire étant superposés comme il est indiqué dans l'expérience des miroirs (**320, 3°**), donnent du blanc parfaitement pur. Ces deux couleurs sont donc complémentaires ; cependant si l'on mélange de la couleur jaune et de la couleur bleue, on obtient du vert, mais ici il n'y a que simple juxtaposition des couleurs et non pas combinaison.

La superposition des couleurs simples suivantes donne encore du blanc :

Violet et jaune vert.
Indigo et jaune.
Bleu et orangé.
Vert bleu et orangé.

Ces couleurs sont donc aussi complémentaires (*).

324. Couleur des corps vus par réflexion. Newton admet que les corps décomposent la lumière incidente : une partie est absorbée, une autre réfléchie diffusément si le corps n'est pas poli, et une troisième est transmise si le corps est transparent. Il admet en outre que les corps vus par réflexion prennent la couleur des rayons qu'ils réfléchissent diffusément.

D'après cette théorie, un corps est blanc lorsqu'il réfléchit dans une égale proportion toutes les couleurs qui composent la lumière blanche ; le blanc est d'autant

---

(*) Le tableau suivant, à double entrée, dressé par M. Helmholtz, donne

plus éclatant que cette proportion est plus grande. Le corps est noir s'il ne refléchit aucun rayon et il paraîtra coloré s'il réfléchit certaines couleurs et absorbe les autres ; sa coloration dépend de la couleur des rayons réfléchis. Ainsi, un corps rouge est celui qui réfléchit plus particulièrement les rayons rouges.

On peut vérifier ces faits en faisant tomber sur un corps blanc dans une chambre obscure successivement toutes les couleurs du spectre solaire. Le corps blanc paraîtra rouge si on ne laisse tomber sur lui que les rayons rouges ; jaune, s'il ne reçoit que les rayons jaunes à l'exclusion des autres ; de même pour les autres couleurs. Il en résulte qu'un corps blanc réfléchit toutes les couleurs du spectre. On constatera également qu'un corps noir restera noir quelle que soit la couleur des rayons dont on l'éclaire. La couleur des corps ne leur est donc pas propre, elle dépend de la couleur des rayons

la couleur résultant de la combinaison de deux autres à l'intersection des colonnes des couleurs composantes.

	Rouge.	Jaune.	Vert.	Bleu.	Violet.
Rouge.	Rouge.	Orangé.	Jaune terne.	Rose.	Pourpre.
Jaune.	Orangé.	Jaune.	Vert-jau-nâtre.	BLANC.	Rose.
Vert.	Jaune terne.	Vert-jau-nâtre.	Vert.	Vert-bleu-âtre.	Bleu pâle.
Bleu.	Rose.	BLANC.	Vert-bleu-âtre.	Bleu.	Indigo.
Violet.	Pourpre.	Rose.	Bleu pâle.	Indigo.	Violet.

qu'ils réfléchissent et est indépendante de la matière même.

Cependant, de ce qu'un corps est rouge, par exemple, il ne faut pas conclure qu'il ne réfléchit que les rayons rouges ; en effet, le vermillon placé dans le rouge du spectre aura sa teinte rouge renforcée et par suite plus éclatante ; ce qui prouve qu'il réfléchit abondamment les rayons rouges, mais si on le place dans le jaune ou l'orangé, il perdra son éclat et sa couleur et se rapprochera beaucoup du jaune et de l'orangé, preuve que le vermillon réfléchit en faible proportion ces deux espèces de rayons, sans quoi il paraîtrait noir.

Il résulte aussi de ce qui précède qu'une lumière qui émet des rayons d'une seule couleur fera paraître noirs tous les corps qui ne réfléchissent pas les rayons de cette couleur.

Ainsi une flamme de gaz dans laquelle on a introduit du sel marin, n'émettant que des rayons jaunes, fera paraître les corps qu'elle éclaire, composés de jaune et de noir. En effet, toutes les parties qui réfléchissent les rayons jaunes seront jaunes et celles qui les absorbent seront noires. Si l'on éclaire, par exemple, avec ces lumières des bandes présentant les sept principales couleurs du spectre, les bandes jaune, orangé et rouge paraîtront jaunes, les autres noires ou grises.

325. Couleur des corps vus par transmission. La couleur d'un corps transparent vu par transmission est celle des rayons qui parviennent à le traverser complètement. Il en résulte donc que la couleur d'un objet vu par réflexion ou par transmission est souvent différente, puisque les rayons transmis sont ceux qui n'ont pas été réfléchis à la surface du corps. Ainsi, l'or en feuilles minces, éclairé à la lumière blanche, prend une teinte verte-bleuâtre par transmission et une teinte jaune bien connue par réflexion, ce qui veut dire que ce métal, sous une très faible épaisseur, laisse passer les rayons verts-bleuâtres et réfléchit à sa surface les rayons jaunes. La fuchsine (rouge d'aniline) est d'un beau rouge violacé par transparence et d'un vert magnifique par réflexion.

Cependant il ne faudrait pas croire que la couleur obtenue par transmission doit nécessairement être complémentaire de la couleur vue par réflexion ; il n'en serait ainsi que dans le cas où aucune fraction de lumière ne serait absorbée par le corps. Il est même des corps qui ont même couleur par réflexion et par transmission. S'ils sont rouges, par exemple, c'est qu'alors ils absorbent à peu près tous les rayons, sauf les rouges ; ces derniers sont réfléchis et transmis. De tels corps paraîtront noirs lorsqu'ils seront éclairés par une lumière verte ou bleue.

La transparence des corps varie avec leur épaisseur et quelquefois aussi leur couleur. Ce phénomène est désigné sous le nom de *polychroïsme* ; on lui donne le nom de *dichroïsme* quand il s'applique aux substances qui, vues sous deux épaisseurs différentes, présentent deux colorations bien distinctes ; ainsi le verre d'azur ou bleu de cobalt prend une teinte rougeâtre de plus en plus intense à mesure que son épaisseur augmente.

326. Raies du spectre. *Fraunhofer* (*), en recherchant dans le spectre solaire des points de repère qui pussent servir à déterminer les indices de réfraction des diverses couleurs, découvrit ce fait important que la lumière du spectre solaire n'est pas continue, qu'elle est sillonnée d'une multitude de raies fines et obscures formant autant de solutions de continuité dans la bande lumineuse.

_____

(*) *Fraunhofer,* savant et habile opticien, né en 1787 à Straubing en Bavière.

Celle-ci ne possède donc pas du rouge au violet tous les degrés possibles de réfrangibilité (*).

Pour observer les raies du spectre, on laisse entrer dans une chambre noire, par une fente verticale très étroite, la lumière solaire qui est reçue sur un prisme dont les arêtes sont parallèles à la fente ; on tourne alors ce prisme pour le mettre au minimum de déviation (**303**) et l'on place derrière, une lentille convergente à une distance de la fente égale au double de la distance focale principale. On place ensuite derrière la lentille et à une distance de celle-ci égale au double de sa distance focale principale, un écran sur lequel se produit un spectre formé d'images de la fente qui empiètent d'autant moins les unes sur les autres que la fente elle-même est plus étroite. On constate que ce spectre est sillonné de raies.

Fraunhofer put distinguer 580 raies obscures parmi lesquelles il en remarqua huit principales qu'il désigna par les premières lettres de l'alphabet : A, B, C, D, E, F, G, H. Les raies A, B, C (fig. 222) sont dans le rouge, A vers l'extrémité du spectre, B au milieu du rouge et

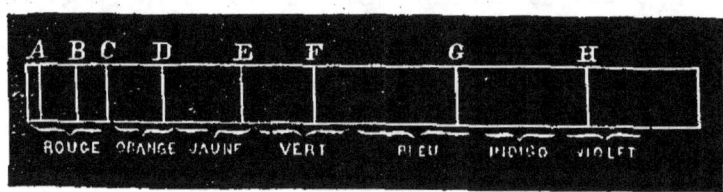

Figure 222.

C près de l'orangé, D est entre l'orangé et le jaune, E dans le jaune du côté du vert, F est au milieu de cette dernière couleur, G entre le bleu et l'indigo, et H dans le violet.

(*) En 1802, quinze ans avant Fraunhofer, Wollaston avait déjà signalé quelques-unes des raies du spectre.

Après Fraunhofer, *Brewster*, en employant des précautions multipliées, parvint à découvrir 2000 raies, et *Kirchhoff* a construit une carte où plus de 3000 étaient reproduites. L'illustre opticien de Munich a constaté également que tant que la source lumineuse employée était la lumière solaire, soit directe, soit réfléchie, les mêmes raies apparaissaient toujours, disposées dans les mêmes rapports d'ordre et d'intensité.

Les sources lumineuses autres que le soleil donnent également des raies. On a reconnu que les spectres des planètes présentaient les mêmes raies noires, mais plus faibles d'intensité, que celles du spectre fourni par le soleil, et que les étoiles, au contraire, donnaient des raies noires différentes de celles du soleil. La lumière électrique et les gaz en combustion donnent des raies brillantes.

327. Analyse spectrale. Voici le principe de ce procédé d'analyse : Lorsque l'on introduit dans une flamme peu éclairante, mais chaude, certaines substances métalliques que la haute température de la source réduit à l'état de vapeurs, la flamme s'illumine et le spectre auquel elle donne lieu est composé de raies brillantes séparées par de larges intervalles obscurs. Deux physiciens et chimistes allemands, MM. *Kirchhoff* et *Bunsen* de Heidelberg, qui ont spécialement étudié ces phénomènes, ont découvert que pour chaque métal ces raies sont identiques, tant sous le rapport de leur nombre que de leur position et de leur teinte. Ils ont constaté, en outre, que les raies ne changent pas, quelle que soit la combinaison dans laquelle le métal est engagé, c'est-à-dire que l'on peut placer dans la flamme soit un chlorure, soit un sulfate, soit un azotate d'un même métal, les mêmes raies caractéristiques de ce métal apparaîtront. Ainsi le sodium et les sels de sodium donnent une raie très brillante dans le jaune ; le magnésium est caractérisé par un certain nombre de raies, la plupart dans le vert. Pour le baryum, elles se trouvent dans le jaune et le vert. Le thallium donne une raie unique, de couleur verte, et remarquable par son éclat. L'hydrogène renfermé dans des tubes dans lesquels on a préalablement fait le vide, donne quatre raies : une dans le rouge, une dans le bleu et deux dans le violet.

On a constaté, en outre, que quand plusieurs métaux ou leurs composés sont introduits en même temps dans une flamme, chacun d'eux produit les raies qui le caractérisent comme s'il était seul. De là un nouveau procédé d'analyse qualitative d'une sensibilité dont n'approche aucune autre méthode. Ainsi la millionième partie d'un milligramme de sodium suffit pour faire apparaître la raie jaune caractérisant ce métal. Aussi est-il difficile d'éviter l'apparition de cette raie, à cause des poussières en suspension dans l'air et qui contiennent presque toujours des sels de sodium.

Pour étudier les différents spectres, MM. Kirchhoff et Bunsen ont construit un appareil nommé *spectroscope*. Dans cet appareil, les rayons émis par la source de lumière dans laquelle on met le corps à analyser, pénètrent par une fente très étroite, dans une lunette d'où ils sortent parallèlement à l'axe de cet instrument. Les rayons rencontrent alors un prisme vertical et le faisceau réfracté et dispersé dans ce prisme est reçu dans une seconde lunette. On examine le spectre formé en plaçant l'œil à l'oculaire de celle-ci.

Pour faire une analyse spectrale, il faut nécessairement connaître les raies qui caractérisent les différents corps ; on a recours, à cet effet, à des atlas publiés par des savants et dans lesquels sont représentés les spectres des métaux et de leurs composés.

L'analyse spectroscopique a permis de découvrir plusieurs nouveaux métaux. En 1860, MM. Kirchhoff et Bunsen, en examinant au spectroscope les eaux minérales de Dürckheim, observèrent deux raies bleues ne se rapportant à aucun des métaux connus, ils en conclurent l'existence d'un nouveau métal qu'ils parvinrent à isoler et qu'ils nommèrent *cœsium*, à cause de la couleur bleue de ses raies. Ils découvrirent également dans la lépidolithe de Saxe le *rubidium*, ainsi appelé à cause de la raie rouge qui le caractérise. Plus tard, MM. Reich et Richter découvrirent l'*indium*, MM. Crookes et Lamy le *thallium*, Lecoq de Boisbaudran le *gallium*, etc..

328. Renversement du spectre des flammes. — Théorie du spectre solaire. MM. Kirckhoff et Bunsen ont reconnu qu'un grand nombre de raies noires du spectre solaire coïncident avec les raies brillantes de certains métaux. Ainsi la raie jaune qui caractérise le sodium occupe, dans le spectre, exactement la même place que la raie D de Fraunhofer. Voici l'explication de ce fait, basée sur l'expérience : La lumière du sodium émet des rayons jaunes en grande quantité, puisqu'elle produit une raie jaune dans le spectre. Mais si cette lumière émanant du sodium traverse des vapeurs du même métal, celles-ci absorbent justement ces rayons jaunes; de sorte qu'à l'endroit où l'on observait une raie jaune brillante dans le spectre, on observe une raie obscure. Le spectre ainsi formé se nomme *spectre renversé* de la flamme.

L'expérience démontre que ce fait peut être généralisé, c'est-à-dire que *tout gaz ou toute vapeur incandescente qui produit des raies brillantes a la propriété d'absorber les rayons qui produisent ces raies et de transmettre sans affaiblissement toute lumière qu'elle n'émet pas.*

En partant de là, on explique les raies noires du

spectre solaire en regardant cet astre comme formé d'un noyau solide ou liquide incandescent, enveloppé d'une atmosphère contenant un certain nombre de métaux à l'état de vapeurs. Les rayons émanant du noyau traversent cette couche gazeuse, y perdent certains rayons qui manquant ainsi dans le spectre, produisent les raies noires observées. En cherchant les corps qui donnent des raies brillantes en coïncidence avec les raies noires du spectre solaire, on pourra connaître les substances contenues dans l'atmosphère solaire. Voici quels sont les corps dont on a constaté la présence :

Hydrogène.	*Manganèse.*
Sodium.	*Chrome.*
Baryum.	*Cobalt.*
Calcium.	*Nickel.*
Magnésium.	*Cuivre.*
Aluminium.	*Zinc.*
Fer.	*Titane.*

329. Aberration de réfrangibilité. — Lentilles achromatiques. Les divers rayons qui composent la lumière blanche ayant des réfrangibilités différentes, ne concourent pas au même point après qu'ils ont traversé une lentille. Le point de concours des rayons violets est plus près de la lentille que le point de concours des rayons rouges. Les autres rayons ont leurs foyers compris entre ces deux points.

Ce défaut, appelé *aberration de réfrangibilité,* pro-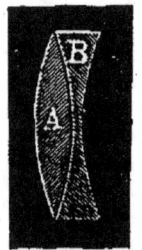duit dans les images fournies par les lentilles des irisations très gênantes. On diminue l'aberration de réfrangibilité et en même temps l'aberration de sphéricité par l'emploi des *lentilles achromatiques.* Elles comprennent en général une lentille biconvexe A

Figure 223. (fig. 223) de crown-glass, accolée à une lentille biconcave B de flint-glass. Les actions dispersives de ces deux lentilles s'exerçant en sens inverse, on peut, en tenant compte de leur indice de réfraction, combiner leurs courbures de telle façon que les foyers des rayons de deux couleurs choisies arbitrairement, ordinairement les rayons rouges et les rayons jaunes, soient en coïncidence. L'aberration de réfrangibilité n'est donc pas détruite entièrement, mais elle est très affaiblie.

CHAPITRE V.

VISION.

330. Description de l'œil. L'œil est logé dans une cavité du crâne nommée *orbite* et sa forme est sensiblement celle d'une sphère. Il est enve-

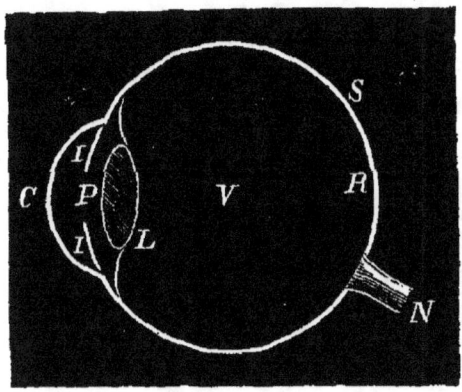

loppé par une membrane résistante S (fig. 224 et 225) que sa ressemblance avec la corne a fait appeler *cornée*. Cette membrane est blanche et opaque, excepté à la partie antérieure C de l'œil où elle est transparente pour

Figure 224.

laisser entrer la lumière. On l'appelle alors *cornée transparente*, pour la distinguer de la *cornée opaque*,

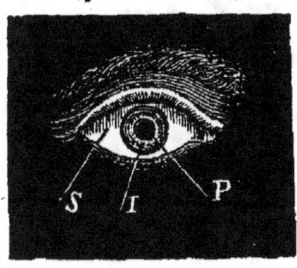

appelée souvent aussi *sclérotique*. La cornée transparente C fait saillie sur le globe de l'œil et ressemble par sa forme à un verre de montre. Derrière elle se trouve une membrane I de forme circulaire, nommée *iris*, et colorée en bleu, brun

Figure 225.

ou gris suivant les individus. L'iris est percé au centre d'une ouverture circulaire P, nommée *pupille*, qui a la faculté de se dilater quand la lumière est faible et de se rétrécir, au contraire, quand elle est vive. La quantité de lumière introduite dans l'œil est ainsi réglée jusqu'à un certain degré. Immédiatement à la suite de l'iris vient le *cristallin* L, qui est un corps transparent ayant une forme lenticulaire. Derrière le cristallin, la partie postérieure de l'œil forme une chambre noire tapissée par une membrane R nommée *rétine*, produite par l'épanouissement du nerf optique N. C'est sur la rétine que doivent se former comme sur un écran les images dont la sensation visuelle est transmise au cerveau par le nerf optique. La rétine repose sur un pigment noir, qui réduit au minimum toute réflexion intérieure.

La partie de l'œil comprise entre la cornée transparente et le cristallin est appelée *chambre antérieure*; elle est remplie d'un liquide transparent, incolore, peu différent de l'eau pure; on le nomme *humeur aqueuse*. La *chambre postérieure*, située derrière le cristallin, est remplie d'une substance transparente V incolore, ayant la consistance d'une gelée et nommée *humeur vitrée*.

331. Formation des images dans l'œil. Pour comprendre comment se forme dans l'œil l'image d'un objet

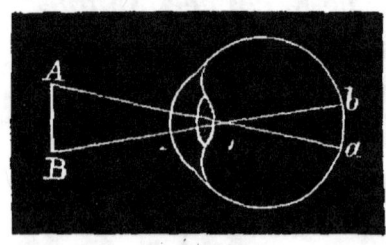

Figure 226.

AB (fig. 226), il faut considérer que le cristallin est une lentille convergente à court foyer et que, par conséquent, l'image se formera au foyer conjugué de l'objet (*). Cette image sera réelle, renversée et très petite (**287**). Elle se produit sur la rétine quand l'œil est bien conformé; alors la vision est nette, autrement elle est confuse.

(*) En réalité, le cristallin ne réfracte pas seul les rayons lumineux; il y a aussi l'humeur aqueuse. Celle-ci qui est limitée extérieurement par une surface courbe, forme avec le cristallin un système lenticulaire dont le centre optique est en O dans l'humeur vitrée, à peu de distance du cristallin.

332. Démonstration expérimentale. Pour s'assurer expérimentalement que l'image formée sur la rétine est renversée, on prend un œil de bœuf, et après avoir enlevé les couches de graisse qui l'entourent, on amincit la cornée opaque à sa partie postérieure jusqu'à la rendre translucide. On place l'œil ainsi préparé dans l'ouverture d'une chambre obscure et on aperçoit par transparence à travers la rétine et la cornée, l'image très petite et renversée des objets extérieurs.

On se demandera pourquoi l'image se formant renversée sur la rétine, on aperçoit les objets dans leur véritable position. On a donné de ce fait différentes explications, nous citerons les suivantes : Toutes les images étant renversées, a-t-on dit, leur rapport de position reste le même et les objets nous paraissent droits ; on a objecté à cela qu'en regardant à travers une lunette qui renverse tous les objets, ceux-ci ne paraissaient pas droits.

On a dit aussi, et cette explication est plus plausible, que nous rapportions la position réelle des points lumineux d'après la direction des rayons qu'ils émettent. Descartes a comparé ces rayons à deux bâtons croisés qu'un aveugle tiendrait dans ses mains ; quand le bâton tenu dans la main droite rencontre un obstacle, l'aveugle sent que l'obstacle est à gauche, et réciproquement (*). Cette théorie a été développée par d'Alembert, puis par Brewster.

333. Accommodation de l'œil. — Distance de la vue distincte. On pourrait croire qu'un objet doit être placé à une distance *déterminée* de l'œil pour que son image se forme exactement sur la rétine, c'est-à-dire pour que la vision soit nette. Il en serait ainsi, en réalité, si l'œil

---

(*) *Traité de Physique* de DAGUIN, tome IV, page 380. — 4e édition.

n'éprouvait une certaine modification qui a pour résultat de ne pas déplacer l'image de la rétine, alors même que l'objet est rapproché ou éloigné. M. Cramer en Hollande et M. Helmholtz en Allemagne ont montré que cette modification consiste en un changement de courbure du cristallin qui forme ainsi une lentille à foyer variable. Cependant cette faculté d'ajustement ou d'accommodation de l'œil n'est pas indéfinie; la vision cesse d'être distincte

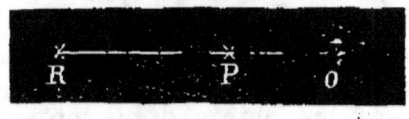

Figure 227.

pour un point lumineux situé plus près de l'œil O (fig. 227) qu'un certain point P appelé *punctum proximum*. La distance OP est appelée *distance minimum de la vision distincte*; elle varie entre 15 et 20 centimètres suivant les individus. La vision est également confuse pour les objets situés au delà du point R, nommé *punctum remotum*; ce point est à l'infini pour certains yeux. De sorte que la vue n'est distincte que pour les objets placés entre P et R, c'est-à-dire placés entre le *punctum proximum* et le *punctum remotum*.

334. Défauts de la vue. — Presbytie. — Myopie. — Daltonisme. Les limites que nous venons d'assigner pour la vision nette ne s'appliquent qu'aux bonnes vues et non pas aux yeux affectés de certains défauts, dont les plus fréquents sont la *presbytie*, la *myopie* et le *Daltonisme*. Chez les *presbytes*, la distance minimum de la vision distincte est beaucoup plus grande que la limite normale (15 à 20 centimètres, avons-nous dit); ils ne voient donc pas nettement les objets rapprochés. On

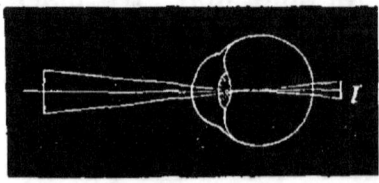

Figure 228.

pense que ce défaut, commun chez les vieillards, provient de ce que les images I ne se forment pas sur la rétine, mais au delà (fig. 228). Cette position des images aurait pour cause soit un défaut de convergence du cristallin, soit une rigidité trop grande de cet organe qui ne lui permettrait plus de s'adapter aux petites distances, soit enfin un aplatissement du globe de l'œil qui aurait pour résultat de rapprocher la rétine du cristallin.

Pour rendre la vision distincte, c'est-à-dire pour faire en sorte que l'image se forme sur la rétine, les presbytes sont obligés d'éloigner les objets ; c'est pour cette raison qu'on dit qu'ils ont la *vue longue*.

La presbytie se corrige au moyen de *lunettes* formées de lentilles convergentes à très long foyer. Ces lentilles rapprochant les rayons lumineux avant leur entrée dans l'œil, obligent l'image à se rapprocher de la rétine.

Chez les *myopes*, à l'inverse des presbytes, la distance minimum de la vision est plus courte que dans la vue ordinaire. Ils ne peuvent voir nettement que les objets très rapprochés et ils n'aperçoivent que confusément

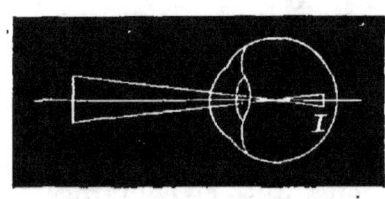

Figure 229.

ceux qui sont éloignés. On suppose que dans un œil myope, l'image des objets se forme en avant de la rétine (fig. 229) ; ce qui peut provenir d'une convexité trop grande du cristallin ou de la cornée transparente, ou bien encore d'une distance trop grande entre la rétine et le cristallin.

On corrige la myopie au moyen de lunettes à verres divergents qui, en écartant les rayons de l'axe principal à leur entrée dans l'œil, éloignent l'image et la rapprochent de la rétine.

Cette infirmité de la vue est commune aux gens que leurs occupations obligent à regarder de très près les objets ; on la rencontre surtout chez les jeunes gens, mais elle diminue souvent avec l'âge. On a constaté qu'elle est très rare dans les campagnes.

On grave généralement sur les verres des lunettes des chiffres exprimant en *pouces* leur distance focale; de sorte que plus la vue est défectueuse, plus est faible le numéro des verres à employer. On va du n° 60 au n° 2 pour les myopes et du n° 80 au n° 2 pour les presbytes.

Le *Daltonisme* (*) est un défaut qui fait que les personnes qui en sont affectées ne peuvent distinguer les couleurs dont la plupart leur paraissent grises. Herschel cite un individu qui ne voyait que du jaune et du bleu dans le spectre solaire. Ce défaut de la vue est assez commun et l'on conçoit quelles conséquences graves il peut en résulter, lorsqu'il affecte ceux des employés des chemins de fer qui sont obligés d'observer des signaux formés de disques ou de feux diversement colorés. Aussi les administrations d'un grand nombre de chemins de fer n'admettent-elles ces employés qu'après les avoir soumis à un examen attentif des qualités de leur vue. Des expériences faites sur des agents de chemins de fer et sur des marins ont donné 6 pour 100 de Daltoniens.

Young et M. Helmholtz attribuent le daltonisme à l'absence complète ou partielle de sensibilité de certaines fibres de la rétine.

335. Axe optique. — Angle optique. — Angle visuel. On appelle *axe optique* d'un œil son axe de figure. Dans un œil bien conformé, c'est la droite qui passe par le centre de la pupille et par le centre du cristallin. C'est dans cette direction que l'œil voit le plus nettement les objets.

(*) Ce défaut de l'œil a été ainsi appelé parce que le célèbre physicien anglais Dalton en était affecté. Il ne pouvait distinguer que par leur forme les fruits rouges du cérisier de ses feuilles vertes.

L'*angle optique* est l'angle α (fig. 230) des axes opti-
ques des deux yeux dirigés sur un même point A. Cet

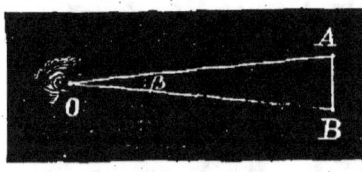

angle est d'autant plus petit que les
objets sont plus éloignés.

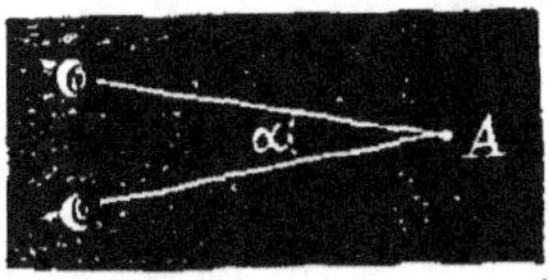

L'*angle visuel* d'un objet est l'angle β formé par les droites menées

Figure 230.

du centre optique O du cristallin aux

extrémités A et B (fig. 231) de cet objet. Cet angle est
d'autant plus grand que les dimensions de l'objet sont

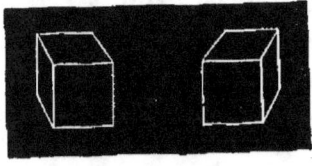

plus grandes et que sa distance
est plus petite. La grandeur
de l'angle visuel permet d'apprécier la grandeur des objets

Figure 231.

dont on connaît la distance, et

réciproquement de déterminer la distance à laquelle se
trouve un objet dont on connaît la grandeur.

336. Vision avec les deux yeux. Bien qu'il se forme
une image sur la rétine de chaque œil, l'impression
produite n'est pas double; elle est simple.

Les images formées par les deux rétines sont différentes. En effet, regardez, dit Tyndall, avec un œil le
bord de la main, de manière que le doigt le plus près de
l'œil couvre tous les autres. Ouvrez alors l'autre œil; il
verra les autres doigts en raccourci. Les images de la
main dans les deux yeux sont donc différentes. *La perception simultanée de ces deux images produit
l'impression du relief.*

Stéréoscope par réflexion. Le stéréoscope est un
appareil qui permet d'obtenir la sensation du relief au

moyen de deux dessins d'objets
solides vus par les deux yeux; tels
sont les dessins de la figure 232,
représentant un cube vu d'abord
de l'œil gauche, puis de l'œil droit.

Figure 232.

Le stéréoscope se compose de deux miroirs plans M et M' (fig. 233), formant entre eux un angle droit. On place

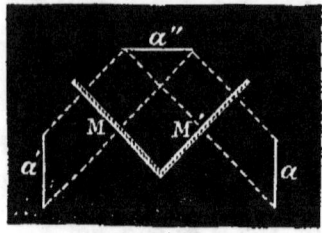

Figure 233.

en a le dessin de l'objet tel qu'on le voit de l'œil droit, et en a' le dessin figurant le même objet, mais vu de l'œil gauche; on fait en sorte que les deux images (**279**) de l'objet se superposent en a'', elles sont alors dans les mêmes conditions que si l'on regardait l'objet avec les deux yeux, et l'on obtient la sensation du relief.

STÉRÉOSCOPE PAR RÉFRACTION. Cet instrument bien connu a été inventé par Brewster. La superposition des

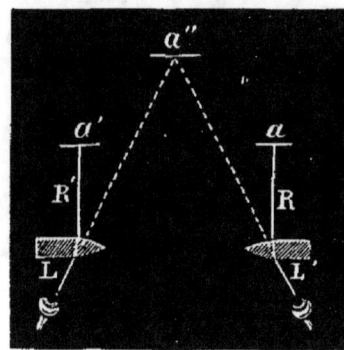

Figure 234.

deux figures a et a' est obtenue ici au moyen de deux demi-lentilles convergentes L et L' (fig. 234). Les rayons R et R' émanant de deux points homologues des images, se réfractent en traversant les lentilles, et si celles-ci sont disposées de manière que les deux images se superposent en a'', on éprouvera la sensation du relief; en même temps les objets seront agrandis.

337. Persistance des impressions sur la rétine. Les impressions produites sur la rétine persistent quelques instants après que la cause qui les a produites a cessé d'agir. C'est ainsi que l'on croit voir une courbe lumineuse continue en faisant tourner rapidement un charbon, et qu'une corde sonore en vibration paraît gonflée. C'est le même phénomène qui fait paraître blanc, lorsqu'on le fait tourner rapidement, le disque de Newton.

M. Plateau, après un grand nombre d'expériences, a trouvé que la durée moyenne de la sensation est d'environ

18

0,14 de seconde, qu'elle augmente avec l'éclat de la lumière et que l'impression n'est complète que si la lumière a agi pendant un certain temps.

CHAPITRE VI.

INSTRUMENTS D'OPTIQUE.

338. Chambre obscure. On sait **(268)** que si l'on perce
une ouverture très étroite dans le volet d'une chambre
obscure, on peut obtenir sur un écran placé à une certaine distance de l'ouverture une image des objets extérieurs. Cette image est renversée et assez grossière. On
la rend beaucoup plus nette et plus vive de coloris en
plaçant dans l'ouverture une lentille convergente L
(fig. 235) achromatique. En effet, dans ce cas, chaque
point de l'image, au lieu d'être formé par un mince pin-
ceau de lumière, est dû à la réunion de tous les rayons
compris dans le cône lumineux que la lentille fait converger en ce point. Lorsqu'on veut dessiner cette image,

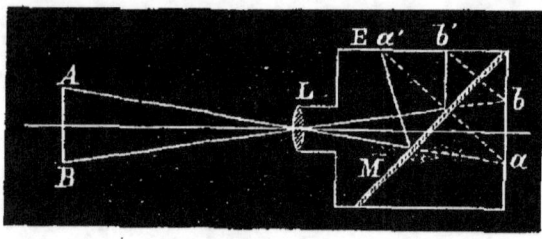

Figure 235.

il est plus commo-
de de l'obtenir sur
un écran horizon-
tal. A cet effet on
peut interposer sur
le trajet des rayons
réfractés par la
lentille un miroir plan M incliné à 45° sur l'axe principal de la lentille. Les rayons réfléchis par ce miroir vont
former l'image de l'objet sur un verre dépoli horizontal E.
Les rayons qui convergeaient en a avant l'introduction
du miroir sont réfléchis et convergent sur la lame de
verre en un point a', symétrique du point a par rapport
au plan du miroir. De même, l'image de b se formera
en b' et l'on obtiendra l'image $a'b'$, qui peut alors être
facilement calquée.

M. Chevalier, au lieu d'employer une lentille et un

miroir séparés, emploie un prisme qui sert à la fois de lentille et de réflecteur. Il est représenté en coupe (fig. 236). La face BC tournée vers les objets est sphérique et convexe. Si le milieu derrière cette face était indéfini, les rayons émanant d'un point lumineux convergeraient

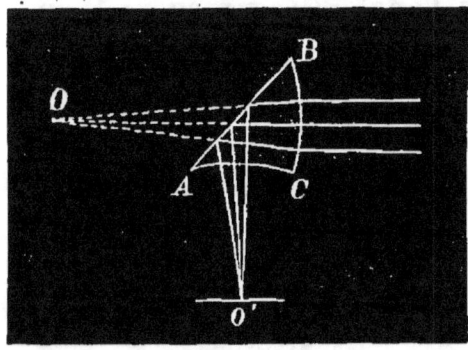

en un point O, mais les rayons éprouvent sur la face plane AB la réflexion totale (**297**) et vont former l'image du point lumineux en O', symétrique du point O par rapport à la face

Figure 236.

AB. La face d'émergence AC possède une courbure telle que les rayons lumineux émergent normalement à cette face et, par suite, sans nouvelle déviation.

En plaçant en O' une feuille de papier blanc, il s'y formera une image réelle du paysage. L'image obtenue

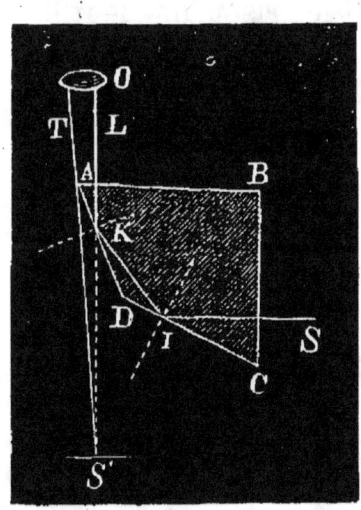

est très nette et très vive si l'on a soin de l'entourer d'un rideau noir.

339. Chambre claire. Cet appareil sert aux mêmes usages que la chambre obscure, mais ses dimensions sont beaucoup plus petites. La chambre claire de Wollaston (*) est formée d'un prisme dont la section droite est un quadrilatère ABCD (fig. 237). L'angle B est droit, l'angle D est de 135°, et chacun des angles A

Figure 237.

(*) *Wollaston*, physicien anglais, né en 1766, mort en 1828.

et C de 67° ½. On tourne la face BC vers l'objet que l'on veut reproduire. Les rayons émis par cet objet tombent à peu près perpendiculairement sur cette face. Un de ces rayons, tel que SI, pénètre dans le prisme sans se réfracter, puis subit en I la réflexion totale, car l'angle d'incidence en ce point et l'angle C sont égaux ; or, C = 67° ½, angle très supérieur à l'angle limite. Le rayon réfléchi une première fois, se réfléchit de nouveau totalement en K sur la face DA, en faisant encore un angle d'incidence de 67° ½, puis il sort perpendiculairement à la face AB. L'image de l'objet sera donc aperçue dans la direction du rayon KL. On place l'œil près de l'arête A du prisme, pour que l'ouverture de la pupille O reçoive en même temps les rayons provenant de l'objet et ceux, tels que S'T, venant directement du papier. On pourra alors suivre le contour de l'image avec la pointe d'un crayon.

Les objets extérieurs et la pointe du crayon étant à des distances de l'œil très différentes, on ne les aperçoit pas en même temps avec la même netteté. On corrige ce défaut en interposant entre l'œil et le prisme une lentille divergente construite de telle sorte qu'elle fasse paraître l'image à la même distance que le papier sur lequel on dessine. Ce qui vaut mieux encore, c'est de tailler l'arête A en forme de lentille concave à laquelle on donne la courbure nécessaire.

340. Lanterne magique. Cet appareil consiste en une caisse de fer blanc (fig. 238), renfermant une lampe S dont la lumière est concentrée au moyen d'un réflecteur parabolique R et d'une lentille L sur des objets V peints sur verre avec des couleurs translucides. Ces objets ainsi fortement éclairés étant placés un peu au delà du foyer principal

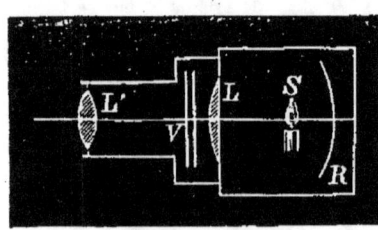

Figure 238.

d'une lentille biconvexe L′, donnent sur un écran convenablement placé leur image, amplifiée mais renversée. (**310.**) Elle paraîtra droite, si l'on place les objets à l'envers devant la lentille de projection. L'expérience se fait dans une chambre obscure. Le grossissement fourni par la lanterne magique est celui donné par la lentille (**312**, note).

341. Microscope solaire. Le microscope solaire ne diffère de la lanterne magique qu'en ce que l'objet *très petit* est éclairé, non plus par une lumière artificielle, mais par les rayons solaires. A cet effet, ceux-ci sont réfléchis dans l'axe de l'instrument par un miroir plan M (fig. 239) et rassemblés sur l'objet O par deux lentilles

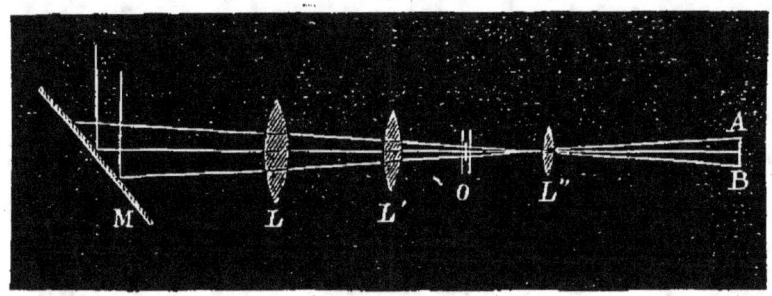

Figure 239.

convergentes L et L′. L'objet ainsi éclairé et serré entre deux lames de verre, étant placé devant une troisième lentille L″ à très court foyer (*), on obtient, sur un écran convenablement placé, une image réelle, agrandie et renversée de l'objet (**312**, note).

L'objet est, il est vrai, éclairé par derrière, mais les corps très petits étant généralement translucides, cela n'offre pas d'inconvénient.

342. Grossissement. Le grossissement est d'autant plus grand que l'objet est plus près du foyer de la lentille

---

(*) En réalité, il n'y a pas une seule lentille, mais trois lentilles fonctionnant comme une lentille unique à très court foyer.

L″. On peut le déterminer expérimentalement en remplaçant l'objet par une lame de verre sur laquelle on a tracé deux traits distants de 0^{mill},1. On mesure alors sur l'écran la distance des images de ces deux traits et si cette distance est trouvée égale à 100 millimètres, le grossissement est $100 \times 10 = 1000$. Le grossissement ainsi obtenu est le *grossissement linéaire*, c'est-à-dire le rapport des dimensions homologues de l'image et de l'objet. C'est ce grossissement que l'on considère toujours dans les applications scientifiques. Dans le commerce, afin d'obtenir des nombres plus grands, on prend plus souvent le *grossissement superficiel*, c'est-à-dire le rapport des surfaces de l'image réelle et de l'objet ; *il est le carré du grossissement linéaire*. Par exemple, si le grossissement linéaire est égal à 100, le grossissement superficiel est égal à 10000.

343. Lanterne de projection. Le microscope solaire a été modifié de manière à ce que l'on puisse remplacer la lumière solaire par la lumière électrique ou par la *lumière Drummond*. Celle-ci est produite par l'incandescence d'un morceau de chaux placé dans la flamme d'un chalumeau à oxygène et hydrogène. Les deux gaz sont contenus dans des sacs de caoutchouc et ne se mêlent qu'à l'orifice de sortie.

Dans le microscope ainsi modifié, la lumière électrique ou la lumière Drummond est placée dans une caisse ou lanterne entièrement fermée et l'appareil prend le nom de *lanterne de projection*.

On s'en sert fréquemment dans les expériences d'optique en l'absence des rayons solaires. On s'en est servi également, pendant le siège de Paris en 1870-71, pour agrandir les dépêches microscopiques apportées par les pigeons. Ces dépêches avaient été fixées par la photographie sur une pellicule de collodion.

Dubosq livre au commerce une lanterne de projection qui fonctionne avec une lampe à pétrole et qui rend de grands services à l'enseignement de l'histoire naturelle, fait devant un auditoire nombreux. Cet appareil se trouve dans presque tous nos établissements d'instruction publique.

344. Loupe ou microscope simple. Les microscopes sont des instruments destinés à grossir des objets trop petits pour que l'on puisse en discerner les détails à l'œil nu.

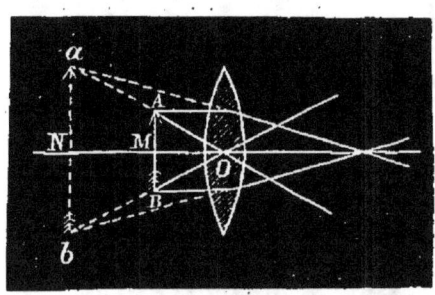

Figure 240.

Le *microscope simple* ou *loupe* est une lentille convergente placée entre l'œil et l'objet (fig. 240). Ce dernier étant placé entre la lentille et son foyer principal, fournit une image *virtuelle, droite et amplifiée.*

Le grossissement est le rapport de la grandeur de l'image ab à celle de l'objet AB. Or, les triangles semblables AOB et *aob* donnent :

$$\frac{ab}{AB} = \frac{ON}{OM};$$

mais ON doit être égal à la distance minimum d de la vision distincte (**333**), tandis que OM est sensiblement égal à la distance focale principale f; on aura donc :

$$\frac{ab}{AB} = \frac{d}{f}.$$

Cette formule approchée montre : 1° que *le grossissement est d'autant plus fort que le foyer de la lentille est plus court, c'est-à-dire qu'elle est plus convergente;* 2° *que la distance de la vue distincte est plus grande.*

Les loupes de très petite longueur focale sont soumises

à des aberrations de sphéricité (**316**) et de réfrangibilité (**329**) très considérables. L'aberration de sphéricité peut être en partie corrigée au moyen de diaphragmes qui ne laissent passer que les rayons voisins de l'axe, et celle de réfrangibilité par l'achromatisme (**329**). Cependant, lorsqu'on veut obtenir de forts grossissements, il est préférable de se servir du microscope composé.

345. Microscope composé. Cet instrument est formé essentiellement de deux lentilles. L'une (fig. 241), dirigée vers l'objet AB, s'appelle *objectif* ; l'autre contre laquelle on place l'œil, s'appelle *l'oculaire*. Ces deux verres sont fixés dans un même tube, de manière que leurs axes coïncident. On place l'objet AB à une distance de

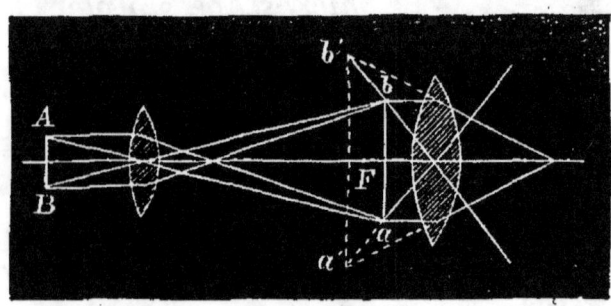

Figure 241.

l'objectif un peu supérieure à la distance focale principale. L'image se formera donc (**310**) en *ab*, réelle, renversée et amplifiée. L'oculaire fait fonction de loupe, c'est-à-dire qu'il est placé de façon à ce que l'image *ab* se forme à une distance moindre que sa distance focale principale. L'image *ba* est ainsi remplacée par une nouvelle image *a'b'* amplifiée. Cette dernière est droite par rapport à *ba* et renversée par rapport à l'objet AB.

Le grossissement a pour valeur :

$$\frac{a'b'}{AB} = \frac{a'b'}{ab} \times \frac{ab}{AB}.$$

Or, $\dfrac{a'b'}{ab}$ est le grossissement de la loupe servant d'oculaire et $\dfrac{ab}{AB}$ le grossissement de l'objectif ; il en résulte donc que *le grossissement du microscope est égal au produit des grossissements de l'oculaire et de l'objectif.*

346. Détermination expérimentale du grossissement.
Comme les calculs du grossissement laissent toujours de l'incertitude, on préfère d'ordinaire le mesurer expérimentalement. A cet effet, on procède de la manière suivante : On place au-dessus de l'oculaire L' (fig. 242), un miroir M incliné à 45° sur l'axe de l'instrument. Ce

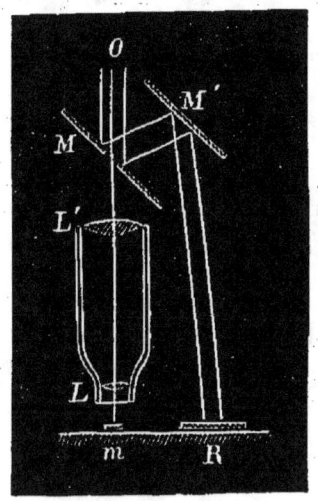

miroir a sa face réfléchissante au-dessus et est percé au centre d'une ouverture qui permet de distinguer l'image agrandie d'un *micromètre m* remplaçant l'objet. Ce micromètre n'est autre chose qu'une lame de verre sur laquelle est tracée au diamant une division, par exemple, en centièmes de millimètre. Un second miroir M' (*), placé parallèlement au miroir M, réfléchit dans ce dernier l'image d'une règle R graduée en millimètres et placée à

Figure 242.

côté de l'instrument. L'œil placé en O verra donc à la fois l'image agrandie du micromètre et celle de la règle. Si l'on observe alors que 1 division du micromètre correspond à 1 division de la règle, le grossissement est évidemment 100×1 et d'une manière générale il sera $100 \times n$, si une division du micromètre correspond à n divisions de la règle.

Quand le microscope est placé horizontalement, on peut se contenter de placer devant l'oculaire une lame de verre à faces parallèles, inclinée à 45° sur l'axe de

---

(*) On remplace souvent le miroir M' par un prisme à réflexion totale.

l'instrument. Les rayons sortant de l'oculaire se réflé-
chiront sur cette lame et formeront, par rapport à la surface du miroir, une image symétrique de celle observée
dans l'instrument. Cette image peut être aperçue en
même temps qu'une règle graduée placée sous la lame
transparente. L'objet étant remplacé par un micromètre,
on obtiendra le grossissement par la superposition des
divisions de ce micromètre agrandi et de la règle.

347. Détails de construction du microscope composé.
L'objectif et l'oculaire sont placés dans des tubes glissant
à frottement dur l'un dans l'autre, ce qui permet de faire
varier à volonté la distance de ces deux lentilles.

Pour éviter l'aberration de sphéricité et l'aberration
de réfrangibilité, l'objectif et l'oculaire ne sont pas simples. L'objectif comprend d'ordinaire trois lentilles convergentes; on obtient ainsi un fort grossissement avec
une faible aberration de sphéricité. En effet, avec trois
lentilles dont la distance focale principale est égale à f,
on obtient le même grossissement qu'avec une seule lentille dont la distance focale principale serait égale à $\dfrac{f}{3}$,
mais la courbure de cette lentille unique serait bien plus
forte que celle de chacune des trois lentilles et, par suite,
l'aberration de sphéricité serait beaucoup plus considérable.

Quant à l'aberration de refrangibilité, qui aurait pour
effet de rendre les images irisées sur les bords, on l'évite
en partie en achromatisant (**329**) les lentilles qui composent l'objectif.

L'oculaire est formé ordinairement de deux lentilles
produisant également l'achromatisme.

L'objet à examiner est placé entre deux lames de
verre que l'on pose sur une plaque percée d'un trou central. Lorsque le grossissement est fort, l'objet doit être

vivement éclairé, sinon l'image serait sombre. A cet effet, si le corps est transparent ou translucide, on l'éclaire en dessous au moyen d'un miroir sphérique concave qui concentre sur lui la lumière diffuse du ciel. Si le corps est opaque, on l'éclaire en dessus en concentrant sur lui, au moyen d'une lentille convergente, la lumière du ciel ou d'une lampe.

Les modèles de microscopes sont nombreux, plusieurs portent les noms des constructeurs ou des micrographes qui les ont perfectionnés. Les tubes de ces instruments sont souvent verticaux, mais cette position rend les observations pénibles. C'est pour cette raison qu'*Amici* a placé l'axe de l'oculaire horizontalement, tout en laissant vertical celui de l'objectif. Un prisme rectangulaire sur l'hypoténuse duquel se produit la réflexion totale, renvoie à l'oculaire les rayons qui ont traversé l'objectif. M. *Nachet* a construit un microscope très perfectionné dont le pied, monté à charnière, permet d'incliner à volonté l'instrument, pour la commodité des observations. Les meilleurs instruments sont signés Hartnack, Zeiss et Nachet.

348. Lunette astronomique. Cet instrument, qui est destiné à l'observation des astres, se compose essentiellement, de même que le microscope composé, d'un objectif et d'un oculaire. L'astre observé étant toujours très éloigné, son image se forme, à très peu de choses près, au foyer principal de l'objectif. Cette image, évidemment très petite, est amplifiée par l'oculaire qui agit comme loupe. Mais cette image devant être fortement grossie, il est nécessaire de la rendre très brillante. A cet effet, afin de recevoir plus de lumière de l'astre qu'on observe, l'objectif est à grande ouverture. On lui donne, en outre, une grande distance focale principale, c'est-à-dire un grand rayon de courbure (**305**) pour diminuer l'aberration de sphéricité. Quant à l'oculaire, comme il produit seul le grossissement, il doit être très convergent.

L'objectif est placé à l'extrémité d'un long tube de métal ; à l'autre extrémité peut glisser un tube de plus petit diamètre dans lequel est fixé l'oculaire, que l'on déplace jusqu'à ce que la vision soit nette.

On peut démontrer que dans la lunette astronomique le grossissement G est sensiblement égal au rapport de la distance focale principale f de l'objectif à celle f' de l'oculaire. On a donc :

$$G = \frac{f}{f'} \cdot$$

On voit qu'il faut, pour obtenir un fort grossissement, que l'objectif ait un très long foyer et l'oculaire un très court. Le foyer principal de l'objectif et celui de l'oculaire coïncident à peu de choses près dans la lunette, qui a, par conséquent, pour longueur $f + f'$. Les fortes lunettes doivent donc être longues.

349. Lunette terrestre ou longue-vue. La lunette astronomique renverse les images, ce qui n'offre aucun inconvénient quand on observe les astres. Lorsqu'on veut observer les objets terrestres, il faut redresser l'image.

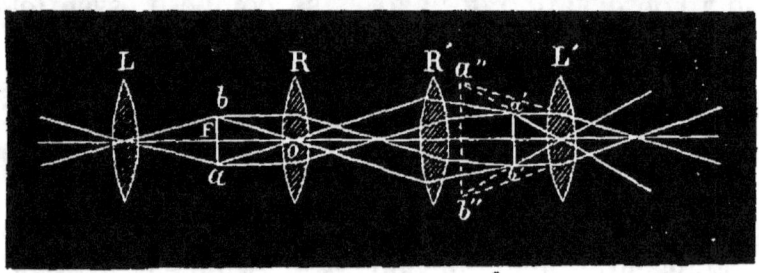

Figure 243.

A cet effet, on place entre l'objectif L (fig. 243) et l'oculaire L', deux lentilles R et R' distantes l'une de l'autre d'une longueur égale à la somme de leurs distances focales principales, c'est-à-dire que leurs foyers sont au même point. L'image produite par l'objectif se forme renversée en *ba* et le système des deux lentilles R et R' est placé de telle sorte qu'elle se trouve au foyer principal de la lentille R. Il s'ensuit que les rayons partant du point *b*, par exemple, émergent de cette lentille parallèlement à l'axe secondaire *bo*. Ces rayons traversent la lentille R' et vont concourir en *b'*. Le même raisonnement s'appliquera aux rayons partant du point *a* dont l'image se fera en *a'*. L'image *a'b'* est donc droite et réelle. On l'agrandit au moyen de l'oculaire L'.

Lorsque les deux verres redresseurs R et R' sont de même courbure, le grossissement a la même valeur que dans la lunette astronomique, mais la perte de lumière est plus grande.

350. Lunette de Galilée. La lunette de Galilée donne des images droites avec deux verres seulement. Elle est beaucoup plus courte que la lunette terrestre et par suite plus portative. L'objectif L (fig. 244) *tend* à former une image renversée de l'objet AB en *ba*. On interpose entre

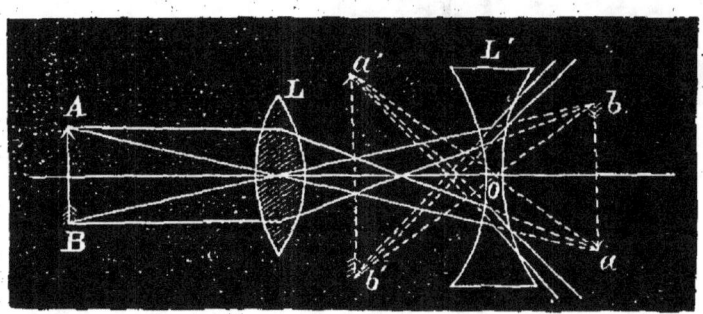

Figure 244.

l'objectif et l'image une lentille biconcave L' servant d'oculaire. Celle-ci fera diverger les rayons qui tendent à concourir aux points *b* et *a*. Ces rayons divergents étant prolongés géométriquement se rencontrent en *a'* et en *b'* sur les axes secondaires *bo* et *ao* des points *b* et *a*.

L'image obtenue est donc virtuelle et droite par rapport à l'objet. On peut varier les distances des deux lentilles de manière à amener l'image à se former à la distance minimum de la vue distincte de chaque observateur.

Le grossissement se mesure comme pour la lunette astronomique; sa valeur approchée est le rapport des distances focales de l'objectif et de l'oculaire.

La *lorgnette de spectacle* se compose de deux lunettes de Galilée réunies de façon à ce qu'on puisse observer à la fois par les deux yeux.

351. Télescopes. Les télescopes sont destinés aux mêmes usages que les lunettes astronomiques; ils en diffèrent en ce que l'objectif est remplacé par un miroir concave.

TÉLESCOPE DE NEWTON. Le télescope de Newton se compose d'un miroir sphérique concave M (fig. 245) placé au fond d'un tube. Le miroir dont le centre de courbure

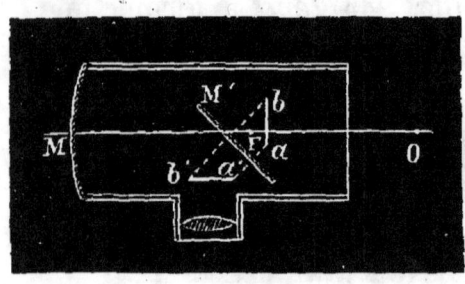

Figure 245.

est en O est tourné vers l'astre que l'on veut observer. Il tend ainsi à former une image réelle et renversée (**287**) en *ab*, très près du foyer principal F. Avant le lieu de cette image, on interpose un miroir plan M' incliné à 45° sur l'axe principal du miroir M. L'image réelle qui tendait à se former en *ab* est ainsi remplacée par une image virtuelle *a'b'*, symétrique de *ab* par rapport à M'. Cette image est observée au moyen d'un oculaire, faisant fonction de loupe et placé sur le côté du télescope.

Le miroir M' est ordinairement remplacé par un prisme rectangulaire sur l'hypothénuse duquel les rayons subissent la réflexion totale.

Le grossissement est égal au rapport des distances focales principales du miroir et de l'oculaire.

On a éprouvé très longtemps de grandes difficultés dans la construction des miroirs ; lorsqu'ils sont métalliques, on les fait aujourd'hui en *argentan* ou *speculum* (8 cuivre, 3 nickel et 3,5 zinc). Seulement, comme les miroirs métalliques se ternissent assez rapidement et qu'il est difficile de les polir sans en altérer la courbure, Foucault leur a substitué des miroirs en verre recouverts d'une couche d'argent qui n'en altère pas la courbure et peut être renouvelée sans difficulté. Pour éviter l'aberration de sphéricité, il arrivait à leur donner une forme parabolique par des retouches successives.

On a installé en 1875, à l'Observatoire de Paris, un télescope de Newton dont le miroir de verre argenté d'après la méthode de Foucault, a $1^m,20$ de diamètre. Pour observer avec ce télescope, l'astronome doit monter sur un escalier roulant sur des rails disposés circulairement autour de l'appareil.

TÉLESCOPE DE GRÉGORY. Dans le télescope de Newton, on doit regarder dans une direction différente de celle de l'objet à observer. Cet inconvénient est évité dans le télescope de Grégory, dans lequel on regarde dans la direction même de l'objet.

Dans cet instrument, un miroir concave M (fig. 246), placé au fond d'un tube, est percé au centre d'une ouver-

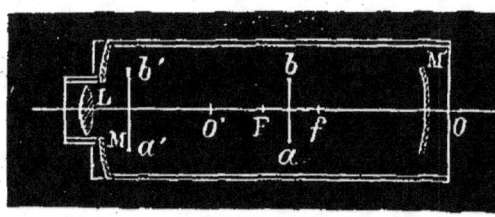

Figure 246.

ture circulaire dans laquelle est enchâssée une loupe L. Ce miroir donne une image réelle et renversée *ba* de l'objet, située près de son foyer principal F, à cause du grand éloignement de l'astre. Un second miroir M′, assez petit pour ne pas trop diminuer la quantité de lumière qui entre dans l'instrument, tourne sa concavité polie vers M et est placé de telle sorte que l'image ba se forme entre son foyer f et son centre de courbure O'. Les rayons se croisant aux différents points de l'image ba sont réfléchis par le miroir M' et vont former par leur rencontre une image renversée de ab en $b'a'$. La loupe reprend l'image $a'b'$ et l'amplifie.

Le miroir M' donne un premier grossissement de ab et l'oculaire un second.

352. Comparaison des télescopes et des lunettes. Dans les télescopes le miroir ne donne pas d'aberration de réfrangibilité, puisque la réflexion de la lumière seule intervient, mais il n'en est pas ainsi pour les oculaires des lunettes dont l'achromatisme n'est jamais parfait. Seulement la moindre irrégularité dans la surface réfléchissante d'un miroir déforme considérablement l'image, ce qui n'a guère lieu pour les lentilles. En outre, les miroirs, du moment où ils commencent à se ternir, font perdre beaucoup de lumière par suite de l'affaiblissement de leur pouvoir réflecteur. Cependant le télescope sera toujours préféré à la lunette, du moment où l'achromatisme est absolument nécessaire; tel est le cas pour la photographie céleste.

CHAPITRE VII.

HYPOTHÈSES SUR LA NATURE DE LA LUMIÈRE.

353. Théorie de l'émission. — Théorie des ondulations.
Deux hypothèses ont été faites sur la cause des phénomènes lumineux.

Dans le système de l'*émission*, on admet que les corps lumineux envoient dans toutes les directions des molécules excessivement tenues et impondérables qui, pénétrant au fond de l'œil, y produisent la sensation de la vision.

Dans la théorie des *ondulations*, on suppose que la lumière a pour cause le mouvement vibratoire des corps lumineux, mouvement qui se transmet de proche en proche avec une grande vitesse dans l'éther, fluide très élastique et très peu dense dont nous avons déjà parlé à propos des phénomènes calorifiques (122). Les vibrations de l'éther vont ensuite ébranler la rétine de l'œil (330). Ainsi, dans cette hypothèse, la lumière est analogue au son, du moins en ce sens que le son est un mouvement de vibration de l'air ou en général de la matière pondérable, tandis que la lumière est un mouvement de vibration dans la substance éthérée. Partout où le son se propage, il y a de la matière; partout où la lumière se propage, il y a de l'éther. Donc, l'éther remplit l'espace, car il n'y a pas un point de l'univers qui ne soit accessible à la lumière; il se trouve dans les espaces interplanétaires comme dans les espaces intermoléculaires. Quant au mode de mouvement qui constitue la lumière, il est différent des vibrations sonores. Ces dernières se font dans le sens de la propagation du son, tandis que les vibrations lumineuses se font perpendiculairement à la propagation de la lumière. En langage scientifique, les vibrations du son sont *longitudinales*, les vibrations de la lumière sont *transversales*.

On peut se former une idée du mouvement vibratoire lumineux en secouant une corde par l'un des bouts; le mouvement se propage en serpentant jusqu'à l'autre bout; la propagation se fait donc dans le sens de la corde, mais les vibrations se font en travers. On a encore une idée de ce mouvement lorsqu'on jette une pierre dans l'eau; il se forme des ondes concentriques qui, en se propageant, dépriment et soulèvent l'eau. La figure 247 représente une coupe de la surface de l'eau, après que l'on a jeté une pierre en A. Dans le mouvement ondulatoire

Figure 247.

produit, il faut bien distinguer le mouvement de l'*onde*, du mouvement des *particules indivi-duelles* qui, à chaque moment, constituent l'onde. En effet, si l'on place en *a*, près du point où la pierre a été jetée, un morceau de bouchon en liège, celui-ci sera alternativement soulevé et abaissé par les ondes de l'eau qui l'atteignent, mais il n'avancera ni ne reculera. Le mouvement ondulatoire se propage de A vers *a*, mais chaque particule individuelle d'eau se meut, comme le bouchon, dans un sens perpendiculaire à cette propagation, sans avancer et sans reculer. On peut concevoir pour l'éther luminifère un mouvement semblable.

On appelle *amplitude de l'oscillation* la grandeur des écarts que font les molécules d'éther en oscillant. Dans la figure 247, c'est la distance *d*. C'est de cette amplitude que dépend l'intensité de la lumière; sa *couleur* dépend du *nombre de vibrations* executées dans un temps donné, ou de la durée des vibrations des molécules d'éther.

Dans un faisceau de lumière ordinaire, les vibrations s'exécutent successivement dans tous les sens autour de la ligne de propagation. Dans certains cas, les vibrations peuvent se succéder toutes dans un même plan, tout en restant toujours perpendiculaires à cette ligne de propagation. La lumière jouit alors de certaines propriétés qui la distinguent de la lumière ordinaire, et l'on dit qu'elle est *polarisée.*

La théorie des ondulations est due principalement à *Thomas Young* (*) et à *Augustin Fresnel* (**) dont elle a illustré les noms.

Cette théorie, soumise au calcul, est parvenue non seulement à expliquer les phénomènes connus, mais elle a, dans plusieurs cas, devancé l'expérience, c'est-à-dire qu'elle a fait prévoir des faits qui ont été vérifiés dans la suite expérimentalement, circonstance qui lui donne évidemment un grand degré de probabilité.

(*) *Young,* physicien anglais.
(**) *Fresnel,* physicien français, né en 1788, mort en 1827.

MAGNÉTISME.

CHAPITRE I.

PROPRIÉTÉS GÉNÉRALES DES AIMANTS. — PROCÉDÉS D'AIMANTATION.

354. Aimants naturels et aimants artificiels. On nomme *pierre d'aimant* ou *aimant naturel*, un minerai de fer qui a la propriété d'attirer le fer et quelques autres corps. C'est un oxide qui a pour formule chimique Fe^3O^4. On le rencontre surtout dans les régions septentrionales du globe et notamment en Suède (*).

Un *aimant artificiel* est un barreau d'acier(**) auquel on a communiqué, par des procédés qui seront décrits plus loin, les propriétés des aimants naturels.

(*) Les Grecs connaissaient la *pierre d'aimant* déjà 600 ans avant notre ère. Ils la nommaient μαγνης, de la ville de Magnésie, en Lydie, où on la trouvait en abondance.

(**) L'acier est du fer combiné avec une proportion de carbone pouvant varier de 0,007 à 0,015. L'acier est *trempé* lorsque, après avoir été fortement chauffé, il a été refroidi brusquement en le *trempant* dans un liquide froid. — Le fer *doux* est du fer à peu près pur. — Par la trempe, l'acier devient dur et cassant ; le fer, non.

355. Propriétés des aimants. La propriété caractéristique d'un aimant est l'attraction qu'il exerce sur le fer. Pour la mettre en évidence, il suffit de rouler un barreau d'acier aimanté dans de la limaille de fer. On constate immédiatement qu'une multitude de parcelles de fer s'attachent aux extrémités du barreau en houppes hérissées (fig. 248), formées de filaments qui paraissent converger vers deux points P et P' que l'on nomme *pôles*.

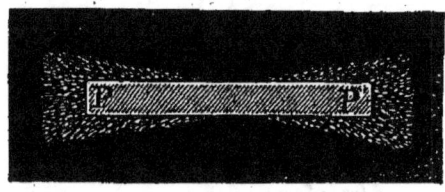

Figure 248.

Ces pôles agissent comme des centres d'attraction. On remarque aussi que la quantité de limaille attirée diminue très rapidement à partir des pôles, et que vers le milieu l'attraction est nulle. On nomme *ligne neutre* la section passant par le milieu.

L'attraction magnétique s'exerce à distance. Elle n'est pas empêchée par l'interposition d'un corps quelconque. On peut s'en assurer en promenant un barreau aimanté au-dessous d'une feuille de carton ou d'une assiette en porcelaine sur laquelle on a placé de la limaille de fer. Celle-ci subit l'action de l'aimant comme si aucun corps n'était interposé.

Le nickel, le cobalt et le chrôme sont aussi attirés par les aimants, mais beaucoup moins que le fer.

En 1845, Faraday (*) a reconnu que tous les corps subissent l'influence des aimants : les uns sont attirés, tandis que les autres sont repoussés; mais il a constaté que l'action répulsive que l'on a nommée *diamagnétique,* est immensément plus faible que l'action *magnétique* ordinaire ou attractive. Le fer est la substance la plus magnétique et le bismuth la plus diamagnétique.

(*) *Faraday*, célèbre physicien anglais, mort en 1867.

356. Distinction des pôles. Pour mettre facilement en évidence les autres propriétés des aimants, on leur donne la forme d'*aiguilles* (fig. 249), c'est-à-dire qu'on les façonne en losange très allongé, aplati, et muni au milieu

d'une chape en agate. On peut alors les placer sur un support vertical, ce qui leur permet de se mouvoir librement dans un plan horizontal.

Une aiguille ainsi placée prendra une position invariable : *Un des pôles, toujours le même, sera constamment dirigé vers le Nord.*

Figure 249.

Si on écarte l'aiguille de cette position d'équilibre, elle y reviendra après quelques oscillations.

On a donné le nom de *pôle nord* au pôle dirigé vers le nord, l'autre a reçu le nom de *pôle sud*.

357. Actions réciproques des pôles. Si l'on tient en main une aiguille aimantée et qu'on approche successivement chacun de ses pôles de ceux d'une aiguille posée sur un pivot vertical, on remarquera :

1º *Que les pôles de même nom se repoussent.*

2º *Que les pôles de noms contraires s'attirent.*

Ainsi, le pôle nord repousse le pôle nord ; mais le pôle nord attire le pôle sud.

Le physicien Coulomb (*) a établi au moyen d'un appareil nommé *balance de torsion*, que *l'attraction entre pôles de noms contraires et la répulsion entre pôles de même nom sont en raison inverse du carré de la distance qui les sépare.* C'est, d'ailleurs, suivant cette

(*) *Coulomb*, physicien français, mort à Paris en 1807.

loi que varient avec la distance les intensités de toutes les forces physiques (*).

358. Aimantation du fer doux. L'expérience connue sous le nom de *chaîne magnétique* (**) montre que le fer doux peut s'aimanter par son contact avec un aimant, mais passagèrement.

Pour faire cette expérience, on suspend à l'un des pôles du barreau aimanté NS un cylindre de fer doux *ns* (fig.

Figure 250.

250); à celui-ci un second plus léger *n's'*; au second un troisième, et ainsi de suite jusqu'à ce que l'aimant refuse de porter. L'attraction que chaque cylindre exerce sur le suivant prouve qu'il est devenu lui-même un aimant. Les pôles sont distribués comme l'indique la fig. 250. On peut s'en assurer en approchant les extrémités de chacun des cylindres d'un pôle d'une aiguille aimantée pivotant sur un support vertical. Cette distribution s'explique par la loi des actions réciproques des pôles. Mais si l'on détache le premier cylindre, tous les autres se séparent, ce qui établit que l'aimantation des différents cylindres n'est que passagère et cesse en même temps que le contact de la chaîne avec l'aimant NS.

Cette expérience explique pourquoi la limaille de fer qui s'attache aux pôles d'un aimant se dispose en filaments. C'est que chaque parcelle de fer devient un aimant et en attire une autre.

359. Expérience des aimants brisés. Si l'on frotte sur l'un des pôles d'un fort aimant une aiguille à tricoter d'acier trempé, on pourra constater en la roulant dans

(*) Pour la balance de torsion, voir l'appendice.

(**) On a donné à cette expérience le nom de *chaîne magnétique,* parce qu'on la faisait primitivement avec des anneaux, au lieu de cylindres.

de la limaille de fer qu'elle s'est aimantée, c'est-à-dire qu'elle présente deux pôles et une ligne neutre.

En la brisant en un nombre quelconque de fragments, on reconnaîtra, par le même moyen, que cha-cun de ces frag-

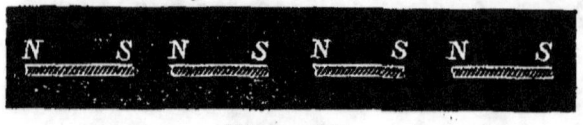

Figure 251.

ments est un aimant complet, ayant ses deux pôles et sa ligne neutre. Les pôles sont disposés comme l'indique la figure 251.

360. Hypothèse des aimants élémentaires. Pour expli-quer et relier entre eux les différents phénomènes que nous venons de faire connaître, on a recours à une hypo-thèse ingénieuse.

On admet que chaque particule d'un barreau de fer doux ou d'un barreau d'acier peut s'aimanter sous l'in-fluence d'un aimant et offrir deux pôles contraires, *nord* et *sud*. De telle sorte que si l'on approche un aimant d'un barreau de fer ou d'acier, toutes les particules qui les composent s'aimantent en tournant leurs pôles nord dans une direction et leurs pôles sud dans la direction opposée.

Pour exprimer ce fait que l'aimantation de l'acier est permanente et celle du fer doux passagère, on dit que l'acier possède une *force coercitive* (*) qui est la cause de la résistance qu'il présente à l'aimantation et à la désaimantation, tandis que le fer doux ne possède pas cette force. Cette hypothèse des *aimants élémentaires* rend parfaitement compte des faits exposés, notamment de l'attraction que l'aimant exerce sur le fer doux et de l'expérience des aimants brisés.

(*) Ce n'est pas là évidemment une explication, mais la simple expression du fait à l'aide d'un seul mot.

L'analyse mathématique, basée sur cette hypothèse, montre aussi très bien qu'une moitié de l'aimant doit agir comme s'il ne s'y trouvait qu'un pôle nord unique, et l'autre moitié comme si elle ne contenait qu'un pôle sud. Elle explique aussi la décroissance rapide de l'intensité magnétique à partir des pôles. Les pôles nord des aimants élémentaires sont dirigés vers le pôle nord du barreau et les pôles sud vers l'extrémité sud.

Rapportons une curieuse expérience due à de Haldat qui confirme l'hypothèse des aimants élémentaires. Ce physicien a rempli de limaille de fer un tube en laiton fermé à ses extrémités par des pièces de fer et l'a aimanté comme on aimante les barreaux d'acier (**361**). Il lui a donné ainsi deux pôles et une ligne neutre. Mais en secouant le tube de façon à déranger la disposition des grains de limaille, il a constaté que la force de l'aimant diminue et finit même par disparaître. On peut conclure de là que *les aimants élémentaires qui constituent un aimant sont orientés,* c'est-à-dire que leurs axes ou les droites qui joignent leurs pôles sont parallèles, les pôles de même nom étant dirigés du même côté (*). En secouant le tube, on a détruit le parallélisme des axes et partant l'aimantation.

M. Joule a pu s'assurer, à l'aide d'un appareil amplificateur, qu'un barreau de fer doux aimanté s'allonge dans le sens de l'aimantation sans changer de volume, ce qui

---

(*) On peut encore aimanter le tube de laiton alors même qu'il est rempli d'un mélange de limaille de fer et de sable. Le sable peut occuper jusque 80 % du volume total.

Il est remarquable, dans cette expérience, que le fer doux qui n'a aucune force coercitive lorsqu'il est en barreau, devienne susceptible de s'aimanter comme de l'acier quand il est en limailles. M. Jamin semble attribuer la force coercitive, dans ce cas, à la *discontinuité,* et se demande s'il ne faut pas attribuer à la même cause la force coercitive de l'acier.

semble aussi confirmer l'hypothèse de l'orientation des aimants élémentaires.

361. Procédés d'aimantation. Pour transformer une tige d'acier en aimant, il suffit de la frotter sur un pôle d'un aimant naturel ou artificiel; mais si l'on veut obtenir des aimants énergiques et exempts de *points conséquents*, c'est-à-dire *n'ayant pas d'autres centres d'attraction que les pôles*, on suit certaines méthodes dont la pratique a démontré l'efficacité.

Les procédés les plus employés sont les suivants :

1º PROCÉDÉ DE LA SIMPLE TOUCHE. Ce procédé consiste à frotter le pôle nord ou le pôle sud d'un aimant le long du barreau ou de l'aiguille à aimanter et toujours dans le même sens (fig. 252).

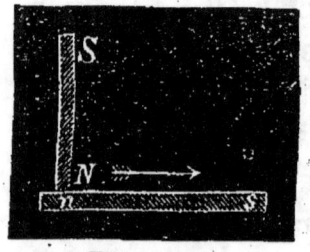

Figure 252.

L'extrémité par laquelle on commence les frictions est un pôle de même nom que le pôle frotteur. C'est une conséquence de l'orientation des aimants élémentaires qui dirigent leurs pôles sud vers le pôle nord du barreau frotteur, lequel marche dans le sens de la flèche. En général, huit frictions au plus sur les deux faces suffisent.

Ce procédé ne permet pas d'aimanter à saturation et donne facilement des *points conséquents*, surtout si la lame à aimanter est longue et d'un acier dur.

Si l'on se bornait à placer l'aimant NS en contact avec le barreau à aimanter (fig. 253), il se développerait en S′ contre le pôle inducteur N un pôle de nom contraire et à l'autre extrémité N′ un pôle de même nom. Mais ce procédé d'aimantation est lent; il vaut mieux opérer par frictions, comme nous venons de l'indiquer.

Figure 253.

2° PROCÉDÉ DE LA TOUCHE SÉPARÉE. Le procédé de la touche séparée consiste à placer au milieu du barreau à aimanter les pôles contraires de deux aimants que l'on fait glisser plusieurs fois chacun vers l'extrémité corres-

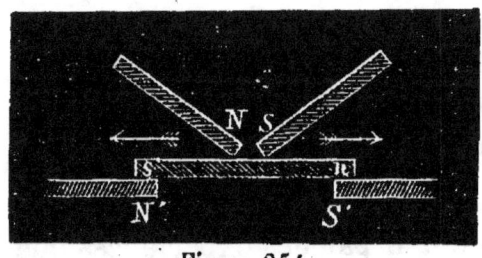

pondante, en revenant chaque fois au milieu. Il est facile de comprendre que la disposition des pôles doit être comme la fig. 254 l'indique. Au fond, ce procédé n'est rien autre que le procédé de la simple touche appliqué aux deux moitiés de la lame d'acier.

Figure 254.

3° PROCÉDÉ DE LA DOUBLE TOUCHE. Ce procédé convient surtout aux barreaux de fortes dimensions. On dispose le tout comme dans le procédé de la touche séparée, sauf que les deux aimants frotteurs sont séparés par un petit bloc en bois. On les promène *ensemble* du milieu vers une des extrémités, puis de cette extrémité vers l'autre, et ainsi de suite, en s'arrêtant toutefois au milieu du barreau, de manière que chacune des moitiés ait été frottée le même nombre de fois.

Ce procédé donne une aimantation plus régulière que le précédent.

Pour obtenir le maximum d'effet, il faut incliner les deux aimants d'environ 20° sur la lame à aimanter. Coulomb a montré que l'aimantation se fait plus rapidement en plaçant la lame à aimanter sur les pôles N' et S' de deux forts aimants disposés de telle sorte que les pôles de noms contraires correspondent (fig. 254).

Les différents procédés d'aimantation que nous venons de faire connaître sont aujourd'hui peu employés ; on aimante de préférence par les courants électriques.

362. Formes des aimants. On donne aux aimants la

forme de barreaux rectangulaires ou d'aiguilles en losange, lorsqu'on veut utiliser séparément les deux pôles ; tandis que si on veut les faire servir à porter des poids, on leur donne la forme de *fer à cheval*. Cette forme

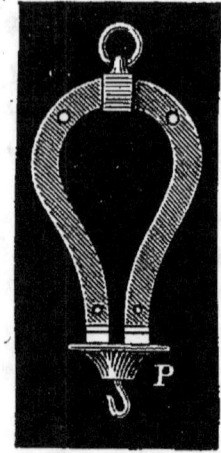

Figure 255.

convient mieux pour cet usage, parce que la lame de fer doux à laquelle le poids est suspendu est attirée à la fois par les deux pôles de l'aimant.

Coulomb, et plus récemment M. Jamin, ont établi par des expériences que l'aimantation ne pénètre dans l'acier que jusqu'à une certaine profondeur qui dépend du procédé d'aimantation employé.

Ceci explique pourquoi il est avantageux, lorsqu'on veut se procurer des aimants puissants, de réunir en faisceaux des lames d'acier aimantées séparément, dont les pôles de même nom doivent évidemment être placés du même côté. Mais l'expérience montre que les pôles de même nom de deux barreaux aimantés placés en face l'un de l'autre tendent à s'affaiblir. C'est pourquoi on donne aux lames que l'on réunit en faisceaux des longueurs un peu différentes et qu'on les dispose en retrait, la plus longue occupant le milieu.

C'est à M. Jamin (*) que l'on doit la construction des aimants les plus puissants (fig. 256). Il les compose de lames d'acier trempé très minces, aimantées séparément à saturation, qu'il superpose et qu'il courbe en forme de

---

(*) M. Jamin, qui a fait une théorie complète de l'aimantation, est parvenu à déterminer par des formules la distribution du magnétisme sur les lames et les faisceaux, et a fourni ainsi les moyens de construire à coup sûr des aimants d'une force voulue.

fer à cheval. La lame extérieure a ses deux extrémités engagées dans deux armatures de fer doux P P, et sont

Figure 256.

maintenues à une distance constante par des brides de cuivre. Les lames intérieures appuient leurs extrémités sur la pièce de fer doux.

363. Causes d'affaiblissement des aimants. — Influence de la température. Lorsqu'on aimante un barreau d'acier, quel que soit le procédé employé, il acquiert d'abord une intensité magnétique très grande, mais qui diminue graduellement, et finit par atteindre une valeur constante. Cet état permanent ne dépend que de la nature du barreau. On dit alors que le barreau est aimanté *à saturation*.

Cependant un certain nombre de causes peuvent modifier cet état magnétique. Ainsi un aimant peut être affaibli par des changements de température, par des chocs qui en modifient la structure moléculaire, par des actions d'influence qui tendent à l'aimanter à rebours, etc.

Examinons particulièrement l'action de la chaleur.

Coulomb a constaté expérimentalement :

1° Que la force d'un aimant est d'autant plus grande que la température à laquelle a eu lieu la trempe de l'acier est plus élevée.

2° Que l'intensité d'un barreau aimanté subit des variations en sens contraire des changements de température, c'est-à-dire que lorsque la température s'élève, l'intensité magnétique diminue ; et qu'elle augmente quand la température baisse. Toutefois, à la chaleur rouge, toute apparence de magnétisme disparaît et pour toujours.

364. Armures des aimants. Pour conserver aux aimants leur énergie, on les *arme*, c'est-à-dire qu'on leur adapte des pièces de fer doux nommées *armures*. Ces pièces s'aimantent par influence et ont pour effet de maintenir le parallélisme des aimants élémentaires.

Si les aimants sont des barreaux rectangulaires N S et N' S', on les réunit par deux dans une boîte en les plaçant parallèlement (fig. 257),

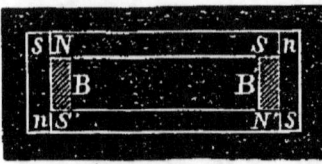

Figure 257.

les pôles de noms contraires en regard. Des blocs de bois B et B' les séparent et le rectangle est achevé par des pièces de fer doux n, s qui s'aimantent. Quand l'aimant a la forme de fer à fer à cheval (fig. 255), on réunit les pôles de noms contraires au moyen d'une seule pièce de fer doux P qui s'aimante par influence.

C'est aussi à l'aide de pièces de fer doux que l'on arme les aimants naturels.

CHAPITRE II.

ACTION DE LA TERRE SUR LES AIMANTS.

365. Hypothèse de l'aimant terrestre. Nous avons vu
qu'une aiguille aimantée reposant par son milieu sur un
pivot vertical et abandonnée à elle-même, se place, après
quelques oscillations, dans une position invariable qui
est *à peu près* celle du méridien géographique du lieu.
Nous avons nommé pôle nord l'extrémité qui se dirige
vers le nord, et pôle sud l'extrémité qui se dirige vers
le sud.

L'aiguille prendra encore la même direction si, au lieu
de pivoter sur un axe vertical, elle est suspendue par son
milieu à un fil non tordu, ou si elle est posée sur un bouchon de liège qui flotte sur l'eau.

Pour expliquer ce phénomène, on a recours à une
hypothèse basée sur l'expérience suivante :

On suspend horizontalement un barreau aimanté NS
(fig. 258) au-dessus d'un autre aimant N'S' suffisamment

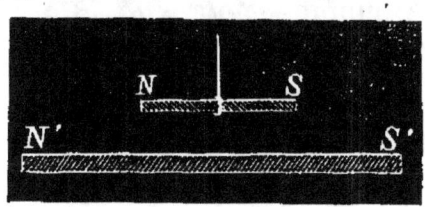

Figure 258.

énergique. On voit alors
le barreau NS se placer
parallèlement à N'S', les
pôles de noms contraires
en regard. Si l'on écarte
légèrement avec le doigt
l'aimant NS de cette position, il y reviendra après quelques oscillations. Or, l'aiguille aimantée, librement suspendue et sous l'action seule de la terre, se comporte de
la même manière. On a donc pu, avec raison, comparer
l'action de la terre sur l'aiguille aimantée à celle d'un
aimant. C'est en cela que consiste l'*hypothèse de l'aimant terrestre.*

La terre agit sur une aiguille aimantée comme si elle renfermait un aimant très énergique, situé dans le voisinage du centre et ayant une direction parallèle à celle de l'aiguille aimantée librement suspendue.

L'aimant terrestre *ab* (fig. 259) prolongé, rencontrerait la terre aux deux points A et B, appelés *pôles magnétiques terrestres* et situés dans le voisinage des pôles géographiques N et S.

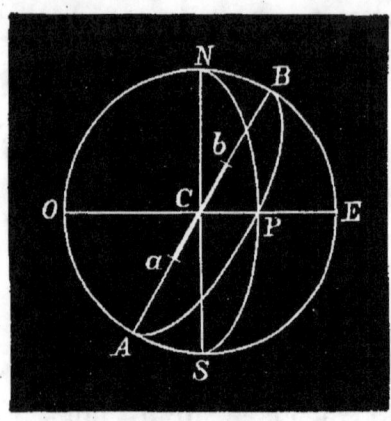

Figure 259.

Il est d'usage, dans la plupart des traités de physique, d'appeler *pôle boréal* le pôle de l'aimant terrestre situé dans l'hémisphère boréal, et *pôle austral* celui qui est situé dans l'hémisphère austral. En admettant ces dénominations, il faut, pour se conformer à la loi qui règle les actions réciproques des pôles, nommer *pôle austral* d'un aimant celui que nous avons nommé *pôle nord* lorsque nous n'avions en vue que sa direction, et *pôle boréal* celui que nous avons nommé *pôle sud*. En marine, l'extrémité de l'aiguille aimantée dirigée vers le nord, se nomme toujours *pointe nord*, ce qui écarte toute ambiguïté.

Faisons remarquer que rien ne prouve que l'aimant terrestre existe, mais que les choses se passent comme s'il existait réellement (*).

366. Action directrice de la terre. On peut établir *expérimentalement* que si l'aimant terrestre oblige l'aiguille aimantée à se placer dans une direction invariable,

(*) Gauss a supposé que l'action de la terre sur les aimants était due à des masses magnétiques dont la distribution dans l'intérieur du globe peut se déterminer par le calcul.

il ne lui communique aucun mouvement de translation.

1° Une aiguille aimantée placée sur un disque de liège qui flotte sur l'eau, tourne autour de son milieu et s'oriente dans la direction du nord au sud, sans se mouvoir dans un sens quelconque. Donc, l'action terrestre ne peut produire un mouvement de translation horizontale.

2° Une aiguille pesée avant et après l'aimantation au moyen d'une balance très sensible, ne donne pas la moindre différence de poids. Donc, l'aiguille n'est pas soumise à l'action d'une force verticale, sans quoi le poids varierait par l'aimantation.

Si l'aimant terrestre ne peut communiquer à l'aiguille aimantée un mouvement de translation ni horizontal, ni vertical, il ne pourra évidemment lui communiquer non plus un mouvement oblique par rapport à l'horizon, car la force qui produirait ce mouvement pourrait se décomposer en une force horizontale et une force verticale, et nous venons de prouver que ces forces n'existent pas.

Mais nous pouvons aussi prouver *théoriquement* que l'action de la terre sur l'aiguille aimantée doit être simplement directrice.

A cet effet, rappelons que les forces qui en agissant sur un corps lui communiquent un mouvement de rotation simple sans translation, se réduisent *à un couple*, c'est-à-dire *à deux forces égales, parallèles et de sens contraires* (9).

Nous n'avons donc à établir que, dans l'hypothèse de l'aimant terrestre, l'action de la terre sur l'aiguille aimantée se réduit à un couple.

Soit (fig. 260) l'aiguille aimantée AB, librement suspendue et un peu déviée de sa position d'équilibre. Les pôles A' et B' de l'aimant terrestre vont agir pour l'y ramener. Le pôle boréal B' exercera une action attractive sur le pôle austral A de l'aiguille et une action répulsive

sur son pôle boréal B. On peut admettre que ces deux
forces de sens contraires, que nous représentons par a
et a', sont sensiblement égales et parallèles, à cause de

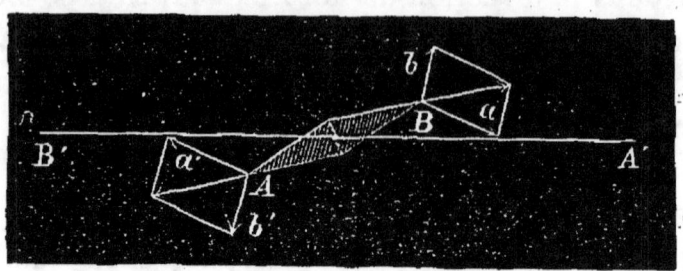

Figure 260.

la grande distance qui sépare les pôles de l'aimant terrestre de ceux de l'aiguille et à cause de la petitesse de
l'aiguille comparée à cette distance.

Les forces a et a' constituent donc un couple.

Pour une raison semblable, l'action du pôle austral A′
de l'aimant terrestre se réduit aussi à un couple dont les
forces sont représentées par b et b'.

La résultante de ces deux couples est un couple unique
qui a pour effet de faire tourner l'aiguille aimantée jusqu'à ce qu'elle soit parallèle à l'aimant terrestre. Dans
cette position, les deux forces qui constituent le couple
ont la direction de l'aiguille qui, par conséquent, reste
immobile et est orientée.

367. Étude du couple magnétique terrestre. Pour étudier l'action du couple magnétique terrestre sur l'aiguille
aimantée en un point quelconque de la terre, il faut que
l'aiguille aimantée soit complètement libre, afin qu'elle
n'obéisse qu'à l'action seule de ce couple. Mais cette
condition est difficile à réaliser. On parvient cependant
à connaître le couple magnétique terrestre en faisant
usage de deux aiguilles aimantées, l'une soutenue en son

milieu par un axe vertical et se mouvant librement dans un plan horizontal; l'autre, mobile dans un plan vertical, et soutenue par un axe horizontal qui passe par son centre de gravité.

La première aiguille fera connaître le plan vertical dans lequel agit le couple. La seconde donnera la direction du couple.

368. Définitions. On nomme *méridien magnétique le plan qui passe par le centre de la terre et les pôles d'une aiguille aimantée horizontale, librement suspendue.*

Ce plan passant également par les pôles magnétiques de la terre, il s'ensuit que dans la figure 259, qui représente le globe terrestre, NS étant l'axe de rotation et A et B les pôles magnétiques, le plan APB est un méridien magnétique et le plan NPS un méridien terrestre.

En un lieu quelconque, la direction du plan méridien magnétique, c'est-à-dire du plan dans lequel agit le couple magnétique terrestre, se détermine par l'*angle qu'il fait avec le méridien géographique de ce lieu.*

Cet angle que l'on nomme *déclinaison* est évidemment pour le point P l'angle NPB. On le mesure par l'angle que l'aiguille aimantée, mobile dans un plan horizontal, fait avec la méridienne du lieu.

On dit que la déclinaison est *occidentale* lorsque la *pointe nord* de l'aiguille se dirige à l'*ouest* de la méridienne; et qu'elle est *orientale*, si elle se dirige à l'*est*.

L'appareil qui sert à mesurer la *déclinaison magnétique* se nomme *boussole de déclinaison.*

L'aiguille aimantée, mobile dans un plan vertical, prendra évidemment la direction du couple magnétique terrestre si ce plan vertical coïncide avec le méridien magnétique.

On détermine la direction de ce couple par l'angle que

fait l'aiguille aimantée, ainsi placée, avec l'horizon. C'est cet angle que l'on nomme *inclinaison magnétique*.

L'appareil qui sert à mesurer l'*inclinaison magnétique* se nomme *boussole d'inclinaison*.

369. Boussole de déclinaison (*). Cette boussole, sous sa forme la plus simple, se compose essentiellement d'une aiguille aimantée A (fig. 261), montée sur une chape

Figure 261.

d'agate, reposant sur un pivot vertical. La moitié nord de l'aiguille est bleuie par une légère couche d'oxyde (**). Le pivot est fixé au centre d'une boîte circulaire en cuivre dont le contour porte les divisions du cercle en degrés. Le zéro se trouve à l'extrémité N du diamètre NS tracé sur le fond de la boîte, et celle-ci est fermée par un disque de verre pour mettre l'aiguille à l'abri du vent et de la poussière. La boussole est mobile sur un support vertical, et un niveau à bulle d'air permet de l'établir horizontalement.

Pour déterminer la déclinaison en un lieu, on tourne la boussole sur son support, en ayant soin de la maintenir horizontale, jusqu'à ce que le diamètre NS coïncide avec le méridien géographique de ce lieu. On attend que l'aiguille soit devenue complètement immobile ; et on

---

(*) Les premières déterminations un peu exactes de la déclinaison remontent au milieu du seizième siècle.

(**) Pour teinter la moitié nord de l'aiguille en bleu, on la chauffe jusqu'à ce qu'elle ait pris la teinte voulue, puis on lave la moitié sud avec de l'eau légèrement acidulée, pour qu'elle reprenne la couleur naturelle de l'acier.

observe l'angle que fait la pointe nord de l'aiguille aimantée avec le diamètre NS. Cet angle est la déclinaison cherchée.

Pour faire coïncider le diamètre NS avec le méridien géographique, on a recours à des observations astronomiques.

On ne peut, avec cette boussole, déterminer la déclinaison magnétique qu'avec une approximation assez grossière, parce qu'il n'est pas possible de lire facilement sur le cercle gradué des divisions inférieures à un demi-degré, à cause du rapprochement des traits de division.

Lorsqu'on veut obtenir la déclinaison avec une grande précision, on a recours à la *boussole de Gambey*, appareil d'une construction assez compliquée.

Si la déclinaison est connue, on aura la direction du méridien géographique en un lieu en faisant tourner la boussole sur son support jusqu'à ce que la pointe nord de l'aiguille soit au-dessus de la division qui marque la déclinaison. Dans cette situation, la direction de la ligne NS sera celle du méridien. En Europe, la déclinaison étant occidentale, l'angle de déclinaison doit être compté à l'ouest.

370. Usages de la boussole de déclinaison. Indépendamment de l'emploi que l'on fait de la boussole pour déterminer la déclinaison en un lieu, ou la direction du méridien géographique de ce lieu, on peut encore l'employer : 1° pour déterminer l'azimuth d'un objet quelconque, c'est-à-dire sa distance angulaire au méridien ; 2° pour déterminer la direction vraie que l'on suit sur mer et sur terre. Toutes les *directions*, tous les *gisements* que l'on relève sur le terrain se rapportent au méridien. Pour cet usage, les géologues se servent de boussoles de poche de la dimension d'une grosse montre ; 3° pour déterminer la direction des filons dans les mines.

Suivant les usages auxquels on la destine, la boussole que nous venons de décrire sommairement, subit certaines modifications de construction.

371. Boussole marine ou compas de route (fig. 262 et 263 en coupe). Elle se compose d'une boîte suspendue

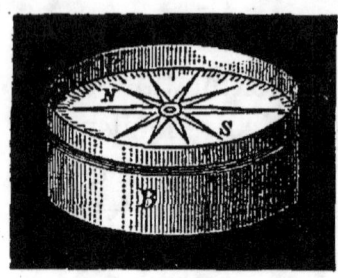

Figure 262.

à la Cardan. C'est un mode de suspension qui permet à la boussole de rester horizontale malgré le roulis et le tangage (*) du vaisseau.

L'aiguille A (fig. 263), mobile sur un pivot fixé au fond de la boîte B, porte un disque de papier *p* rendu rigide par une mince lame de mica (**) et sur lequel sont tracées les divisions en degrés et la *rose des vents* (fig. 262) (***).

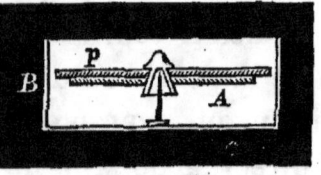

Figure 263.

Il résulte de cette disposition que le disque tourne avec l'aiguille. Celle-ci qui est invisible dans la figure 262, a la direction du diamètre N S dont l'extrémité nord correspond au zéro de la graduation. La boîte qui est fixée au plancher du navire, porte un repère *r* indiquant la direction de la *ligne de foi*. On nomme ainsi une ligne parallèle à la quille ou à l'axe du vaisseau. Pour obtenir la direction de cet axe, on observe le *cap*,

---

(*) On nomme *roulis* le mouvement d'un vaisseau qui penche alternativement à gauche et à droite, et *tangage* le mouvement alternatif d'avant en arrière.

(**) Le *mica* est un minéral formé de feuillets minces, élastiques et transparents. C'est un silicate d'alumine.

(***) La *rose des vents* comprend 32 *rhumbs*, *quarts* ou *aires des vents*. On les obtient en divisant en 8 parties égales les quatre quarts de cercle compris entre les quatre points cardinaux. Chacune de ces parties comprend donc 11° ¼.

c'est-à-dire l'angle que fait l'aiguille ou la ligne NS avec la *ligne de foi*. Si, par exemple, celle-ci coïncide exactement avec la pointe NNE de la rose, on dit que le vaisseau a le cap N.-N.-E.

Pour déterminer l'orientation du vaisseau, il faut, suivant les cas, augmenter ou diminuer l'angle que l'aiguille aimantée fait avec la ligne de foi, de la déclinaison supposée connue.

Afin de pouvoir faire usage de la boussole marine pendant la nuit, une ouverture latérale est pratiquée

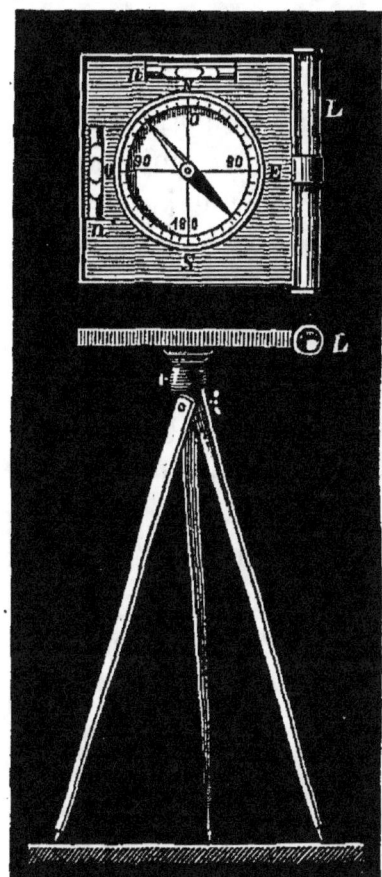

Figure 264.

dans la cuvette qui supporte la boussole, et fermée par un verre dépoli qui laisse passer la lumière d'un fanal. A cause de la transparence du mica, on peut parfaitement lire les indications de la boussole.

Dans les navires à hélice, la trépidation est si forte à l'arrière que la suspension à la Cardan ne suffit pas pour garantir l'aiguille de toute agitation. On y remédie en plaçant la boussole sur un flotteur posé sur de la glycérine liquide qui a l'avantage de ne pas se congeler par le froid et de ne pas s'évaporer par la chaleur (*).

372. Boussole d'arpenteur. En topographie, on fait usage d'une boussole enchâssée dans

---

(*) La *glycérine* est un liquide sirupeux, légèrement sucré, qu'on extrait des huiles par la saponification.

une boîte carrée fixée sur un trépied. On obtient l'horizontalité de la boussole qui est représentée en plan et en élévation dans la figure 264, à l'aide de deux niveaux *n* et *n'* placés à angle droit. Une lunette L mobile autour de son milieu, placée sur le côté de la boîte et parallèlement au diamètre NS de la boussole, permet de viser dans la direction que l'on veut comparer à celle de l'aiguille.

373. Boussole d'inclinaison. Cette boussole se compose d'un cercle vertical A portant une aiguille aimantée NS (fig. 265) suspendue par son centre de gravité. L'axe

Figure 265.

de suspension est perpendiculaire au cercle vertical et passe par son centre. Le cercle A est soutenu par un châssis C qui tourne perpendiculairement sur le cercle B, que l'on place horizontalement à l'aide de trois vis calantes et d'un niveau à bulle d'air *n*.

Le diamètre horizontal du cercle A porte à ses extrémités les divisions 0° et 0° et le diamètre vertical porte en bas la division 90°.

Le cercle B est aussi gradué en degrés.

Rappelons qu'on nomme *inclinaison magnétique en un lieu, l'angle aigu que fait une aiguille aimantée avec l'horizon lorsque le plan vertical dans lequel elle se meut coïncide avec le méridien magnétique de ce lieu.*

Il résulte de cette définition que pour obtenir l'inclinaison il faut d'abord placer le cercle vertical dans le méridien magnétique, puis lire la division à laquelle s'est arrêtée la pointe nord de l'aiguille devenue immobile.

Il n'est pas nécessaire pour placer le cercle vertical dans le méridien magnétique d'avoir recours à la boussole de déclinaison.

Le procédé que l'on suit alors se base sur ce fait que *dans un plan perpendiculaire au méridien magnétique, l'aiguille de la boussole d'inclinaison se place verticalement, quel que soit le lieu où l'on se trouve.*

En effet, le couple magnétique terrestre peut se décomposer en deux couples, l'un formé de deux forces verticales, l'autre de deux forces horizontales. Le premier fait prendre à l'aiguille sa position verticale. Quant au second, son action est détruite, puisqu'il agit dans la direction de l'axe de suspension qui se trouve dans le méridien magnétique dans l'hypothèse où nous nous sommes placés.

Il résulte de ces considérations que pour déterminer l'inclinaison, on peut opérer comme suit :

Après avoir placé le cercle A de façon que l'aiguille soit verticale, on lui fait faire une rotation de 90° comptée sur le cercle horizontal B, pour l'amener dans le méridien magnétique. L'angle marqué alors par la pointe nord de l'aiguille mesurera l'inclinaison cherchée.

L'inclinaison est aujourd'hui à Bruxelles d'environ 65°, 10'. Dans tout autre plan que le méridien, elle est plus grande et atteint sa valeur maximum, soit 90° dans un plan perpendiculaire au méridien magnétique.

Dans notre hémisphère la pointe nord de l'aiguille est au-dessous de l'horizon et dans l'hémisphère austral au-dessus. L'inclinaison croît à mesure que l'on se rapproche des pôles magnétiques où elle est de 90°.

374. Causes d'erreur dans la mesure de la déclinaison et de l'inclinaison. Pour que les indications de la boussole de déclinaison et de la boussole d'inclinaison soient exactes, il faut évidemment que la droite qui joint les deux pointes de l'aiguille passe par les pôles.

On s'assure si cette condition est remplie en munissant l'aiguille aimantée d'une double chape, de manière qu'on puisse la placer par ses deux faces sur un support vertical. Si, dans ces deux positions, la direction de l'aiguille reste la même, l'aiguille est bonne et on peut se fier à ses indications ; sinon, il faut la rejeter. Cependant on peut s'en servir en faisant la correction nécessaire. Voici comment on procède pour la déclinaison. Supposons que dans ses deux positions l'aiguille donne deux déclinaisons différentes représentées par d et d' et soit x la déclinaison vraie. Représentons par e l'erreur positive pour une position de l'aiguille et négative pour l'autre position. Ces deux erreurs étant égales à cause de la forme symétrique de l'aiguille, on aura :

$$x = d + e,$$

et
$$x = d' - e,$$

d'où :
$$x = \frac{d + d'}{2}.$$

D'où la déclinaison vraie *est égale à la demi-somme des déclinaisons observées.*

Si l'aiguille d'inclinaison présente la même cause d'erreur, on peut corriger ses indications par le même procédé.

La boussole marine peut donner des indications fausses par suite d'attractions locales. Voici leur origine : Lorsqu'on place une barre de fer doux dans la direction de l'aiguille d'inclinaison, qui est celle où l'aimant terrestre a toute son action, on reconnaît qu'elle s'aimante, faiblement il est vrai, mais assez pour qu'on puisse constater son action sur l'aiguille aimantée. Dans toute autre position, l'aimantation diminue et devient nulle dans une direction perpendiculaire au méridien magnétique. Il résulte évidemment de ce fait que les masses de fer plus ou moins considérables qui se trouvent sur les navires doivent avoir une action sur l'aiguille aimantée, action variable d'intensité, parce que ces masses de fer s'aimantent plus ou moins sous l'action de la terre suivant le lieu où l'on se trouve et suivant la position du navire par rapport au méridien magnétique. Le fer des vaisseaux agit encore sur les pôles de l'aiguille aimantée comme fer doux, mais cette action est plus faible que la précédente.

Des procédés plus ou moins ingénieux et plus ou moins exacts ont été imaginés pour remédier à cette cause d'erreur, qui est surtout considérable à bord des navires cuirassés.

Il existe des roches volcaniques qui manifestent des propriétés magnétiques et qui ont une action sur la boussole. Cette cause de perturbation est accidentelle, tandis que l'influence des masses de fer est constante.

375. Variations locales de la déclinaison et de l'inclinaison. La déclinaison et l'inclinaison magnétiques varient non seulement d'un lieu à un autre, mais encore dans un même lieu.

En Europe, avons-nous dit, la déclinaison est occidentale. Elle est actuellement à Bruxelles de 16°, 37ᶦ. Mais elle tend à diminuer chaque jour, assez régulièrement pour que l'on puisse avec une grossière approximation prévoir le moment où elle sera nulle.

Il résulte d'observations faites à Paris, qu'en 1666 la déclinaison était nulle, c'est-à-dire que l'aiguille pointait exactement le nord. Antérieurement, elle était orientale. Après, elle est devenue occidentale et a augmenté progressivement jusqu'en 1814, époque où elle a atteint sa valeur maximum, 22°, 34'. Depuis 1814, l'aiguille rétrograde vers l'Est. La diminution annuelle est d'environ 10', 5.

Ces variations de la déclinaison ont reçu le nom de *variations séculaires*, parce que leur période embrasse des siècles.

Indépendamment des variations séculaires, l'aiguille de déclinaison éprouve des variations journalières dont l'amplitude, pour notre pays, ne dépasse pas un quart de degré.

Les variations séculaires et les variations diurnes présentent une certaine régularité ; mais l'aiguille aimantée éprouve aussi des variations brusques de courte durée, quelques heures, un jour, au plus. Ces perturbations coïncident généralement avec un tremblement de terre ou avec l'apparition d'une aurore boréale.

L'inclinaison présente, comme la déclinaison, des variations régulières, mais moins grandes et plus difficiles à observer. Sa valeur tend aussi à diminuer. En 1671, elle était à Paris d'environ 75° ; actuellement, elle est d'environ 65°, 20'.

376. Lignes isogones et lignes isoclines. Si l'on joint par un trait continu tous les points du globe qui, à une même époque, ont la même déclinaison, on obtient une ligne que l'on nomme *isogone*. En jetant un coup-d'œil sur une carte où seraient tracées les lignes isogones, on remarque que toutes ces lignes convergent vers les pôles de la terre et se croisent en deux autres points, l'un situé sur la côte sud-ouest de Bouthia-Félix, l'autre sur la terre Victoria. Ces deux points sont les *pôles magnétiques* de la terre (*). En ces points, l'inclinaison est de 90° quelle que soit la position du plan vertical, et l'aiguille de déclinaison est en équilibre indifférent.

Le capitaine Duperrey a construit des cartes synoptiques des déclinaisons fondées sur un autre principe. Au lieu des isogones, il traça sur le globe les lignes que l'on obtient en transportant l'aiguille aimantée du Nord au Sud, en suivant constamment la direction qu'elle indique. Ces lignes sont les *méridiens magnétiques vrais* et convergent aux pôles magnétiques. Les méridiens Duperrey présentent un tracé plus régulier que les isogones, mais sont loin néanmoins d'être des cercles, et ils nous donnent en chaque point la direction de l'aiguille de déclinaison. Les lignes normales aux méridiens magnétiques vrais se nomment *parallèles magnétiques vrais*. Le parallèle du milieu se nomme *équateur magnétique* ou *parallèle moyen*.

On nomme *lignes isoclines* ou lignes d'égale inclinaison les lignes qui passent par tous les points de même inclinaison. Parmi ces lignes, qui ont approximativement la forme de cercles ayant pour centre les pôles, il y en a une où l'inclinaison est nulle, c'est-à-dire qu'en tous ses points l'aiguille aimantée reste horizontale. Cette ligne, que l'on nomme *équateur magnétique*

(*) D'après John Ross, le pôle magnétique boréal se trouverait par 70°,5′ de latitude et 96°,4′ de longitude, à l'ouest de Greenwich, et le pôle magnétique austral par 75° de latitude et 96°,45′ de longitude, à l'est de Greenwich. Cependant il règne encore de l'incertitude quant à la situation vraie du pôle austral. Toutefois on peut remarquer que les deux pôles ne sont point antipodiques l'un à l'autre.

comme le *parallèle moyen*, bien qu'il ne coïncide pas exactement avec lui, coupe l'équateur géographique en deux points, l'un dans le golfe de Guinée, l'autre vers le milieu du Pacifique.

377. Intensité magnétique. — Lignes isodynames. Lorsqu'on a déterminé la déclinaison et l'inclinaison de l'aiguille aimantée, on connaît la direction du couple magnétique terrestre; mais on ne connaît pas son *intensité*. Le procédé le plus employé pour arriver à déterminer l'intensité magnétique en un lieu donné, consiste à compter les oscillations qu'une aiguille aimantée, légèrement écartée de sa position d'équilibre, accomplit dans un temps déterminé. Le mouvement de l'aiguille étant comparable à celui du pendule, on peut admettre que la force qui agit pour ramener l'aiguille à sa position d'équilibre *se mesure par le carré du nombre des oscillations* (*).

Il existe pour cette recherche un appareil spécial, connu sous le nom de *boussole des intensités*, qui a été imaginé par Hansteen et perfectionné par Duperrey.

Pour mettre en évidence la distribution du magnétisme terrestre, on a imaginé un système de lignes d'égale intensité que l'on a nommé *lignes isodynames*. En chacun des points d'une même ligne, l'intensité est la même.

(*) Nous avons vu (**40**) que le temps d'une oscillation du pendule est donné par la formule : $\dfrac{T}{n} = \pi \sqrt{\dfrac{l}{g}}$. En un autre point du globe, on aurait en opérant avec le même pendule : $\dfrac{T}{n'} = \pi \sqrt{\dfrac{l}{g'}}$, n et n' représentent respectivement les nombres d'oscillations exécutées dans le même temps. Ces deux expressions donneront en carrant et divisant : $\dfrac{g}{g'} = \dfrac{n^2}{n'^2}$. En assimilant l'action terrestre sur l'aiguille à l'action de la terre sur le pendule et en représentant les intensités magnétiques aux deux points considérés par i et i', on pourra écrire : $\dfrac{i}{i'} = \dfrac{n^2}{n'^2}$.

L'intensité augmente, comme l'inclinaison, de l'équateur aux pôles. Cependant les *lignes isodynames* ne coïncident pas avec les lignes isoclines et présentent une plus grande régularité de forme.

Dans l'hémisphère boréal, il existe deux points d'intensité maximum, l'un à l'ouest de la baie d'Hudson, l'autre au nord de la Sibérie. Ces deux points sont tout à fait distincts du pôle magnétique boréal. Il semble que dans l'hémisphère austral il existe aussi deux points d'intensité maximum ; mais plus rapprochés l'un de l'autre que les deux points de l'hémisphère austral.

APPENDICE.

378. Lois des attractions et des répulsions magnétiques. Nous allons faire connaître sommairement la méthode suivie par Coulomb pour démontrer *que les attractions et les répulsions magnétiques s'exercent en raison inverse des carrés des distances.*

Il fit usage de l'appareil connu sous le nom de *balance de torsion* et qui consiste en une cage cylindrique en verre C (fig. 266), fermée par un couvercle

Figure 266.

mobile surmonté en son milieu d'un tube de verre V P. Suivant l'axe de ce tube descend un fil mince d'argent qui soutient un barreau aimanté horizontal *ns*.

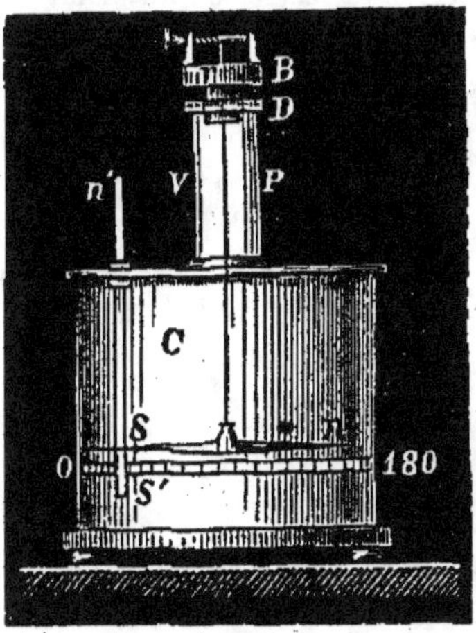

A la hauteur de l'aiguille, la cage est entourée d'une bande de papier portant une division en degrés. Le fil est soutenu par un treuil fixé à un bouchon métallique B qui s'enfonce dans un disque D divisé en degrés, dans lequel il peut tourner. Le bouchon B porte un repère, ce qui permet de mesurer l'angle dont on le fait tourner pour tordre le fil. Une ouverture pratiquée sur le couvercle de la cage de verre permet d'y introduire un aimant *n's'*.

Les deux opérations suivantes doivent être faites avant la démonstration :

1° Placer le barreau aimanté *ns* dans le méridien magnétique, sans que le fil soit tordu. A cet effet, on remplace d'abord l'aimant par une lame de cuivre ou de bois que l'on dirige dans le méridien magnétique. En lui substituant le barreau aimanté, celui-ci se placera exactement dans le méridien magnétique sans que le fil soit tordu.

2° Déterminer la force avec laquelle la terre tend à ràmener le barreau aimanté dans le méridien magnétique lorsqu'il est écarté de cette direction d'un angle de 1°. A cet effet, on tord le fil en tournant le bouchon, de manière à faire dévier l'aiguille d'un certain angle. Supposons, par exemple, que pour une rotation du bouchon de 180°, l'aiguille ait dévié de 6°. Si l'aiguille n'avait pas bougé, la torsion du fil serait de 180°, mais comme elle s'est déplacée de 6°, le fil n'est tordu que de $180 - 6 = 174°$. Or, comme *la force de torsion est proportionnelle à l'angle de torsion*, il en résulte que pour 6°, la force peut être représentée par 174. Soit approximativement pour 1° : $\frac{174}{6} = 29$; car on démontre, de la même manière que pour le pendule (**38**), que l'action magnétique de la terre sur l'aiguille est proportionnelle au sinus de l'angle d'écart, ou à cet angle même, s'il est d'un petit nombre de degrés. La valeur trouvée variera évidemment d'une balance à une autre. Représentons-la d'une manière générale par n.

Cela fait, on introduit dans la cage un barreau aimanté $n's'$, de façon à mettre en présence deux pôles de même nom. L'aiguille est repoussée et fait avec le barreau un angle d que l'on mesure sur la bande de papier qui entoure la cage. La distance des deux pôles, lorsqu'elle est petite, peut être représentée par l'arc d, et leur répulsion est mesurée par la somme des forces qui tendent à ramener l'aiguille dans le méridien magnétique ; ce sont : la force de torsion qui peut être représentée par d, et la force magnétique terrestre, ou nd. Soit $d + nd$.

On tourne ensuite le bouchon jusqu'à ce que l'arc ne soit plus que d'. A cet effet, on a dû tordre le fil d'un angle d'' qu'on lit sur le disque D. La torsion totale du fil sera évidemment $d' + d''$. Donc, à la distance d', la répulsion magnétique sera représentée par $d' + d'' + nd'$.

Si les répulsions magnétiques sont en raison inverse des carrés des distances, on aura l'égalité :

$$\frac{d + nd}{d' + d'' + nd'} = \frac{d'^2}{d^2},$$

qui a été vérifiée par Coulomb.

On procède d'une manière analogue pour s'assurer que les attractions suivent la même loi. L'usage de la balance présente cependant des causes d'erreur ; mais il est facile d'en tenir compte.

Coulomb a encore vérifié la loi des attractions et des répulsions magnétiques par une autre méthode connue sous le nom de *méthode des oscillations*.

ÉLECTRICITÉ STATIQUE.

CHAPITRE I.

NOTIONS GÉNÉRALES.

379. Électricité. Certains corps acquièrent par le frottement la propriété d'attirer les corps légers, tels que de petits fragments de papier. C'est à cette propriété, qui a été d'abord reconnue dans l'ambre jaune (*), que l'on a donné le nom d'*électricité*.

On peut facilement la développer dans un bâton de résine en le frottant avec de la flanelle, ou dans un cylindre de verre en le frottant avec de la soie.

Les attractions électriques, comme les attractions magnétiques, ne sont pas empêchées par l'interposition d'un corps quelconque. On peut s'en assurer en promenant un bâton de résine électrisé à l'extérieur d'une cloche de verre qui contiendrait de menus fragments de papier : ils seront attirés.

(*) L'*ambre jaune* ou *succin* (ἐλεκτρον), est une résine fossile provenant d'arbres de la famille des pins dont les espèces ont disparu.

380. Corps bons conducteurs et corps mauvais conducteurs. Le physicien Stéphan Gray, en 1720, a reconnu que chez certains corps l'électricité développée en un des points se communique très rapidement aux points voisins, tandis que chez certains autres, elle ne se propage qu'avec une excessive lenteur. Les premiers ont reçu le nom de *bons conducteurs*, et les seconds celui de *mauvais conducteurs*.

Parmi les corps bons conducteurs on rencontre les métaux, la braise, le coke, le charbon de cornue à gaz, la plombagine, le chanvre, le lin, les liquides (moins les huiles grasses), et la vapeur d'eau.

Il faut encore placer parmi les bons conducteurs le corps de l'homme, ainsi que la terre que l'on a nommée *réservoir commun*, parce que les corps électrisés que l'on met en communication avec le sol perdent complètement leur électricité. Cet effet est dû au grand volume de la terre.

Parmi les corps *mauvais conducteurs,* on trouve le soufre, le verre, la résine, l'ébonite (*), la gutta-percha (**), la soie, les gaz secs, etc.

La distinction des corps en bons et en mauvais conducteurs explique pourquoi une sphère de cuivre ne s'électrise pas par frottement lorsqu'on la tient à la main, tandis qu'elle s'électrise quand elle est fixée à un manche de verre qui l'isole. En effet, dans le premier cas, l'électricité se dissipe dans le sol en passant par le corps

---

(*) L'*ébonite,* que l'on nomme encore *vulcanite,* est du caoutchouc durci par une forte proportion de soufre. On lui donne la couleur noire de l'ébène. On l'emploie dans la construction de plusieurs appareils de physique, ainsi que dans la fabrication d'une foule d'objets qu'on faisait autrefois avec du jais ou de la verroterie noire.

(**) La *gutta-percha* est une gomme résine qui découle de plusieurs arbres de la presqu'île de Malacca et de presque toute la Malaisie.

humain qui est bon conducteur, et dans le second, l'électricité, ne pouvant se répandre sur le verre, se maintient sur la sphère.

C'est pour cette raison que les corps mauvais conducteurs ont été nommés *corps isolants* ou *isoloirs*.

381. Perte de l'électricité. Lorsqu'un corps électrisé, une boule de cuivre par exemple, est isolé sur un pied de verre, son électricité ne se conserve pas indéfiniment. Après un temps plus ou moins long, elle disparaît en totalité. En voici les raisons :

1° Une partie de l'électricité passe dans le sol par le support qui n'isole jamais complètement.

2° Une autre partie est enlevée par l'air ambiant, même lorsqu'il est sec.

3° La plus grande partie est enlevée par l'humidité de l'air, qui conduit bien l'électricité.

Cette dernière cause de déperdition explique pourquoi il est difficile de réussir les expériences sur l'électricité statique dans une salle renfermant beaucoup de personnes, et aussi pourquoi elles réussissent mieux en hiver, par un temps froid et sec, qu'en été, par un temps chaud et humide.

382. Électroscopes. Pour reconnaître si un corps est électrisé, on se sert d'instruments nommés *électroscopes*. Le plus simple de tous est le *pendule électrique* (fig. 267). Cet appareil est formé d'une petite balle de moelle de sureau, suspendue à un fil de soie attaché lui-même à un support de verre V, ou bien d'une balle de sureau attachée à un support métallique à l'aide d'un fil de chanvre. Le premier électroscope est isolé ; le second ne l'est pas. On fait usage de l'un ou de l'autre, suivant les circonstances.

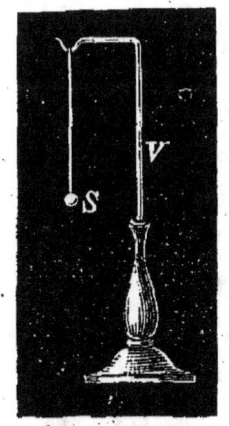

Figure 267.

383. Distinction de deux espèces d'électricité ('). La distinction de deux espèces d'électricité résulte des expériences suivantes :

1° Après avoir frotté un bâton de résine un peu chauffé avec un morceau de laine bien sec, on le présente à la balle de sureau du *pendule électrique isolé*, et l'on remarque tout d'abord une attraction à laquelle succède une répulsion lorsque le contact a eu lieu.

2° On approche alors de la balle de sureau repoussée par la résine électrisée, un tube de verre bien sec, frotté avec un morceau de soie, et l'on voit que la balle de sureau est immédiatement attirée.

3° On procède inversement, c'est-à-dire qu'on présente d'abord au pendule électrique isolé le verre électrisé. On constate une attraction suivie immédiatement d'une répulsion.

4° On approche ensuite de la balle repoussée par le verre électrisé, un bâton de résine électrisé, et on la voit se précipiter sur la résine.

384. Interprétation des expériences précédentes. — PRINCIPE. *Les bons conducteurs s'électrisent par contact,* en ce sens que lorsqu'ils touchent un corps électrisé, ils lui enlèvent une partie de son électricité. Ce principe est facile à vérifier expérimentalement à l'aide du pendule électrique. Il en résulte que dans les expériences que nous venons de rapporter, la balle de sureau s'électrise comme le verre en touchant le verre électrisé, et comme la résine en touchant la résine électrisée. Cette remarque nous permet de formuler les résultats des expériences que nous venons de faire de la manière suivante :

1° *Un corps électrisé attire un corps qui ne l'est pas.*

(') C'est au physicien *Dufay,* né à Paris en 1698 et mort en 1739, que l'on doit la distinction de deux espèces d'électricité.

2° *L'électricité du verre diffère de celle de la résine.*

3° *Deux corps chargés de la même électricité se repoussent.* ·

4° *Deux corps, l'un électrisé comme la résine, l'autre comme le verre, s'attirent.*

385. Électricité positive et électricité négative. Si l'on soumet d'autres corps à l'expérimentation, on remarque qu'ils se comportent tous, ou comme le verre, ou comme la résine. Dans le premier cas, on dit qu'ils se chargent d'*électricité vitrée* ou *positive*, et dans le second, d'*électricité résineuse* ou *négative*.

Cependant un même corps peut, suivant les circonstances, se charger d'électricité positive ou d'électricité négative. C'est ainsi que le *verre poli* devient tantôt positif, tantôt négatif, quand on le frotte avec une peau de chat, suivant qu'on opère la friction avec la peau du dos ou avec la peau du cou ; et que le *verre dépoli* s'électrise négativement avec une peau de chat.

L'expérience montre encore que *deux corps frottés se chargent l'un d'électricité positive, l'autre d'électricité négative*, quand bien même ils seraient semblables.

Si deux échantillons d'un même corps ont été frottés l'un contre l'autre, c'est ordinairement le plus chaud ou le plus rugueux qui se charge d'électricité négative. La plus petite différence entre les corps frottés suffit pour qu'ils s'électrisent.

Les liquides et les gaz s'électrisent aussi par frottement et toujours l'un des deux corps s'électrise positivement et l'autre négativement (*). ·

(*) Le frottement n'est pas la seule source d'électricité statique. Il s'en développe aussi dans les phénomènes de fusion, d'évaporation, de dissolution, et dans le clivage de certains minéraux, enfin chaque fois qu'il y a destruction de l'adhérence.

M. W. Spring, professeur à l'Université de Liége, dans un mémoire très

386. Hypothèses. Avant d'aller plus loin, faisons connaître les hypothèses proposées par les savants pour expliquer les phénomènes électriques.

1° THÉORIE DE FRANKLIN. Franklin admet l'existence d'une seule électricité répandue en quantité définie dans chaque corps. Par le frottement, cette quantité définie peut augmenter ou diminuer. Dans le premier cas, on dit que le corps est électrisé *positivement,* et dans le second, *négativement.* Il admet, en outre, que l'électricité agit par attraction sur la matière et par répulsion sur elle-même. Dans cette hypothèse, lorsqu'on frotte deux corps l'un contre l'autre, une partie de l'électricité d'un des corps se porte sur l'autre, ce qui fait que l'un s'électrise positivement ou en plus, et l'autre négativement ou en moins.

2° THÉORIE DE SYMMER. Symmer admet l'existence de deux électricités ; l'une positive, l'autre négative. Il admet, en outre, que les corps qui ne manifestent aucun signe électrique possèdent les deux électricités en quantités égales et à l'état de combinaison. Par le frottement, les deux électricités se séparent; l'une se porte sur le corps frotté, l'autre sur le frotteur.

Chaque électricité agit par répulsion sur elle-même et par attraction sur l'autre.

3° THÉORIE ACTUELLE. Nous avons vu dans l'étude de la chaleur et de la lumière, que pour se rendre compte de la propagation de ces deux agents dans le vide, on a imaginé l'existence d'un fluide spécial, l'*éther*, répandu dans tout l'univers, aussi bien dans le vide qu'entre les

---

intéressant *sur le développement de l'électricité statique,* attribue ces différentes productions d'électricité à une seule et même cause renfermée dans le principe suivant : *Tout changement dans l'énergie de l'action attractive est accompagnée d'un changement de l'état électrique du corps.*

molécules des corps. C'est cet éther condensé autour des molécules qui constituerait l'électricité. Dans cette hypothèse, un corps est électrisé positivement si l'atmosphère d'éther qui entoure ses molécules augmente, et négativement si elle diminue (*). Cette théorie présente la plus grande analogie avec celle de Franklin.

Ces différentes hypothèses rendent également bien compte des faits observés. Cependant l'hypothèse moderne, qui n'admet qu'une seule électricité, semble plus conforme aux idées actuelles *sur les transformations des forces physiques.*

Quelle que soit l'hypothèse adoptée, on a généralement conservé les expressions d'*électricité positive* et d'*électricité négative*, ce qui n'offre aucun inconvénient du moment où ces expressions ne sont considérées que comme des moyens de rendre le langage et les descriptions plus faciles, et non comme une explication des phénomènes.

387. Lois des attractions et des répulsions électriques. Ces lois, qui se démontrent au moyen de la balance de Coulomb, peuvent se formuler comme suit :

Lorsque deux corps électrisés sont en présence :

1° *Les forces attractives ou les forces répulsives sont proportionnelles aux quantités d'électricité qu'ils possèdent.*

2° *Elles sont en raison inverse des carrés des distances.*

Si nous représentons par m et m' les quantités d'électricité, abstraction faite de leur signe, que possèdent

---

(*) L'éther serait donc le seul fluide impondérable conservé dans la science. A lui seul il produirait les phénomènes de la chaleur, de la lumière et de l'électricité,

deux corps situés à la distance d, la force attractive ou la force répulsive sera représentée par :

$$f = k \frac{m\,m'}{d^2},$$

k étant l'attraction de deux unités de quantités d'électricité à l'unité de distance.

La balance de Coulomb, déjà décrite (fig. 266), doit, pour l'usage actuel, subir quelques modifications. Ainsi, au fil fin d'argent est suspendue une aiguille de gomme laque très légère qui porte à l'une de ses extrémités un petit morceau de clinquant. En outre, par l'ouverture du couvercle, on descend, au lieu d'un barreau aimanté, une boule de cuivre fixée à l'extrémité d'un manche de verre bien sec ou d'un bâton de gomme laque.

Rappelons le principe de mécanique suivant :

La force nécessaire pour tordre un fil est proportionnelle à l'angle de torsion.

Pour opérer, on commence par amener le disque de clinquant en contact avec la boule de cuivre qui correspond au zéro de la graduation, et cela sans tordre le fil. L'appareil ainsi disposé, supposons que nous voulions vérifier que *les forces répulsives électriques sont en raison inverse des carrés des distances*. Voici comment il faut s'y prendre. On charge d'électricité la boule de cuivre, puis on l'introduit dans la balance. Le clinquant enlève un peu d'électricité à la boule et est repoussé ; quand il est devenu immobile, il y a équilibre entre la répulsion électrique et la force de torsion. Soit n le nombre de degrés de l'arc qui mesure l'écart ; n représentera aussi la force de torsion(*) ou la force répulsive à laquelle elle fait équilibre. On tourne ensuite le bouchon

---

(*) En réalité, la force de torsion est égale à nt, t étant la force de torsion pour 1°.

B, de manière à rapprocher le clinquant de la boule à une distance mesurée par l'arc n'. Pour obtenir ce résultat, il aura fallu tordre le fil de n'' degrés qu'on lit sur le cercle gradué D. La torsion totale du fil sera alors $n' + n''$ et pourra servir de mesure à la force répulsive entre les deux corps électrisés placés à la distance n'.

Si la loi est vraie, on aura la proportion :

$$n : (n' + n'') = n'^2 : n^2,$$

ou $$n^3 = n'^2 (n' + n'').$$

Les expériences de Coulomb ont vérifié cette égalité.

On opèrera d'une manière analogue pour vérifier que les attractions suivent la même loi que les répulsions.

Pour reconnaître que les répulsions sont proportionnelles aux quantités d'électricité, on opère comme suit : Après avoir mesuré l'écart n du clinquant produit par la boule de cuivre électrisée, on touche cette boule avec une autre boule identique qui lui enlève la moitié de son électricité. Si l'on reporte alors la première boule dans la balance, l'écart ne sera plus que $\dfrac{n}{2}$.

Ces lois ne se vérifient bien exactement que pour des corps de très petites dimensions par rapport à la distance qui les sépare.

388. Distribution de l'électricité dans les corps bons conducteurs. Cherchons de quelle manière l'électricité est distribuée dans un corps bon conducteur. Établissons d'abord ce fait important : *L'électricité se porte à la surface des corps bons conducteurs.* Pour cela, Coulomb a électrisé une sphère S de cuivre isolée sur un pied de verre (fig. 268), sur

Figure 268

laquelle il a appliqué deux hémisphères creux HH, munis chacun d'un manche de verre. Si, après avoir enlevé vivement les hémisphères, on les présente à un pendule électrique, on remarque qu'ils sont électrisés, tandis que la sphère n'accuse plus la moindre trace d'électricité.

On peut encore démontrer le même fait à l'aide d'un appareil très simple, construit par M. *Ducretet* de Paris.

Il se compose d'un cylindre creux de laiton C, monté sur un pied de verre (fig. 269). Un double pendule électrique *p* est suspendu à l'extérieur du cylindre. Un autre, *p'*, est suspendu à l'intérieur. Quel que soit le point du cylindre que l'on mette en communication avec une source d'électricité, les pendules extérieurs seuls divergent.

Il est donc établi que *l'électricité se porte à la surface des corps bons conducteurs.*

Figure 269.

Dans les corps mauvais conducteurs, l'électricité se distribue aussi bien dans l'intérieur qu'à la surface.

Recherchons maintenant de quelle manière elle se distribue superficiellement. A cet effet, nous ferons usage

du *plan d'épreuve.* On appelle ainsi un petit bâton d'ébonite terminé par un disque de clinquant D (fig. 270). Il

Figure 270.

permet de déterminer la quantité d'électricité qui se trouve sur un point donné. En effet, appliquons le disque de clinquant en un point d'un corps électrisé et bon conducteur; il prendra une charge électrique égale à celle de l'élément qu'il recouvre, puisqu'il en tient la place. En portant ensuite le plan d'épreuve dans la balance de torsion, l'aiguille de gomme laque déviera et l'angle d'écart mesurera la force répulsive qui est, comme on sait, proportionnelle à la quantité d'électricité, c'est-à-dire à la charge du plan d'épreuve.

C'est en opérant comme nous venons de le dire qu'on a pu constater :

1° *que sur une sphère tous les points ont la même charge électrique ;*

2° *que sur un ellipsoïde la charge maximum se trouve aux extrémités du grand axe, et qu'elle diminue rapidement lorsqu'on se rapproche des extrémités du petit axe ;*

3° *que sur un corps terminé en pointe la charge électrique de l'extrémité est d'autant plus forte que celle-ci est plus aiguë.*

Le professeur Riess de Berlin, dit Tyndall, a pu déduire avec une grande exactitude le degré d'acuité d'une pointe d'après la charge électrique qu'elle comporte.

389. Pouvoir des pointes. Lorsque la charge électrique accumulée à une pointe est suffisamment forte, l'électricité s'échappe dans l'air qui, prenant la même électricité que la pointe, est repoussé. En approchant la main de celle-ci, on constate aisément l'existence du courant d'air qui paraît s'en échapper. La répulsion entre la pointe électrisée et l'air ambiant électrisé de la même manière étant réciproque, la pointe se mettra en mouvement si on la rend très mobile, comme dans le *tourniquet électrique* (fig. 271). Cet appareil est formé de rayons métalliques fixés à une chape centrale placée sur un pivot. Les extrémités des rayons sont toutes courbées dans le même sens. Si l'on met le pied de l'appareil en communication avec une source d'électricité, le tourniquet tourne très rapidement, par suite de la

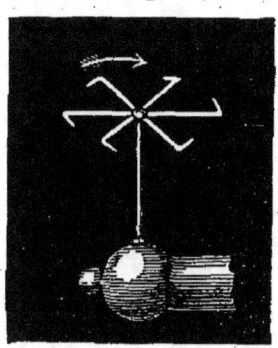

Figure 271.

répulsion qui a lieu entre les pointes et l'air ambiant. Il est clair que ce pouvoir des pointes de perdre leur électricité quand la charge est forte, oblige à donner aux conducteurs sur lesquels l'électricité doit se conserver, des formes arrondies. Il faut donc éviter avec soin les pointes et les arêtes vives dans la construction des machines électriques.

390. Niveau électrique, potentiel. Nous avons vu (**388**) que l'on peut mesurer la charge électrique en un point à l'aide du plan d'épreuve et de la balance de torsion. Cette mesure représente *l'énergie électrique en ce point.*

Si l'on attribue les phénomènes électriques à une atmosphère d'éther, ainsi que le propose l'hypothèse moderne, on pourra dire que l'*énergie électrique* en un point sera d'autant plus grande que la couche d'éther condensée y sera plus épaisse ou que *son niveau* y sera plus élevé.

La quantité totale d'électricité accumulée sur un corps dépendra donc à la fois de l'étendue de sa surface et du niveau électrique aux différents points.

Sur un corps sphérique, bon conducteur, le niveau électrique est le même en tous les points, c'est ce qu'indique le plan d'épreuve; mais si le corps n'est pas sphérique, le niveau est variable avec le point considéré et dépend de la forme du corps.

Dans ce dernier cas, on prend pour *niveau électrique du corps* une moyenne. Voici comment on l'obtient : L'expérience indique que si l'on met un corps électrique, de forme quelconque, en communication avec le plan d'épreuve au moyen d'un fil métallique, le plan se chargera d'une quantité d'électricité *toujours la même, quelque soit le point du corps avec lequel il communique.* C'est cette quantité que l'on prend pour mesure du niveau électrique du corps. Elle mesure aussi son énergie électrique qui a reçu le nom expressif de *potentiel électrique* (*).

Tous les phénomènes électriques sont dus à des différences de niveaux ou de potentiels. Lorsqu'on fait communiquer entre eux par un fil métallique deux corps ayant des potentiels différents, il se produit dans le fil un phénomène que l'on nomme *courant électrique*, par analogie avec ce qui a lieu lorsqu'on fait communiquer entre eux deux vases contenant un même liquide à des niveaux différents. Le courant cesse quand les deux niveaux sont devenus égaux. Mais si les deux corps sont suffisamment rapprochés et si la différence de leur potentiel est assez grande, il ne sera plus nécessaire, pour amener le même niveau électrique sur les deux corps, de les réunir par un fil métallique. Il sera obtenu par des *décharges accompagnées d'étincelles et de bruit.*

(*) Faisons remarquer que la notion du *potentiel* est parfaitement conciliable avec les différentes hypothèses qui ont été proposées pour l'explication des phénomènes électriques.

CHAPITRE II.

INFLUENCE ÉLECTRIQUE OU INDUCTION.

391. Induction. On entend par *influence électrique* ou *induction* l'action exercée à distance par un corps électrisé sur un corps à l'état naturel. C'est vers le milieu du siècle dernier que l'on a constaté cette action, et c'est le physicien Melloni qui en a donné l'explication.

392. Phénomènes observés. Plaçons une sphère de cuivre A (fig. 272), électrisée positivement et isolée sur un pied de verre, en face d'un cylindre de laiton B,

isolé de la même manière, mais à l'état naturel. De doubles pendules à balle de sureau et à *fil de chanvre* sont distribuées le long du cylindre.

Figure 272.

Si l'écartement n'est pas trop considérable, on remarquera : 1° que les balles de sureau divergent ; 2° que cette divergence est plus forte vers les extrémités du cylindre ; 3° qu'en un certain point, le milieu à peu près, la divergence est nulle ; 4° qu'en éloignant le cylindre de la boule A les pendules se rapprochent et qu'au delà d'une certaine distance l'influence électrique est nulle ; 5° mais que si, avant d'éloigner le cylindre, on le touche avec le doigt *en un point quelconque,* il restera chargé d'électricité négative.

393. Explication de ces phénomènes. L'explication de ces phénomènes est très simple dans l'hypothèse de

Symmer. La sphère A électrisée positivement agit à distance sur le cylindre qui est à l'état naturel, sépare les électricités combinées en attirant en C l'électricité négative et repoussant en D l'électricité positive (*).

On peut constater que les pendules du côté C sont électrisées négativement et ceux du côté D positivement; en effet, un bâton de verre électrisé positivement repousse les premiers et attire les seconds. Si l'on fait communiquer le cylindre CD avec le sol, les pendules du côté D retombent, tandis que ceux du côté C s'écartent davantage, ce qui prouve évidemment que l'électricité positive du cylindre induit a disparu dans le sol, tandis que la charge négative a augmenté.

394. Autres phénomènes observés. 1° Lorsqu'on approche progressivement le cylindre de la sphère électrisée, il arrive un moment où jaillit entre les deux corps une étincelle accompagnée de bruit. On admet que ce phénomène est dû à la combinaison à travers l'air de l'électricité positive de la sphère avec l'électricité négative du cylindre. Après la production de l'étincelle, le cylindre doit encore contenir de l'électricité positive, ce qu'il est aisé de constater à l'aide du plan d'épreuve et d'un électroscope.

2° La distance entre le corps influent et le corps influencé restant constante, la quantité d'électricité décomposée sera d'autant plus grande que le cylindre sera plus long. Voici l'explication de ce fait : l'électricité négative accumulée à l'extrémité C du cylindre est également attirée par l'électricité positive qui se trouve à l'extrémité D et par l'électricité positive de la sphère,

---

(*) D'après Franklin, on dirait que l'électricité en excès de la sphère A repousse l'électricité du cylindre vers D, ce qui fait que l'électricité est en moins ou négative en C et en excès ou positive en D.

puisqu'il y a équilibre. Maintenant, il est clair qu'en allongeant le cylindre, on diminue l'attraction des électricités accumulées en C et en D, puisque leur distance augmente; il faut donc, pour maintenir l'équilibre, qu'il se produise une nouvelle décomposition d'électricité, dont l'effet sera d'augmenter les charges en ces deux points, ce qu'il fallait établir.

Il résulte évidemment de cette considération que la charge sera maximum en C lorsqu'on fera communiquer avec le sol le corps influencé qui ne conservera alors qu'une électricité, celle de nom contraire à l'électricité du corps influent. En tout cas, cette limite de charge est toujours inférieure à celle du corps influent. En effet, supposons les deux corps en contact, sans que leurs électricités puissent se recombiner, il est clair qu'alors la charge maximum du corps influencé sera égale à celle du corps influent, et comme l'influence diminue avec la distance, il s'en suit que pour toute position autre que le contact, la charge électrique sera moindre.

3° Il est important de remarquer que l'attraction exercée par un corps électrisé sur un corps à l'état neutre, est une conséquence de l'action par influence.

395. Action d'un corps électrisé sur un corps bon conducteur lui-même électrisé. Dans les phénomènes que nous venons d'étudier, le corps influencé était à l'état naturel. Ici nous le supposons électrisé.

Deux cas peuvent se présenter :

1° Les deux corps possèdent la même électricité.

2° Ils ont des électricités différentes.

Dans le premier cas, le corps influencé contiendra, outre son électricité propre que nous supposerons positive, des quantités égales d'électricité positive et d'électricité négative développées par induction. Il y aura donc entre les deux corps attraction et répulsion. Mais l'intensité de ces forces dépendant à la fois des quantités des électricités et de leurs distances, on ne peut dire sans examen laquelle des deux forces l'emportera. Il y a cependant le plus souvent répulsion; mais si la distance est faible, il peut y avoir attraction.

Dans le second cas, c'est-à-dire lorsque le corps influant et le corps influencé possèdent des électricités de signes différents, il est facile de voir que, malgré l'action par influence, la force attractive doit toujours l'emporter sur la force répulsive.

396. Action d'un corps électrisé sur un corps mauvais conducteur. Rappelons, pour l'intelligence de ce qui suit, qu'il n'existe pas de corps privé absolument de conductibilité électrique. Si l'on place un corps électrisé très près d'un mauvais conducteur ou en contact avec lui, on constate que l'influence se fait sentir après un temps plus ou moins long, dans une zone d'autant plus étendue que le corps influencé est moins mauvais conducteur et que celui-ci se chargera d'électricité de nom contraire à celle du corps influent. Cependant, si la charge de ce dernier est forte et si le contact est suffisamment prolongé, le corps mauvais conducteur prend la même électricité que le corps influent.

397. Condensateur électrique. Examinons de plus près ce qui se passe lorsqu'un corps électrisé bon conducteur agit à distance sur un autre corps bon conducteur à l'état naturel.

Plaçons en face l'un de l'autre deux plateaux circulaires de cuivre A et B (fig. 273) de même diamètre. Chacun d'eux est isolé par un pied de verre et porte un pendule à balle de sureau et à fil de chanvre. Mettons, à l'aide d'une chaîne métallique d, le plateau A en communication avec le conducteur C d'une machine électrique qui fournit de l'électricité positive, et faisons communiquer le plateau B avec le sol.

Le plateau A s'électrisera positivement et sa charge sera complète lorsque son niveau électrique ou son

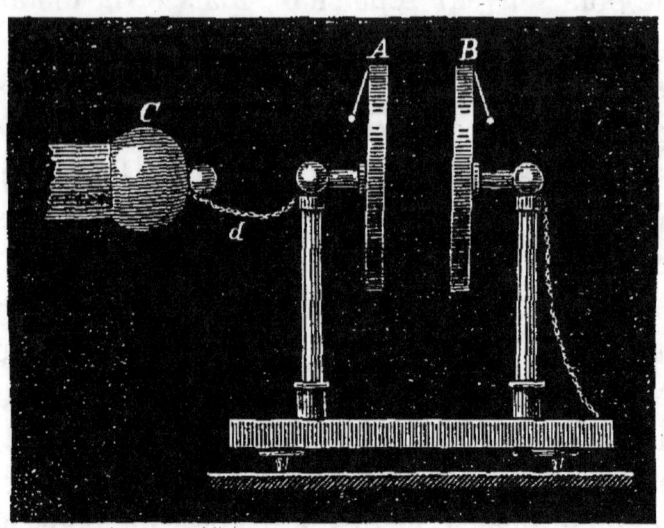

Figure 273.

potentiel sera le même que celui du conducteur C, que nous supposerons constant.

Mais la présence du plateau B va modifier cet état de choses.

En effet, soit p la quantité d'électricité positive reçue par le plateau A. Elle décomposera par influence les électricités combinées du plateau B, attirera une certaine quantité d'électricité négative $n < p$ (**394**), sur sa face interne et repoussera une égale quantité d'électricité positive dans le sol.

De son côté, l'électricité négative de B attirera l'électricité positive du plateau A sur sa face interne et en fixera une partie $p' < n$, dont la présence sera masquée. Le potentiel de la face externe de A aura donc diminué, puisque la quantité d'électricité p' n'est plus libre ; cette quantité manque donc pour maintenir le même niveau électrique entre le plateau A et le conducteur de la machine électrique; c'est pourquoi celui-ci lui fournira une quantité d'électricité positive p' qui rétablira l'équilibre. Pour la même raison, p' attirera à son tour sur B une certaine quantité d'électricité négative, $n' < p'$, et celle-ci, en réagissant sur le plateau A, masquera en l'attirant une nouvelle quantité d'électricité positive, $p'' < n'$; le plateau A recevra donc, pour maintenir l'équilibre avec le conducteur de la machine, une nouvelle charge p''; et ainsi de suite.

Il est facile de voir que les quantités p', p'', p''', ..., vont en diminuant jusqu'à devenir nulles. A ce moment, l'accumulation des électricités s'arrête naturellement, parce que l'électricité libre du plateau A sera égale à p et aura un potentiel égal à celui du conducteur de la machine électrique. Alors, le pendule du plateau A aura son maximum de divergence, tandis que celui du plateau B restera dans la verticale, puisque ce plateau ne possède pas d'électricité sur sa face externe.

Il s'accumulera donc sur le plateau A, que l'on nomme *collecteur* de l'électricité positive, et sur le plateau B, que l'on nomme *condenseur* de l'électricité négative, en quantité un peu moindre.

L'ensemble des deux plateaux constitue un condensateur.

Il est facile de comprendre que la puissance d'un condensateur sera d'autant plus grande que les plateaux auront plus de surface, que le potentiel de la source d'électricité sera plus grand et que l'écartement des plateaux sera moindre. Cependant cet écart ne doit pas être trop petit, autrement les plateaux se déchargeraient avec production d'une étincelle.

Pour permettre le rapprochement des plateaux, tout en évitant la décharge, on les sépare au moyen d'une lame de verre qui isole sans empêcher l'action par influence.

398. Décharge du condensateur. Pour décharger le condensateur, on fait usage de l'*excitateur* à manches de verre. Cet instrument est formé de deux arcs métalliques réunis par une charnière et munis chacun d'un manche de verre V (fig. 274). Pour s'en servir, on tient

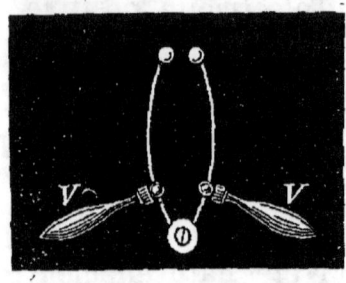

Figure 274.

en mains les manches de verre, on touche le plateau A avec une des boules et on approche l'autre du plateau B. Il se produit alors une étincelle d'autant plus vive et d'autant plus bruyante que le condensateur est plus chargé.

Après la production de l'étincelle, on constate qu'il reste sur le plateau A une certaine quantité d'électricité positive, ce qui devait être puisque la charge de A est supérieure à celle de B.

Bien que la décharge brusque du condensateur soit seule utilisée, on peut, en touchant alternativement avec la main chacun des plateaux, parvenir à décharger lentement le condensateur. En effet, isolons complètement les plateaux A et B en enlevant les chaînes métalliques. Touchons maintenant le plateau A avec le doigt, on lui enlèvera son électricité libre et il ne gardera que son électricité captive. Le pendule qui y est attaché retombera et en même temps le pendule de B se relève, parce que le plateau B n'aura qu'une partie de son électricité retenue captive par l'influence de A. L'autre partie, qui est libre, fera diverger le pendule. On pourra continuer la décharge en touchant de nouveau le plateau A, puis le plateau B, et ainsi de suite.

399. Remarques. 1° Lorsqu'on écarte les plateaux d'un condensateur de la lame isolante qui les sépare, on les trouve à peine électrisés. Si, après les avoir touchés, on les ramène à l'état naturel, puis, qu'on les applique de nouveau sur la lame isolante, on obtient une décharge presque aussi forte que celle que l'on eût obtenue avant de les séparer. Ce fait prouve que les électricités fournies aux plateaux adhèrent en grande partie à la surface de la lame isolante, par suite de leur tendance à se réunir à travers cette dernière.

2° Faraday a reconnu que la force du condensateur varie avec la nature de la lame isolante, et en particulier qu'une lame isolante solide a un pouvoir de condensation plus grand qu'une lame d'air de même épaisseur.

400. Bouteille de Leyde (*). Il résulte de l'étude que nous venons de faire, qu'un condensateur électrique se compose essentiellement *de deux corps conducteurs séparés par un mauvais conducteur*. Dans l'appareil dont nous nous sommes servis pour établir la théorie de

la condensation, le corps isolant était la lame d'air qui séparait les deux plateaux métalliques.

Un carreau de verre qui porterait collée sur chacune de ses faces une feuille d'étain, est un condensateur. On lui a donné le nom de *carreau fulminant*. Mais la forme la plus commode est celle que présente la bouteille de Leyde. Telle qu'on la construit

Figure 275.   aujourd'hui, elle se compose d'une bouteille à goulot étroit (fig. 275), fermé par un bouchon que

---

(*) La découverte de cet appareil, le premier condensateur connu, est due à *Kleist*, pasteur de Cumningen en Poméranie (1745). Kleist ne donna pas d'explication du phénomène de la condensation. Ce sont les physiciens de Leyde, au nombre desquels se trouvait Cunéus (1746), qui exposèrent claire- ment les conditions nécessaires à la condensation électrique. De là vient le nom de *bouteille de Leyde* que cet instrument a conservé.

traverse une tige de cuivre T. Une extrémité de cette tige se termine en pointe et plonge dans des feuilles d'or chiffonnées qui remplissent la bouteille. L'autre extrémité se recourbe en crosse à l'extérieur et se termine par un bouton sphérique. Sur la surface extérieure de la bouteille est collée une feuille d'étain E, et un vernis à la gomme laque couvre l'espace qui la sépare du goulot.

Pour charger la bouteille de Leyde, on la tient à la main, ce qui met l'armature métallique extérieure *(condenseur)* en communication avec le sol, et l'on présente le bouton de l'armature intérieure *(collecteur)* à la source d'électricité. On la décharge comme tous les condensateurs, à l'aide de l'excitateur à manches de verre.

401. Batterie électrique (fig. 276). Lorsqu'on a besoin d'une forte étincelle, on réunit un certain nombre de

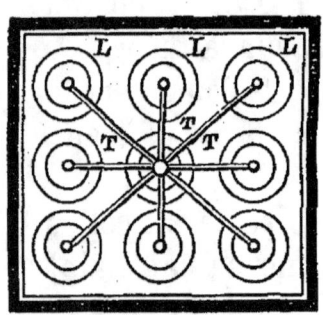

Figure 276.

bouteilles de Leyde L, de grandes dimensions, nommées *jarres*. Le goulot de ces bouteilles est assez large pour qu'on puisse coller sur sa paroi interne une feuille d'étain qui sert d'armature intérieure. Ces bouteilles sont figurées en plan dans la figure. On fait communiquer entre elles toutes les armatures intérieures au moyen de tiges de laiton T.

Les armatures extérieures communiquent entre elles par une feuille d'étain sur laquelle les bouteilles de Leyde sont placées et qui communique avec le sol. Dans ces conditions, l'effet d'une batterie est le même que celui d'une bouteille de Leyde qui aurait pour armatures la somme des armatures des bouteilles qui la composent. La décharge de la batterie s'obtient comme celle d'une bouteille unique.

402. Électroscopes. Les phénomènes d'induction et de condensation que nous venons d'étudier permettent de construire des électroscopes plus sensibles que le pendule électrique.

Ces appareils, qui sont nombreux, font connaître si un corps est électrisé et la nature de l'électricité qu'il contient. Nous nous bornerons à décrire l'électroscope à feuilles d'or et l'électroscope condensateur.

1° ÉLECTROSCOPE A FEUILLES D'OR (fig. 277). Cet appareil est formé de deux feuilles d'or, *a* et *b*, suspendues à

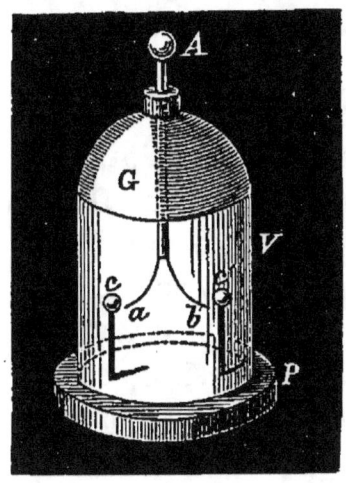

Figure 277.

une extrémité d'une tige métallique qui se termine en boule à l'autre bout A. La tige est mastiquée dans le goulot d'une cloche de verre V qui repose sur un plateau P en métal. En face des feuilles d'or et sur le plateau sont fixées deux tiges de laiton *c* et *c'*, terminées par deux boules non vernies. La partie supérieure G de la cloche est recouverte d'un vernis à la gomme laque.

Voici la manière de se servir de cet appareil :

On approche le corps expérimenté de la boule A. S'il est électrisé, les feuilles d'or divergent par suite de l'action par influence qui repousse dans ces feuilles l'électricité de même signe que celle du corps. En même temps, les boules de laiton C et C', soumises à l'influence des feuilles d'or, augmentent la divergence et rendent, par conséquent, l'appareil plus sensible.

Pour déterminer le signe de l'électricité que contient le corps essayé, on opère comme suit : on touche la boule A avec le doigt *pendant que le corps électrisé agit ;* les feuilles d'or retombent, parce que l'électricité repoussée

qu'elles contenaient s'est écoulée dans le sol. Si maintenant on éloigne le corps essayé et le doigt, les feuilles
d'or divergeront de nouveau, parce que l'électricité de
signe contraire à celle que renferme le corps et qui
était captive dans la boule A, s'est répandue sur chacune
d'elles.

L'appareil contient donc en ce moment de l'électricité
de signe contraire à celle du corps. Maintenant on approche de la boule A, mais à une distance assez grande,
un bâton de verre frotté avec de la laine et par conséquent électrisé positivement. Si l'électroscope contient
de l'électricité positive, elle sera repoussée dans les
feuilles, ce qui augmentera leur divergence ; tandis que
s'il contient de l'électricité négative, celle-ci sera attirée
vers la boule et les feuilles d'or se rapprocheront. Dans
le premier cas, le corps soumis à l'expérience était électrisé négativement, et dans le second, positivement.

2° ÉLECTROSCOPE CONDENSATEUR.
Volta (*) a rendu plus sensible l'électroscope à feuilles d'or en y fixant un
condensateur. Voici la disposition
qu'il a adoptée :

La boule A est remplacée par un
disque en cuivre B (fig. 278) sur lequel on applique un disque semblable
C muni d'un manche de verre. Une
couche de vernis recouvre les faces
des deux plateaux et sert de corps
isolant. Pour se servir de cet appareil, on touche le plateau B avec le

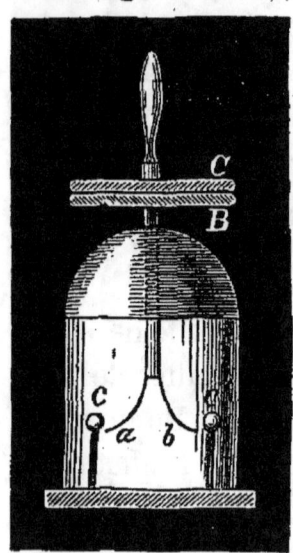

Figure 278.

(*) *Volta*, physicien italien, mort en 1817, est surtout célèbre par la
controverse qu'il soutint avec Galvani, à propos de l'origine de l'électricité
dynamique.

corps essayé et le plateau C avec le doigt. Le condensateur se charge : le plateau B prend l'électricité de même signe que celle du corps, et le plateau C l'électricité de signe contraire. Si maintenant on éloigne le plateau C, toute l'électricité que contient le plateau B, aussi bien son électricité libre que celle qui était captive, se répand sur les feuilles d'or a et b qui divergent.

403. Électromètres. On nomme ainsi les appareils qui servent à mesurer la quantité d'électricité que contient un corps. La *balance de Coulomb* est un électromètre très précis.

Faisons encore connaître l'appareil de *Henley*, à cause de sa grande simplicité (fig. 279). Il est formé d'une balle

Figure 279.

de sureau S fixée à l'extrémité d'une tige t en baleine et qui se meut sur un cercle gradué C. Pour en faire usage, on le place verticalement sur le corps dont on veut mesurer la charge. La balle de sureau, électrisée de la même manière que le support, sera repoussée. La charge sera d'autant plus grande que l'angle d'écart qu'on lira sur le cercle gradué sera plus considérable. Pour de fortes charges, on remplace la moëlle de sureau par une substance plus dense.

L'électromètre de Henley est un instrument peu précis. On fait maintenant fréquemment usage de l'*électromètre de Thomson*. C'est un appareil d'une grande sensibilité, mais dont la construction est compliquée et dont le maniement exige une grande pratique.

CHAPITRE III.

MACHINES ÉLECTRIQUES.

404. Machines électriques. On donne le nom de *machines électriques* à des appareils qui produisent de notables quantités d'électricité. Dans celles que nous allons faire connaître, l'électricité est développée par le frottement. C'est une partie du travail dépensé pour vaincre ce frottement qui se transforme en électricité, l'autre partie se convertit en chaleur.

En 1671, Otto de Guéricke, bourgmestre de Magdebourg, imagina de produire de l'électricité en imprimant un mouvement de rotation à une sphère de soufre sur laquelle il appuyait la main. Mais bientôt on remplaça la main par des coussins, la sphère de soufre par une sphère de verre, celle-ci par un cylindre, et enfin au cylindre on substitua un plateau circulaire.

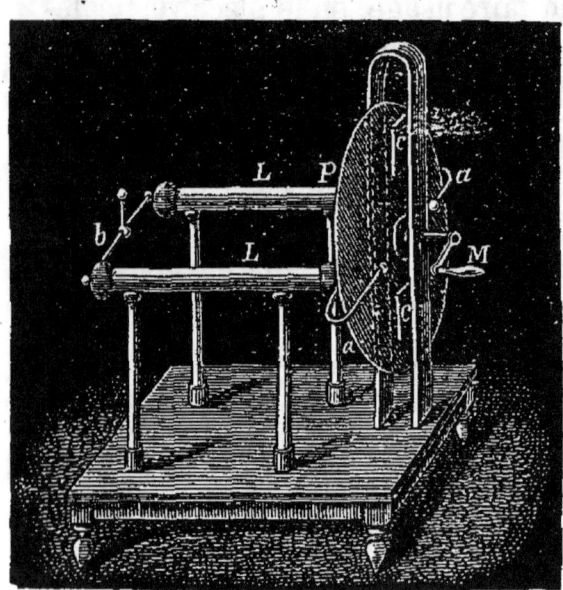

Figure 280.

405. Machine de Ramsden (*). DESCRIPTION. Cette machine (fig. 280 et 281 en plan) se compose d'un

---

(*) C'est vers 1766 que furent construites les premières machines à disques de verre mis en mouvement par une manivelle. Leur invention est attribuée à Ramsden.

plateau de verre qu'on électrise par frottement et de deux cylindres de laiton qui s'électrisent par influence.

Le plateau P tourne entre quatre coussins C disposés deux à deux suivant le diamètre vertical. Une manivelle M imprime à l'axe qui le supporte un mouvement de rotation. En face du plateau sont disposés parallèlement deux gros cylindres de laiton LL supportés par des colonnes de verre. Ces cylindres, que l'on nomme *conducteurs*, communiquent avec les *peignes aa* qui sont des pièces cylindriques recourbées, garnies de pointes dirigées vers le plateau (fig. 281). En arrière, les conducteurs sont reliés par un cylindre *b* de plus petit diamètre.

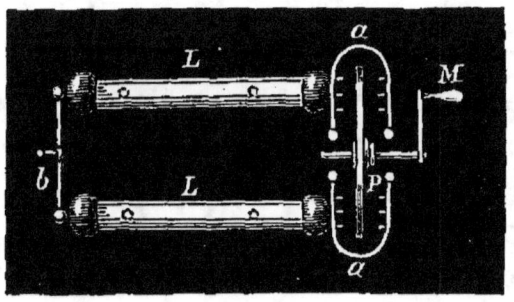

Figure 281.

THÉORIE. Par le frottement, le verre s'électrise positivement et les coussins négativement. Lorsque, par l'effet de la rotation, le plateau de verre passe entre les pointes des peignes, il agit par influence sur elles, attire l'électricité négative qui se décharge sur le plateau et repousse l'électricité positive sur les conducteurs. Ceux-ci seront électrisés à saturation lorsque les pertes produites par l'air et les supports seront exactement compensées par l'électricité que le frottement développe. On reconnaîtra que la limite de charge sera atteinte lorsque le pendule de l'électromètre de Hanley, que l'on place sur le conducteur, sera devenu stationnaire.

REMARQUES. L'expérience a établi que les glaces qui conviennent le mieux pour plateaux sont celles qui contiennent peu de potasse. Il faut, pour bien faire, qu'on les fabrique exprès, car on en trouve souvent qui donnent fort peu d'électricité.

Les coussins doivent être rembourrés de crin et être reliés avec les supports par des bandes d'étain qui permettent à l'électricité dont ils se chargent, de s'écouler facilement dans le sol.

On a reconnu aussi que le développement d'électricité est plus considérable quand les coussins sont enduits d'or mussif finement pulvérisé (*). Pour le faire adhérer, on frotte légèrement les coussins avec un peu de suif. Des morceaux de taffetas, enduits aussi d'or mussif sur la partie frottante, recouvrent les coussins et une partie du plateau, afin que l'électricité positive développée sur le verre ne se dissipe pas dans l'air pendant la rotation d'un quart de tour qui l'amène en face des conducteurs.

Il n'est pas nécessaire que le frottement des coussins sur le plateau soit très considérable, car il a été reconnu qu'une pression très forte donne plus de chaleur et n'augmente pas notablement la quantité d'électricité.

Avant de se servir de la machine, il est indispensable d'en enlever soigneusement la poussière et d'essuyer avec des linges chauds les conducteurs, les supports et le plateau.

Pour éviter les pertes par l'air, qui est toujours plus ou moins humide, il est utile de placer un réchaud contenant de la braise allumée (**) sur la table qui supporte la machine.

La machine de Ramsden ne fournit évidemment que de l'électricité positive.

(*) L'*or mussif* est du bisulfure d'étain. Il est souvent remplacé avantageusement par un amalgame dont *Steiner* a donné la composition.

(**) Une lampe à alcool ne conviendrait pas aussi bien, parce que l'alcool en brûlant donne de la vapeur d'eau.

406. Machines qui donnent les deux sortes d'électricité.
On fait fréquemment usage en Angleterre d'une machine
due à *Nairne*, qui donne les deux électricités simultanément. *Van Marum* a imaginé une disposition qui
permet d'obtenir à volonté l'une ou l'autre.

Nous allons faire connaître une machine électrique
que l'on rencontre dans presque toutes nos écoles et qui,
comme celle de Nairne, donne les deux électricités. Elle
est connue sous le nom de machine de *Winter*. Un plateau de verre P (fig. 282) passe entre 2 coussins *cc* fixés
à l'extrémité d'un diamètre horizontal. Ces coussins sont

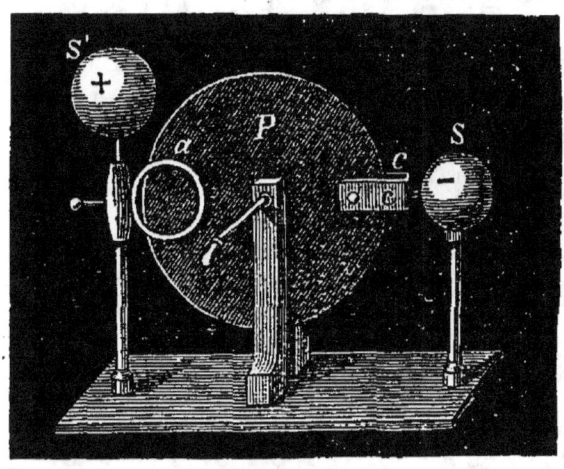

assujettis à une
sphère de laiton S
soutenue par une
colonne de verre.
Cette sphère re-
cueille l'électricité
négative des cous-
sins. A l'autre ex-
trémité du diamè-
tre, le plateau
tourne entre deux
anneaux *a* en bois,
creusés du côté du plateau et garnis à l'intérieur de laiton
déchiqueté en pointes. Les anneaux sont assujettis à une
sphère en laiton S' que supporte une colonne de verre.
Cette sphère s'électrise positivement par induction. La
machine de *Winter*, n'ayant qu'une paire de coussins,
fournit dans le même temps deux fois moins d'électricité
que la machine de *Ramsden*.

407. Machine de Holtz. Holtz ne se sert de l'électricité
développée par frottement que pour amorcer la machine ;
la production continue d'électricité se fait ensuite par
induction.

La machine électrique de Holtz (fig. 283 et 284 en plan) est formée d'un plateau circulaire de verre P auquel on imprime un mouvement de rotation rapide (12 à 15 tours par seconde). En face de ce plateau, il s'en trouve un second, P', également en verre, mais fixe et percé de deux ouvertures ou *fenêtres* F et F', suivant le diamètre horizontal. Une petite bande de papier B est fixée au bord inférieur de la fenêtre F, sur la face opposée au plateau mobile. Cette

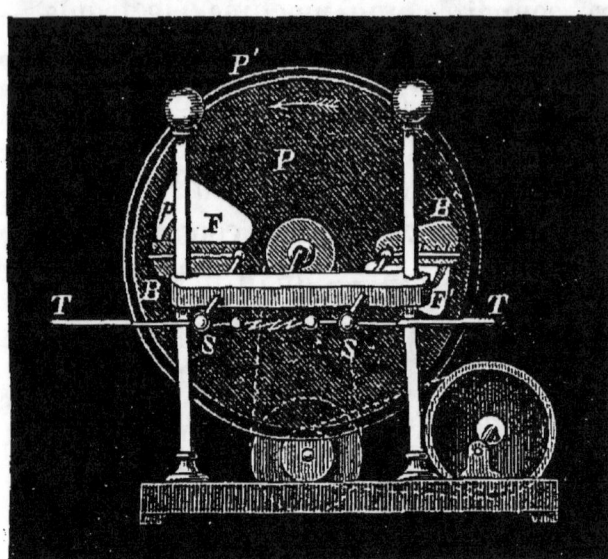

Figure 283.

bande de papier se termine en pointe *p* en face de l'ouverture. L'autre fenêtre F' est munie d'une bande de papier semblable B', mais fixée au bord supérieur. Les deux bandes de papier se nomment les *armures* de la machine. Elles sont recouvertes d'une couche de vernis à la gomme-laque, de même que les deux plateaux de verre. En avant du plateau mobile et en face de chaque fenêtre se trouve un peigne M (fig. 284) fixé à l'extrémité d'un conducteur en laiton terminé par une boule. Cette boule

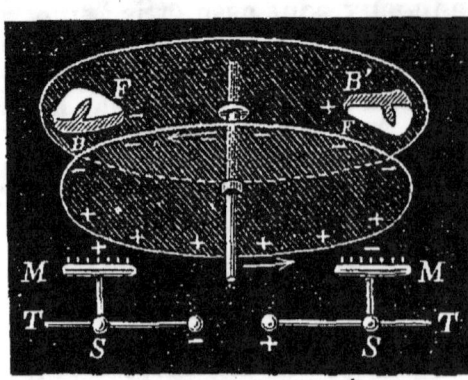

Figure 284.

S est traversée par une tige en laiton T mobile, fixée à l'extrémité d'un manche en verre ou en ébonite.

Pour faire fonctionner la machine, on amène au contact les tiges de laiton mobiles. On électrise ensuite, en la frottant avec une peau de chat, une plaque d'ébonite que l'on approche d'une des armures; puis on met la machine en marche; le mouvement de rotation se faisant en sens contraire de la direction des pointes des armures. On écarte ensuite, tout en continuant de tourner, les deux tiges mobiles, et l'on voit jaillir, entre les boules qui les terminent et sans interruption, des étincelles brillantes et bruyantes.

Cherchons à nous rendre compte de la production de l'électricité.

La plaque d'ébonite étant électrisée négativement, agit par influence sur la première armure B et attire son électricité positive. L'armure qui reste ainsi chargée d'électricité négative agit à son tour par influence, au travers du plateau mobile, sur le conducteur placé en face. Celui-ci conserve l'électricité négative et laisse s'écouler par les pointes qui le garnissent l'électricité positive. Cette électricité positive se répand sur le plateau de verre mobile. Le mouvement de rotation continuant, l'électricité positive du verre vient électriser positivement la deuxième armure B', en lui enlevant son électricité négative qui s'écoule par la pointe qui la garnit. Cette deuxième armure, dès qu'elle est électrisée positivement, agit par influence sur le conducteur qui lui fait face et l'électrise positivement en lui soutirant son électricité négative qui s'échappe des pointes et passe sur le plateau mobile. Celui-ci agira ensuite sur la première armure, et ainsi de suite.

Il est évident qu'à partir de ce moment la plaque d'ébonite devient inutile. Elle a simplement servi à amorcer l'appareil. La production d'électricité a pour cause une partie du travail dépensé pour produire la rotation du plateau. En effet, il est facile d'observer qu'il faut un effort plus considérable pour faire tourner le plateau de verre après l'amorcement qu'avant.

On renforce souvent la puissance de la machine de Holtz à l'aide de condensateurs qui ne sont pas représentés sur la figure pour ne pas la compliquer. Ce sont des bouteilles de Leyde suspendues aux conducteurs de la machine par leurs armatures intérieures, et dont les armatures extérieures communiquent entre elles.

On construit maintenant des machines de Holtz à quatre plateaux, les deux intérieurs fixes et les deux extérieurs mobiles. Ce sont évidemment de doubles machines qui sont, par conséquent, plus puissantes que la machine simple dont nous venons de donner la description et la théorie.

Ces machines doubles donnent des étincelles continues de 20 centimètres de longueur.

Les machines de Holtz exigent, du reste, comme toutes les machines électriques, et même plus que les autres, d'être entretenues avec le plus grand soin et ne peuvent fonctionner que dans de l'air bien sec. L'emploi d'un réchaud contenant des charbons allumés est ici presque indispensable.

408. Électrophore (fig. 285). Cet instrument, inventé par Volta, est peu coûteux et d'une construction facile. Il fournit suffisamment d'électricité pour un grand nombre d'expériences. Comme la machine de Holtz, il demande à être amorcé et l'électricité qu'il donne est produite par induction.

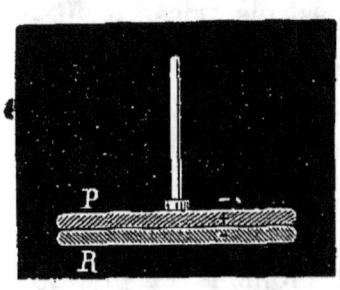

Figure 285.

L'électrophore se compose : 1° d'un gâteau de résine R coulé dans un moule en bois ou en fer blanc; 2° d'un plateau circulaire P de bois, muni d'un manche de verre et recouvert sur ses deux faces de papier d'étain. On peut remplacer la résine par une feuille d'ébonite.

Pour se servir de l'appareil, on le chauffe légèrement. On bat ensuite avec une peau de chat ou une queue de renard le gâteau de résine qui s'électrise négativement. On pose alors dessus le disque métallique P. Bien qu'il y ait contact, la résine, à cause de sa mauvaise conductibilité, agit par induction sur le disque dont la face inférieure s'électrise positivement et la face supérieure négativement. En touchant cette face avec le doigt, on permet à l'électricité négative de se perdre dans le sol.

Si l'on enlève alors le plateau métallique, l'électricité positive qu'il contient se répand sur toute sa surface. En approchant l'articulation du doigt du bord du plateau, on en fait jaillir une étincelle.

Tant que le gâteau de résine restera électrisé, on pourra charger le disque métallique d'électricité.

Dans cet appareil, c'est le travail dépensé pour vaincre l'attraction que le gâteau de résine exerce sur le disque métallique, qui se convertit en une quantité équivalente d'électricité.

CHAPITRE IV.

ÉTINCELLE ÉLECTRIQUE. — SES EFFETS.

409. Étincelle. Lorsque deux corps qui ont des potentiels électriques différents sont mis en présence, si leur distance n'est pas trop grande, il y aura décharge de l'un sur l'autre avec accompagnement d'étincelles, ce qui les ramènera au même potentiel.

La forme, l'éclat et la couleur de l'étincelle varient avec la différence des potentiels, la nature des corps entre lesquels elle se produit, et le milieu qui les sépare.

Les milieux traversés par l'étincelle subissent aussi des modifications intéressantes à étudier.

410. Décharges dans l'atmosphère. Supposons une bonne machine électrique en pleine activité et dans un air bien sec. Si l'on place un corps bon conducteur mis en communication avec le sol, à une faible distance du conducteur de la machine, on observera une production non interrompue d'étincelles électriques *rectilignes* d'un blanc éblouissant; et en même temps on entendra un bruit que l'on peut comparer à une étoffe qu'on déchire; si la distance est plus grande, la charge de la machine étant très forte, les décharges s'espaceront et l'étincelle se présentera en *zig-zag*; lorsqu'on aura atteint la plus grande distance à laquelle l'étincelle peut se produire, le trait de feu présentera des *ramifications divergentes* dues à des décharges latérales qui se font dans l'air ambiant.

Quand l'électricité s'échappe d'un corps terminé par une pointe, celle-ci présente à son extrémité une aigrette lumineuse si l'électricité est positive, et un point brillant si elle est négative.

Ce point lumineux apparaît souvent sur les mats des navires. Il est connu dans la marine sous le nom de *feu de Saint-Elme*, patron des marins.

411. Transport de matières par l'étincelle. M. Fusiniéri a établi par de nombreuses expériences que l'étincelle électrique est toujours accompagnée de particules matérielles d'une excessive ténuité, enlevées aux corps entre lesquels elle jaillit. C'est à cette circonstance qu'il faut attribuer les variations de couleur qu'elle présente. Elle est jaune lorsqu'elle éclate entre deux baguettes de charbon, et cramoisie si elle se produit entre deux boules d'ivoire.

412. Formes remarquables de l'étincelle. L'étincelle électrique affecte une forme remarquable dans quelques appareils que l'on rencontre dans tous les cabinets de physique. Nous nous bornerons à faire connaître la *bouteille étincelante* et le *carreau magique*.

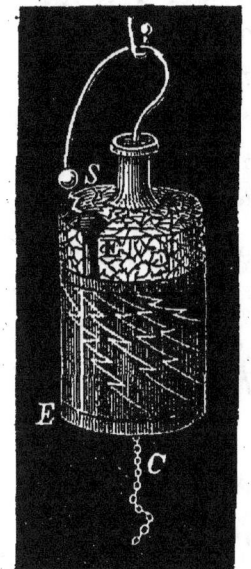

Figure 286.

La *bouteille étincelante* (fig. 286) diffère un peu de la bouteille de Leyde ordinaire. L'armature extérieure est remplacée par une couche de vernis sur laquelle on a projeté de la limaille de cuivre. Le fond de la bouteille, qui est recouvert extérieurement d'une feuille d'étain E, communique avec le sol par une chaîne C en métal. La tige, qui est en contact avec l'armature intérieure, est courbée et aboutit à une faible distance d'une bande d'étain E' collée vers le haut de la bouteille ; de cette manière, lorsque la charge est suffisamment forte, l'étincelle jaillit spontanément entre le bouton S et l'armature extérieure en E'. En même temps, on voit apparaître de longues et brillantes étincelles entre les grains de limaille, qui sont électrisés par induction.

Le *carreau magique* est un carreau de verre ordinaire sur lequel est collée une bande d'étain très étroite, repliée un grand nombre de fois parallèlement à elle-même. Une série de solutions de continuité offrent l'aspect d'une fleur, d'un portique, etc. Si l'on fait communiquer l'extrémité supérieure de la bande d'étain avec une machine électrique en activité et l'extrémité inférieure avec le sol, on voit jaillir à chaque solution de continuité une série d'étincelles qui reproduit en traits de feu la figure représentée sur l'appareil.

413. Durée de l'étincelle. Le passage de l'étincelle se fait avec une telle rapidité qu'elle traverse la poudre à canon sans l'enflammer ; elle la disperse seulement.

MM. *Lucas* et *Cazin*, physiciens français, à l'aide d'appareils d'une précision vraiment étonnante, ont pu établir que la durée de l'étincelle est inférieure à un millionième de seconde.

414. Influence du milieu sur l'étincelle. Pour étudier les aspects divers que présente l'étincelle électrique selon la *nature* et la *tension* du milieu gazeux qu'elle traverse, on fait usage d'un appareil nommé *œuf électrique* (fig. 287).

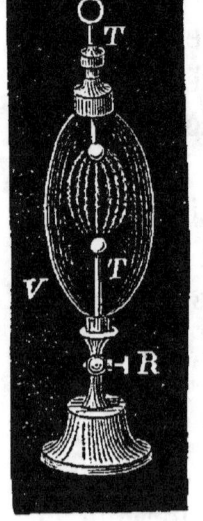

Figure 287.

C'est un globe de verre V, de forme ovoïde, mastiqué à la partie supérieure dans une garniture en laiton traversée par une tige T, de même métal, qui se termine en boule. La partie inférieure est fixée dans une garniture en cuivre à robinet R et surmontée aussi d'une tige en laiton T terminée en boule ; cette partie peut être vissée sur la platine de la machine pneumatique. La tige supérieure glisse à frottement dur dans sa garniture, ce qui permet de la rapprocher ou de l'éloigner de la tige inférieure.

Si, après avoir raréfié l'air contenu dans l'appareil, on met la garniture supérieure en communication avec une machine électrique qui fonctionne, et la garniture inférieure avec le sol, l'étincelle qui jaillira entre les deux boules, au lieu de présenter la forme d'un trait de feu d'un blanc brillant, comme dans l'air libre, aura l'aspect d'une lumière pâle, violacée, qui occupera tout le globe.

Que l'on remplace maintenant l'air de l'œuf électrique par différents gaz, et l'on constatera que dans l'oxygène l'étincelle est blanche comme dans l'air, que dans l'hydrogène elle est rougeâtre, bleue-pourpre dans l'azote et verte dans l'acide carbonique et la vapeur de mercure. Ces effets sont surtout très remarquables quand les gaz qui remplissent l'appareil ont une très faible tension, un millimètre ou deux de mercure, par exemple. Dans l'azote, notamment, la lumière est tout à fait semblable à celle des aurores boréales.

Il paraît cependant établi, par les travaux de MM. *Gassiott* et *Dewar*, que l'électricité ne passe pas dans le vide absolu. C'est donc la matière très raréfiée contenue dans l'œuf électrique qui est rendue lumineuse par l'électricité. Cette matière lumineuse peut, comme tous les corps électrisés, être attirée par un corps à l'état naturel. On s'en assure en promenant le doigt à l'extérieur de l'appareil.

L'œuf électrique peut être avantageusement remplacé par les tubes de Geissler dont il sera parlé plus loin.

415. Phénomènes qui se produisent dans les milieux traversés par l'étincelle. — I. Milieux solides. Si l'étincelle électrique rencontre sur son passage des corps solides mauvais conducteurs, elle les perfore ou les brise.

En plaçant une carte à jouer sur le trajet des étincelles produites par une machine de Holtz en activité, on remarque, au bout de peu de temps, qu'elle est criblée de trous dont les bords sont saillants du côté·du pôle négatif de la machine.

A l'aide d'une forte bouteille de Leyde ou d'une batterie électrique, on peut même percer une lame mince de

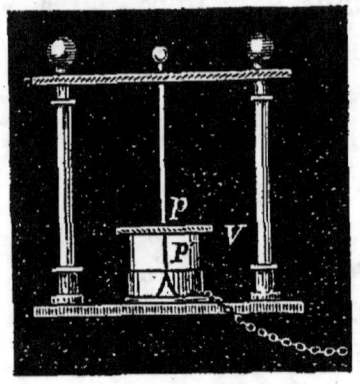

Figure 288.

verre. A cet effet, on fait usage d'un appareil (fig. 288) formé de deux pointes de laiton *p* et *p'*. La supérieure est isolée et l'inférieure, qui est entourée d'un cylindre de verre servant de support, porte une chaîne en métal. On met la chaîne en communication avec l'armature extérieure de la batterie et la pointe supérieure avec l'armature intérieure. L'étincelle jaillit et la lame de verre V placée entre les deux pointes est brisée. Pour empêcher l'étincelle de contourner la lame, il est bon d'engager chaque pointe métallique dans une petite masse de caoutchouc collée sur la lame.

Si le corps traversé par l'étincelle est inflammable, il prend feu, pourvu que la décharge soit retardée. Ainsi, en introduisant dans le circuit parcouru par l'électricité une corde mouillée, on peut retarder assez la décharge pour enflammer de la poudre. Un tube plein d'eau produirait un retard suffisant pour permettre à l'étincelle d'enflammer du phosphore, du fulmi-coton ou de l'amadou.

II. Milieux liquides. Les liquides traversés par l'étincelle électrique sont fortement ébranlés. Pour le prouver, on fait usage d'un tube de verre rempli d'eau et hermétiquement fermé (fig. 289). Deux tiges en métal *a* et *b* sont mises en communication, la première avce l'arma-

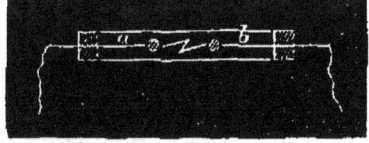

ture extérieure d'une batterie électrique, et la seconde avec l'armature intérieure. L'étincelle se produit, et le tube de verre se brise.

Figure 289.

Si le liquide traversé par l'étincelle est inflammable et exposé à l'air, il prend feu. Pour s'en assurer, on fait usage d'un petit appareil (fig. 290) formé d'un vase en

métal dont le fond porte une tige à bouton. On y verse un liquide inflammable, de l'éther, par exemple, de façon à dépasser un peu le bouton. On met alors le pied de l'appareil en communication, à l'aide d'une chaîne en métal, avec l'armature extérieure d'une bouteille de Leyde,

Figure 290.

tandis qu'on approche de la surface du liquide le bouton de l'armature intérieure. L'étincelle jaillit et le liquide prend feu. On peut encore produire l'inflammation plus simplement en tenant le vase métallique en main et en présentant le liquide au conducteur de la machine en

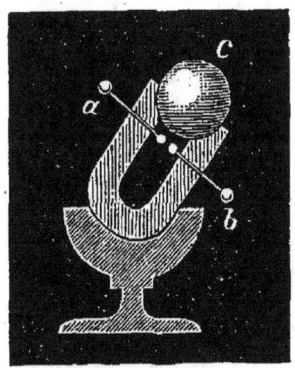

activité. Au lieu d'éther, on peut faire usage d'alcool ou de sulfure de carbone.

III. MILIEUX GAZEUX. Les gaz sont fortement dilatés par le passage de l'étincelle. Ce fait se vérifie à l'aide d'un petit instrument nommé *mortier électrique* (fig. 291). C'est un petit vase creux en ivoire traversé par deux tiges métalliques a

Figure 291.

et b, et fermé par une bille c. On met la tige b en communication avec l'armature extérieure d'une bouteille de

Leyde et la tige a avec l'armature intérieure. L'étincelle se produit, l'air se dilate et projette la bille au loin.

Si le gaz traversé est un mélange tonnant, il y a explosion. C'est ce qui a lieu dans le *pistolet de Volta*. On nomme ainsi un appareil formé d'un vase en métal (fig. 292) dont la paroi est traversée par une tige métal-

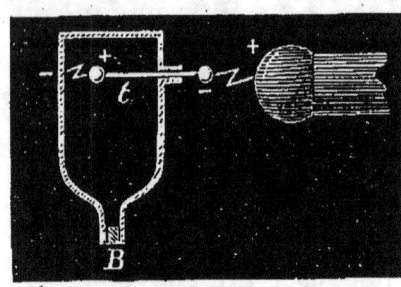

Figure 292.

lique t isolée dans un tube de verre et terminée par une boule à chacune de ses extrémités. La boule intérieure est à une faible distance de la paroi opposée. Pour se servir de l'appareil, on y introduit le mélange tonnant (air et hydrogène, par exemple), et on le ferme avec un bouchon de liège B. Si l'on tient le pistolet à la main, en l'entourant pour plus de précautions avec un linge mouillé, et qu'on présente la boule extérieure à une source d'électricité. Une étincelle jaillit entre la tige et la machine et une autre entre la paroi et la boule intérieure. Cette dernière étincelle enflamme le mélange; l'explosion a lieu et le bouchon est lancé à une grande distance. Si l'étincelle électrique passe à travers du gaz ammoniac, elle le décompose en hydrogène et azote, et si elle passe à travers de l'oxygène, elle l'*ozonise* (*).

416. Effets physiologiques produits par l'étincelle électrique. Lorsqu'on décharge un corps électrisé en en approchant la main, on éprouve une commotion dans les articulations de la main, du bras et jusque dans la poitrine, suivant que la charge est plus ou moins forte.

Au moyen d'une bouteille de Leyde, on peut faire

(*) Sous l'action de l'étincelle électrique, l'oxygène acquiert une odeur particulière, sa densité augmente et ses affinités deviennent plus énergiques. L'oxygène ainsi modifié prend le nom d'*ozone*.

ressentir la commotion à un grand nombre de personnes. A cet effet, elles doivent se tenir par la main et *faire la chaîne*. La personne qui se trouve à une extrémité de la chaîne tient en main la bouteille de Leyde chargée et celle qui est à l'autre extrémité approche le doigt du bouton de l'armature intérieure. L'étincelle jaillit et toutes les personnes qui forment la chaîne sentent la secousse. L'abbé Nollet a transmis ainsi la secousse à 180 personnes. Il tua aussi par la commotion électrique des oiseaux et des poissons de diverses espèces. Si la secousse est violente, elle peut être très dangereuse pour les personnes. Cependant l'électrisation simple n'offre pas le moindre danger. Ainsi, une personne placée sur un tabouret à pied de verre n'éprouve rien de désagréable lorsqu'elle pose la main sur le conducteur d'une machine électrique en activité, bien que, dans ces conditions, la surface de son corps soit chargée d'électricité comme le conducteur. Ce qui peut être dangereux, c'est le passage rapide de l'électricité à travers le corps (*).

ÉLECTRICITÉ ATMOSPHÉRIQUE.

417. Analogie des effets de la foudre et de l'électricité. Dès qu'on connut les effets remarquables que l'on peut

---

(*) « Me trouvant, dit Tyndall, il y a quelques années, à côté d'une batterie de quinze grandes bouteilles de Leyde chargées à saturation, et ayant touché par mégarde un fil métallique qui communiquait avec la batterie, je reçus la décharge. Pendant un laps de temps fort sensible, les phénomènes vitaux cessèrent, mais je ne ressentis aucune douleur. Au bout de quelque temps, je repris mes sens, je vis confusément l'auditoire et les appareils, et je compris alors seulement que j'avais été frappé par la décharge. Quoique j'eusse recouvré avec une rapidité très grande le sentiment intellectuel de ma position, il n'en fut pas de même pour le sentiment optique. Ainsi, mon corps m'apparut formé de parties distinctes ; mes bras, par exemple, me semblaient séparés du tronc et en suspension dans l'air. »

produire avec les bouteilles de Leyde et les batteries électriques, ces effets se trouvèrent si semblables à ceux de la foudre qu'on les soupçonna d'être produits par la même cause. Ce ne fut cependant que longtemps après que *Franklin* (*) en donna la preuve, lorsqu'il eut démontré le *pouvoir des pointes*.

Afin de soutirer l'électricité des nuages, il lança en temps d'orage un cerf-volant surmonté d'une pointe métallique et retenu par un fil de chanvre isolé au moyen d'un cordon en soie qu'il tenait à la main. Il put ainsi faire jaillir des étincelles d'une clef suspendue au fil de chanvre et même charger une bouteille de Leyde.

Buffon, ayant eu connaissance de l'expérience de Franklin, pria Dalibard, physicien français, de la répéter. Celui-ci fit construire une cabane au-dessus de laquelle il éleva une tige de fer de treize mètres de hauteur, isolée à sa partie inférieure. Un nuage électrisé étant venu à passer au-dessus de la tige, il en tira de très fortes étincelles. Le professeur Richman, de Saint-Pétersbourg, qui répétait les expériences de Dalibard, fut tué par une étincelle qui le frappa à la tempe au moment où un nuage électrisé se déchargeait sur la tige.

418. État électrique du sol et de l'atmosphère. L'atmosphère est presque constamment électrisée. Pour s'en assurer, on fait usage d'électroscopes sensibles. Un des plus simples est celui de Saussure. Il est formé de deux balles de sureau *b b* suspendues à des fils de platine très fins (fig. 293). La tige T, très longue, qui soutient ces fils, porte en bas un chapeau en laiton C qui sert à garantir

---

(*) *Benjamin Franklin* est né à Boston en 1696 et est mort à Philadelphie à l'âge de 84 ans. Physicien, il fit progresser les sciences ; diplomate, il contribua à l'affranchissement de sa patrie. Son invention du paratonnerre lui fit adresser par Turgot ce vers devenu célèbre :

Eripuit coelo fulmen sceptrumque tyrannis.

l'appareil. Un arc gradué permet de mesurer l'écart des balles de sureau. Cet électromètre se chargeant par influence prend la même électricité que l'atmosphère, tandis que l'électricité de signe contraire s'échappe par les pointes. Voici les principaux résultats qu'il a fournis :

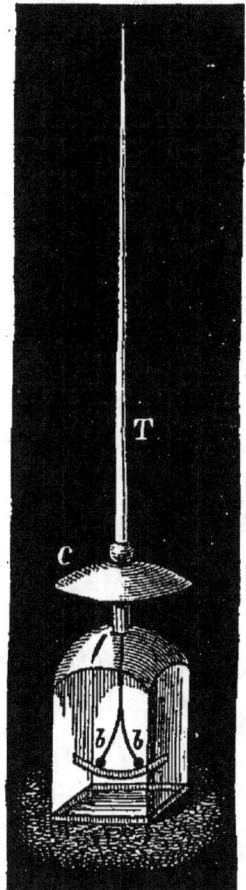

Figure 293.

1º *Lorsque le temps est sec et le ciel pur, l'atmosphère est toujours chargée d'électricité positive.*

2º *Quand le temps est couvert, l'état électrique est généralement très variable et très irrégulier.*

3º *Le niveau électrique augmente au fur et à mesure qu'on s'élève dans l'atmosphère.*

4º *Dans les lieux bas et abrités, tels que les cours des maisons, les rues des villes, les vallées étroites, l'électroscope ne donne aucun signe d'électricité. En rase campagne et sur les plateaux, il faut élever l'appareil au moins à deux mètres au-dessus du sol pour obtenir un écartement sensible des balles de sureau.*

419. Origine de l'électricité atmosphérique. On n'est pas encore fixé sur l'origine de l'électricité atmosphérique.

Pouillet l'attribue à l'évaporation et à la végétation. Il a montré que l'eau chargée d'une matière saline donne naissance à de l'électricité des deux signes en se vaporisant. La vapeur qui s'échappe s'électrise positivement et la capsule négativement. L'évaporation continuelle qui se fait à la surface de la terre expliquerait donc facilement *l'état électrique négatif du sol et l'état positif de l'air.*

Cependant MM. *Riess* et *Reich*, physiciens allemands, prétendent qu'ayant répété les expériences de M. *Pouillet*, ils n'ont obtenu aucun développement d'électricité tant que la capsule contenant le liquide n'était pas échauffée jusqu'à produire la caléfaction de l'eau (*).

D'après *Peltier*, l'air ne contiendrait pas d'électricité. La terre *étant électrisée négativement*, les vapeurs qui se forment à sa surface emportent une partie de cette électricité et forment une couche superficielle dans laquelle les électromètres qui y sont entièrement plongés ne donnent aucun signe d'électricité. Mais dès qu'en les élevant, on les a fait sortir de cette couche, les balles de sureau accusent la présence d'électricité positive produite par l'influence de l'électricité négative qui se trouve en dessous.

Nous nous dispenserons de faire connaître les autres hypothèses qui ont été proposées pour expliquer l'origine de l'électricité atmosphérique.

420. Électricité des nuages. Habituellement, l'électricité des nuages est négative ; parfois, cependant, elle est positive. Voici comment le fait s'explique dans l'hypothèse de Peltier : Si un nuage s'électrise par contact en rasant le flanc d'une montagne, il prendra l'électricité du sol, c'est-à-dire qu'il s'électrisera négativement. S'il se tient à une certaine hauteur, il aura les électricités contraires sur ses deux faces, parce qu'il est électrisé par induction. Dans ce dernier cas, s'il se résout en pluie par le bas, il ne conservera que l'électricité de la face supérieure, et s'il se sépare, les deux parties possèderont l'une ou l'autre électricité.

(*) M. Van der Mensbrugghe, professeur à l'Université de Gand, dans un travail inséré dans les *Bulletins de l'Académie royale de Belgique* (1881), attribue l'électricité de l'air aux variations de l'*énergie potentielle* de la surface des liquides.

On peut aussi, en admettant que l'air est électrisé positivement, expliquer la formation des nuages positifs en disant qu'ils ont emprunté leur électricité à l'air au moment de leur formation (*).

Il y aurait donc, d'après ces considérations, des nuages électrisés négativement et d'autres positivement.

(*) D'après M. *Spring*, cette hypothèse, qui est généralement admise aujourd'hui, non seulement ne permet pas de rendre compte de tous les phénomènes météorologiques observés pendant les orages, mais est de plus en opposition avec des faits universellement connus de la physique. Ainsi, pour ne citer qu'une objection, toutes les vésicules d'eau constituant un même nuage devraient, d'après cette hypothèse, posséder la même électricité ; elles se repousseraient donc et se disperseraient. Or, en temps d'orage, les nuages ont, au contraire, tous les caractères d'une grande densité.

M. Spring, dans une très intéressante notice publiée dans les *Bulletins de l'Académie royale de Belgique* (3e série, tome IV, no 7, 1882), fixe le véritable siège de l'électricité des nuages, non pas, comme on le croit communément, dans les nuages humides formés de gouttelettes d'eau et tels que nous les connaissons, mais dans les parties froides et sèches de l'atmosphère, où la condensation de la vapeur d'eau n'a pas lieu sous forme de globules liquides, mais bien sous forme de cristaux solides.

Quant à l'électricité, elle serait développée, d'après ce savant, pendant la formation des grêlons. En effet, il a constaté que *tout changement dans la grandeur de la surface d'un corps, liquide ou solide* (la quantité *pondérale* de ce corps restant la même), *est accompagné d'une production d'électricité*. Ainsi, deux gouttes de mercure, de même diamètre, à l'état naturel, venant à se fondre, donnent naissance à une nouvelle goutte dont la surface est plus petite que la somme des surfaces des gouttes composantes. Après la réunion des deux gouttes en une seule, le mercure est assez fortement électrisé. M. Van der Mensbrugghe est aussi arrivé au même résultat par des considérations différentes. Or, les grêlons étant le résultat de l'union d'un grand nombre de cristaux de grésil, il en résulte une diminution de surface libre ; de là développement d'électricité à laquelle s'ajoutera encore le frottement des grêlons contre l'air. Si tous les orages ne sont pas accompagnés de grêlons, cela provient de ce que ceux-ci rencontrent dans leur chute des couches d'air plus chaudes qui les fondent totalement avant d'atteindre le sol. Ainsi, les gouttes de pluie larges qui s'étalent éparses au début d'un orage, ne peuvent être autre chose que de gros grêlons fondus qui sont tombés plus vite, parce que leur volume était plus fort.

421. Éclairs. — Tonnerre. — Foudre. Si deux nuages ayant des potentiels électriques différents se rapprochent suffisamment, une étincelle jaillit entre eux : c'est l'*éclair* ; mais si l'étincelle jaillit entre le nuage et le sol, on dit que la *foudre tombe*.

Le *tonnerre* est le bruit qui accompagne la déchárge électrique.

Les éclairs ont des formes assez dissemblables. Arago les partagè en trois classes :

Dans la première, il range les éclairs qui ont la forme d'un *sillon de lumière très resserré, très mince, très arrêté sur les bords.* On en a observé de blancs, de violacés et de bleuâtres. Ils ne se propagent pas en ligne droite, mais dessinent dans l'espace les zig-zags les plus prononcés.

A la deuxième appartiennent *les éclairs rougeâtres qui illuminent les nuages environnants.* Ce sont de beaucoup les plus communs. Quand il arrive qu'un éclair de la deuxième classe est sillonné par un éclair en zig-zag de la première, la différence de leurs couleurs est très aisée à distinguer.

Les éclairs de la troisième classe sont connus sous le nom de *foudre globulaire.* Ce sont des globes lumineux que l'on voit parfois se diriger vers la terre et rebondir sur le sol. Tantôt ils éclatent avec fracas, et tantôt ils se dissipent sans faire explosion. La nature de ce phéno-mène est tout à fait inconnue; cependant M. *G. Planté* est parvenu, jusqu'à un certain point, à les imiter au moyen de ses *piles secondaires* que nous étudierons plus loin.

Le *bruit du tonnerre* peut quelquefois se comparer au cri aigre du papier qu'on déchire; d'autres fois au bruit d'un pistolet; mais le plus souvent il est plein et grave. C'est alors un roulement qui va tantôt en s'affaiblissant, tantôt en augmentant. Il s'écoule toujours un certain temps entre l'apparition de l'éclair et le bruit du tonnerre.

La propagation de la lumière étant pour ainsi dire instantanée et le son parcourant 340 mètres par seconde (**239**), on peut trouver à quelle distance se trouve le siège de l'orage en multipliant par 340 le nombre de secondes qui s'écoule entre la perception des deux phénomènes.

422. Effets produits par la foudre. — Choc en retour. La foudre produit des effets qui ne diffèrent de ceux que l'on obtient avec nos machines électriques que par leur intensité.

Ainsi, elle fond souvent les métaux qu'elle traverse, et perfore ou brise les corps mauvais conducteurs. Dans sa marche, elle suit non pas le chemin le plus court, mais celui qui est formé par les meilleurs conducteurs. Si elle sillonne l'atmosphère en zig-zags, c'est pour suivre les parties de l'air les plus chargées d'humidité. Elle suit avant tout les conducteurs métalliques ; ce n'est qu'à l'extrémité de ceux-ci, au moment où elle les quitte pour passer à un autre conducteur, qu'elle produit ses effets désastreux.

Les objets élevés sont évidemment les plus exposés à être foudroyés, surtout s'ils sont terminés en pointe : tels sont les clochers, les cheminées, les édifices élevés, les arbres. Cependant, les arbres résineux sont rarement atteints. Il est donc prudent, pendant les orages, de ne pas se réfugier sous un arbre élevé, surtout s'il est isolé. Dans les maisons, on s'éloignera des masses métalliques et l'on se tiendra à distance des cheminées. On est moins exposé au milieu d'une chambre que près des murailles.

Quant à l'homme et aux animaux, ils sont tués ou seulement étourdis. La mort paraît être causée par un ébranlement nerveux.

Mais les hommes et les animaux peuvent éprouver de violentes commotions et même être tués à l'instant où la foudre tombe en un point assez éloigné d'eux. C'est ce phénomène qui est connu sous le nom de *choc en retour*. Voici comment on l'explique :

Lorsqu'un nuage orageux passe lentement à une faible distance du sol, tous les objets qui sont à sa surface s'électrisent fortement par induction. Au moment de la chute de la foudre, le nuage repasse à l'état naturel, mais l'électricité accumulée sur les corps soumis à l'influence du nuage, n'étant plus captive, retourne brusquement dans le sol et peut amener des désordres graves dans le corps des êtres animés qu'elle traverse.

On peut démontrer par une expérience la réalité de cette explication.

On place dans le voisinage du conducteur d'une machine électrique en activité, une grenouille écorchée suspendue à un support métallique. Chaque fois que l'on tire une étincelle de la machine, la grenouille est vivement agitée.

423. Paratonnerre. Le seul moyen efficace de se garantir des effets de la foudre est de faire usage des paratonnerres, inventés, avons-nous dit, par Franklin.

Ils sont fondés sur le pouvoir qu'ont les pointes métalliques, mises en communication avec le sol, de ramener à l'état naturel un corps chargé d'électricité.

L'installation d'un paratonnerre comprend :

1° Une tige en fer terminée par une pointe en métal inaltérable, du cuivre doré ou du platine.

2° Un *conducteur* formé d'une barre de fer ou de cuivre partant du pied de la tige et se rendant dans le sol. Comme il ne peut être d'une seule pièce, on réunit plusieurs barres bout à bout pour le former. On emploie aussi des câbles de fil de fer galvanisé.

3° Une communication avec le sol. Cette communication doit être établie avec un soin spécial, car elle exerce sur le fonctionnement du système la plus grande influence. Si l'on a un puits ou des conduites d'eau assez étendues à sa disposition, on fait plonger le conducteur dans l'eau du puits, ou bien on le relie avec les conduites. Lorsqu'on ne possède aucune de ces ressources, on fore un trou vertical de plusieurs mètres, dans l'axe duquel on fixe l'extrémité du conducteur, et l'on remplit ce trou avec de la braise de boulanger qui conduit beaucoup mieux que le charbon ordinaire.

S'il se trouve dans le voisinage du paratonnerre des pièces métalliques, il faut, pour éviter les décharges latérales, les mettre en communication avec le pied de la tige en fer.

On ne sait pas au juste la limite d'efficacité d'un paratonnerre; mais on admet dans la pratique *qu'il protège un espace circulaire d'un rayon double de sa hauteur.*

Le paratonnerre a un double rôle :

1° A cause de son élévation et de sa forme, il attire la foudre pour la conduire dans le sol où elle se dissipe.

2° Influencé par le nuage orageux, il offre un facile écoulement à l'électricité de signe contraire qui neutralise en partie celle du nuage. Il prévient ainsi l'explosion de la foudre.

M. *Melsens* rend le paratonnerre plus efficace en le terminant par plusieurs pointes. Les paratonnerres qui protègent l'hôtel de ville de Bruxelles ont été placés sous sa direction (*).

(*) Sur le sommet de la tour de cet édifice, il a disposé dans des directions différentes, et au-dessous de l'archange dont l'épée placée la pointe en l'air forme elle-même un premier paratonnerre, une série de tiges inclinées. Des tiges semblables, au nombre de 428, sont établies en différents autres points

ÉLECTRICITÉ DYNAMIQUE.

CHAPITRE I.

PILES ÉLECTRIQUES.

424. Courant. — **Pile électrique.** Nous avons dit (**390**) que lorsqu'on fait communiquer par un fil métallique mince deux corps bons conducteurs ayant des niveaux électriques différents, il se produit dans le fil conjonctif un état particulier de l'électricité que l'on a nommé *courant électrique,* par analogie avec ce qui a lieu lorsqu'on fait communiquer deux vases contenant un liquide à des niveaux différents. Comme pour les liquides, le courant est supposé se diriger du corps qui possède le niveau électrique le plus élevé vers l'autre. Ce courant a évidemment une durée excessivement courte, et cesse dès que les deux corps reliés ont atteint le même niveau.

Pour lui donner de la continuité, il faut, par un moyen quelconque, maintenir une différence entre les niveaux électriques des deux corps ; c'est à quoi l'on parvient

du bâtiment. Elles sont reliées entre elles par un réseau de conducteurs en fils de fer galvanisés. Tous ces conducteurs, rassemblés dans la cour principale du monument, sont noyés dans un bloc de zinc, puis soudés à un gros tuyau en fer qui plonge dans un puits qui n'est jamais étanche. Ce tuyau est relié aux conduites d'eau et de gaz de la ville.

à l'aide d'appareils générateurs d'électricité, parmi lesquels les *piles* figurent en première ligne.

On construit deux sortes de piles :

1° Celles dans lesquelles l'électricité est produite par des actions chimiques ; ce sont les piles *hydro-électriques*.

2° Celles qui empruntent leur électricité à la chaleur, et qui ont reçu le nom de piles *thermo-électriques* (*).

PILES HYDRO-ÉLECTRIQUES.

425. Pile de Volta (**). C'est en 1800 que Volta fit connaître l'admirable instrument qui porte son nom.

Un *élément* ou *couple* de cette pile (fig. 294) est formé d'un disque de cuivre C et d'un disque de zinc Z séparés

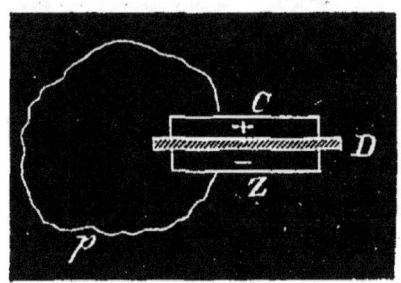

par une rondelle de drap D mouillée avec de l'eau rendue acide par quelques gouttes d'acide sulfurique. L'eau acidulée agit sur le zinc qu'elle transforme en sulfate de zinc et de l'hydrogène est mis en liberté.

Figure 294.

La réaction est exprimée par la formule :

$$H^2SO^4 + Zn = ZnSO^4 + H^2.$$

En même temps que cette action chimique se produit, le zinc s'électrise négativement et l'acide prend l'électricité positive qui passe sur le cuivre. Si maintenant, on

---

(*) Il semble bien établi aujourd'hui que toute modification dans l'équilibre moléculaire d'un corps engendre de l'électricité. Le frottement ne donnerait de l'électricité que parce que l'état moléculaire des surfaces frottées est modifié. On conçoit, d'après cela, que les actions chimiques qui troublent si profondément l'arrangement des molécules des corps, constituent une source d'électricité. La chaleur, pour une raison analogue, doit aussi en produire.

(**) *Volta*, professeur de physique à Pavie, né en 1745, mort en 1827.

fait communiquer par un fil de métal p le cuivre avec le zinc, en vertu de la différence de leurs niveaux électriques, il se produira dans le fil conjonctif un courant qui sera *continu*, parce que, au fur et à mesure que l'électricité s'écoule du cuivre vers le zinc, l'action chimique rétablit la différence des niveaux électriques nécessaire à son existence (*).

Si le drap mouillé séparait deux disques métalliques non attaquables par l'eau acidulée, deux lames de platine, par exemple, il ne se produirait pas de courant, puisqu'il n'y a pas d'action chimique. Il ne s'en produirait pas non plus si les métaux séparés étaient identiques, la différence des niveaux électriques étant nulle dans ce cas. Mais si les deux métaux sont inégalement attaqués, il y aura entre eux une différence de niveau qui produira un courant, et ce courant sera d'autant plus fort que la différence d'action de l'eau acidulée sur les métaux sera plus grande. D'où il suit que, pour obtenir le maximum d'effet, il faut composer l'élément de pile d'un métal attaquable et d'un métal non attaquable, séparés par une rondelle de drap mouillé avec de l'eau acidulée.

Il est utile de remarquer que *le métal attaqué s'électrise négativement, tandis que le liquide s'électrise positivement.*

426. Pile à colonne. En *empilant* un certain nombre d'éléments voltaïques toujours dans le même ordre, on a

---

(*) L'élément de la pile, d'après Volta, est formé d'un disque de cuivre soudé à un disque de zinc, et c'est *au contact seul* de ces deux métaux qu'il a attribué le développement de l'électricité. La rondelle de drap mouillé n'agit que comme simple conducteur. La *théorie de Volta,* que nous ne développerons pas, a encore aujourd'hui quelques partisans; mais nous avons préféré la *théorie chimique,* parce que, s'il y a des circonstances où le simple contact produit de l'électricité, il n'est pas douteux que dans les piles hydro-électriques la majeure partie de l'électricité ne doive être attribuée à l'action chimique.

la *pile à colonne* (fig. 295). Si elle commence par un zinc Z, elle se termine nécessairement par un cuivre C. On la maintient entre des colonnes de verre pour éviter son effondrement. Pour étudier la distribution de l'électricité dans la pile, on se sert d'un électromètre, la balance de torsion de Coulomb convient très bien pour cet usage.

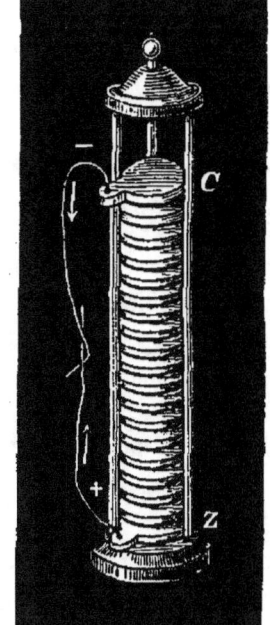

A l'aide de cet instrument et d'un plan d'épreuve, on peut constater les faits suivants :

a) Lorsque la pile est isolée en la plaçant sur une lame de verre.

1° L'extrémité Z est électrisée négativement et l'extrémité C positivement.

2° Le milieu ne manifeste aucun signe d'électricité, ni positive, ni négative.

3° Le potentiel ou le niveau électrique croît dans les deux sens, à partir du milieu, proportionnellement au nombre d'éléments. Quand on dit que le niveau croît vers l'extrémité négative, on entend par là que ce niveau est de plus en plus bas par rapport à celui du milieu de la pile, qui peut ici être représenté par zéro.

Figure 295.

b) Si la pile est en communication avec le sol par le zinc inférieur, elle ne manifeste que la présence de l'électricité positive, mais son niveau, nul en Z, croît proportionnellement au nombre des éléments jusqu'en C (*).

(*) Ce fait peut être démontré en admettant : 1° que la différence des niveaux ou des potentiels est constante pour un même métal en contact avec un même liquide et qu'elle est plus ou moins grande suivant la nature du métal et du liquide; 2° que cette différence est indépendante de l'état électrique primitif des deux corps. En effet, soit une pile de *n* éléments (zinc, liquide, cuivre)

c) Si elle communique avec le sol par l'extrémité cuivre, ce qu'on obtient en la retournant, elle ne contiendra que de l'électricité négative dont le niveau croîtra depuis C jusqu'en Z, suivant la même loi.

d) Mais que la pile soit isolée ou ne le soit pas, la différence des niveaux électriques aux deux extrémités est constante.

Ainsi, si nous représentons par h et $-h$ les niveaux électriques aux deux extrémités d'une pile isolée, la différence de ces niveaux est $2h$. Mais si la même pile n'est pas isolée et communique avec le sol par le zinc inférieur,

---

dont le premier zinc communique avec le sol, et supposons que la différence constante des potentiels entre le liquide et le zinc soit égale à $+ h$.

Le potentiel du zinc du premier élément est 0, puisque ce métal communique avec le sol, celui du liquide est $+ h$, de manière que la différence $h - 0$ soit égale à $+ h$; enfin celui du cuivre, par suite de son contact avec le liquide, sera également $+ h$, en supposant qu'il n'y ait pas d'action chimique entre le liquide et le cuivre, de sorte que l'on aura :

1er élément	Zinc	0
	Liquide	$+ h$
	Cuivre	$+ h$

Le zinc du second élément étant en contact avec le cuivre du premier élément prend le potentiel $+ h$; on aura donc :

2e élément	Zinc	$+ h$
	Liquide	$+ 2h$
	Cuivre	$+ 2h$
3e élément	Zinc	$+ 2h$
	Liquide	$+ 3h$
	Cuivre	$+ 3h$
. . . .		
$n$me élément	Zinc	$+ (n - 1) h$
	Liquide	$+ nh$
	Cuivre	$+ nh$

On trouverait de même facilement que si la pile était en communication avec le sol par son extrémité cuivre, le dernier zinc posséderait un potentiel $- nh$, et que si la pile était isolée, les tensions aux deux extrémités seraient $+ \frac{nh}{2}$ et $- \frac{nh}{2}$.

par exemple, on trouvera pour le niveau de ce zinc 0 et pour le niveau du dernier cuivre $2h$. Donc, la différence des niveaux est encore $2h$.

La différence des niveaux aux deux extrémités de la pile étant la cause du mouvement électrique qui constitue le courant, représente ce qu'on appelle la *force électro-motrice*.

Pour produire le courant, il faut réunir les extrémités de la pile que l'on nomme *pôles* par des fils métalliques, le plus souvent en cuivre, nommés *rhéophores* (littéralement *porte-courants*). Leurs extrémités se nomment les *électrodes* (littéralement *chemin de l'électricité*) positive et négative de la pile.

Le courant marche évidemment du pôle électrisé *en plus* vers l'autre pôle électrisé *en moins*.

427. Inconvénients de la pile à colonne. La pile à colonne de Volta a reçu de nombreuses modifications; mais pour les comprendre, il convient de signaler les inconvénients auxquels ces modifications ont tenté de remédier.

1° L'acide s'use, par suite l'action chimique faiblit et s'arrête, ainsi que la production d'électricité.

2° Les rondelles de drap comprimées laissent couler le liquide le long de la colonne, ce qui établit entre les éléments des communications qui ont pour effet de diminuer la quantité d'électricité passant par le fil conjonctif.

3° La pile est d'un entretien difficile.

Nous ne décrirons que les deux modifications proposées par Cruikshank et Wollaston, les autres n'ayant plus aujourd'hui qu'un intérêt historique.

428. Pile à auges (fig. 296). *Cruikshank* a imaginé la disposition suivante : Une caisse rectangulaire C en bois dont l'intérieur est revêtu d'un mastic isolant, est divisée en compartiments par des lames zinc et cuivre soudées et disposées verticalement dans des rainures. De l'eau aiguisée d'acide sulfurique est versée dans chaque compartiment. Dans le compartiment extrême de gauche,

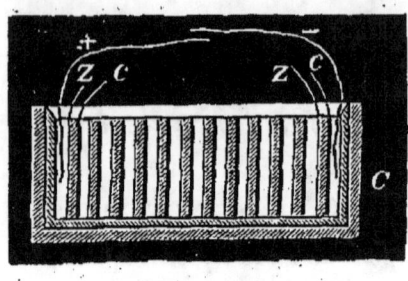

Figure 296.

côté zinc, plonge une lame de cuivre qui enlève à l'acide son électricité positive. Elle constitue donc le pôle positif. Le pôle négatif est la lame de cuivre qui plonge dans le compartiment extrême de droite. En effet, dans ce compartiment, l'action chimique est nulle et le liquide qu'il renferme reçoit par conductibilité son électricité du cuivre du dernier élément, lequel la reçoit de la même manière du zinc qui le touche.

429. Pile de Wollaston (fig. 297). Un élément de cette pile est formé d'une lame épaisse de zinc Z, enveloppée

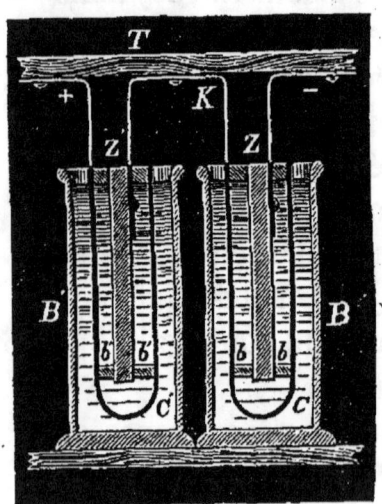

Figure 297.

d'une feuille de cuivre en forme d'U et qui en est séparée par de petits morceaux de bois b. Le tout plonge dans un bocal B contenant de l'eau acidulée. Le cuivre de ce premier élément est relié par une bande de cuivre K avec le zinc Z' du second élément, et ainsi de suite. Les zincs et les cuivres sont attachés, comme l'indique la figure, à une tringle en bois T qu'on peut soulever. Lorsque es métaux ne plongent plus dans le liquide, l'action chimique cesse ainsi que le courant.

La lame de cuivre soudée au zinc Z est évidemment le pôle négatif, et la lame de cuivre libre à l'autre bout, le pôle positif.

430. Propriété du zinc amalgamé. En 1828, le physicien *Kemp* a reconnu qu'une lame de zinc amalgamé n'est pas attaquée quand on la plonge dans de l'eau acidulée par de l'acide sulfurique (*).

Pour s'en assurer par l'expérience, on soude la lame de zinc amalgamé Z à un fil de cuivre C (fig. 298), et on

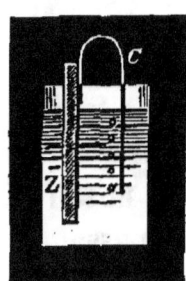

Figure 298.

la plonge dans l'eau acidulée. Aucun phénomène ne se produit, mais dès qu'on fait plonger le fil de cuivre dans le liquide, l'action chimique commence et le fil se recouvre de bulles de gaz hydrogène. L'action chimique cesse dès que le fil n'est plus immergé. C'est cette propriété précieuse du zinc amalgamé qui l'a fait préférer pour les piles au zinc ordinaire. Son emploi constitue un perfectionnement d'une grande importance. En effet, l'action chimique n'ayant lieu que lorsque le circuit est fermé, le zinc et l'acide ne s'usent que lorsque la pile fonctionne.

431. Force de polarisation. On nomme ainsi *la force qui tend à diminuer l'intensité du courant électrique.* Cette diminution peut se constater en mesurant avec un électromètre la différence des niveaux des pôles de la pile. En espaçant les mesures, on trouvera des valeurs de plus en plus petites. La diminution d'intensité du courant est due à deux causes :

1° Le dépôt d'hydrogène sur le cuivre fait obstacle au passage de l'électricité et diminue d'autant la force électro-motrice.

(*) Pour amalgamer une lame de zinc, c'est-à-dire pour recouvrir sa surface d'une couche de mercure, on la *décape* en la plongeant pendant quelques instants dans de l'eau mêlée avec le $\frac{1}{16}$ de son volume d'acide sulfurique, puis on la frotte avec du mercure en se servant d'une brosse de *fils de laiton*. On peut encore produire l'amalgamation en frottant le zinc avec une dissolution de chlorure mercurique (sublimé corrosif).

2° Le courant qui, dans le fil conjonctif, passe du cuivre au zinc, circule dans le liquide du zinc au cuivre.

Sous son action, le sulfate de zinc dissout se décompose et le zinc provenant de cette décomposition se dépose sur la lame de cuivre. Ce zinc déposé donne aussi évidemment naissance à un courant, mais inverse du courant principal, qu'il diminue d'intensité.

432. Moyens de combattre la force de polarisation. On peut éviter le dépôt de l'hydrogène sur le cuivre en fournissant à ce gaz des substances qui s'y combinent.

Quant au dépôt de zinc, on peut l'empêcher en faisant usage de diaphragmes poreux qui permettent le passage des gaz et des liquides et forment obstacle au passage des corps solides.

Il existe un très grand nombre de piles dans lesquelles on est parvenu plus ou moins à éviter la polarisation. Nous ferons connaître les plus employées.

433. Pile de Daniell. Décrivons, en premier lieu, la pile de Daniell, inventée en 1836.

Un couple de cette pile (fig. 299) est formé d'un vase de verre V contenant l'eau acidulée par de l'acide sulfu-

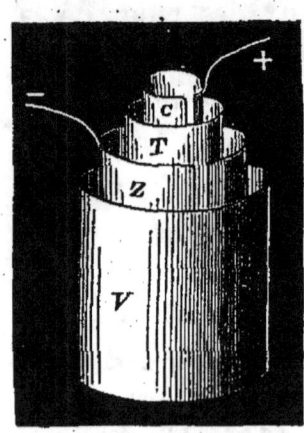

Figure 299.

rique. Dans cette eau plonge un cylindre Z de zinc amalgamé, fendu dans toute sa longueur. Une lame de cuivre y est soudée; c'est le pôle négatif. A l'intérieur du cylindre de zinc se trouve un vase de terre poreuse T, contenant une dissolution saturée de sulfate de cuivre, dans laquelle plonge une lame de cuivre C qui est le pôle positif.

Quand le circuit est fermé, l'action chimique commence. L'eau acidulée, en agissant sur le zinc, produit

du sulfate de zinc qui reste dissout dans l'eau. L'hydrogène produit passe à travers le vase poreux; mais, au
lieu de se déposer sur le métal positif, il décompose le
sulfate de cuivre, d'après la formule :

$$CuSO^4 + H^2 = H^2SO^4 + Cu.$$

Le cuivre, mis en liberté, se *précipite*; l'acide sulfurique régénéré passe à travers le vase poreux et maintient l'acidité de l'eau en contact avec le zinc.

Quant au zinc provenant de la décomposition du sulfate de zinc par le courant intérieur, il ne peut, comme
dans les piles du type Volta, se déposer sur le cuivre,
à cause du vase poreux qui l'arrête.

Cette pile donne un courant remarquablement constant
d'intensité, pourvu que l'on ait soin d'empêcher l'évaporation des liquides et que l'on maintienne la dissolution
de sulfate de cuivre saturée. Cette pile présente cependant les inconvénients suivants :

1° Le cuivre précipité par l'hydrogène se dépose en
croûtes cristallines sur le vase poreux, en épaissit les
parois et leur enlève leur perméabilité.

2° La dissolution de sulfate de cuivre passe peu à peu
à travers le vase poreux et est décomposée par le zinc
quand même la pile ne fonctionne pas. Donc : usure
constante du zinc sans profit.

434. Pile de Grove. En 1839, *Grove* a proposé d'employer comme liquide dépolarisant l'acide azotique.

Un élément de Grove comprend : 1° un vase contenant
l'eau acidulée, 2° un cylindre de zinc amalgamé, fendu
suivant sa longueur, 3° un vase poreux contenant de
l'acide azotique dans lequel plonge une lame de platine
contournée en S. Grove ne pouvait conserver le cuivre
comme métal inactif, parce qu'il est violemment attaqué
par l'acide azotique. C'est pourquoi il l'a remplacé par
le platine sur lequel l'acide n'a pas d'action.

Dans cette pile, l'hydrogène décompose l'acide azotique en formant de l'eau et du peroxyde d'azote qui s'échappe sous forme de vapeurs rutilantes.

La réaction s'exprime par la formule :

$$2HAzO^5 + H^2 = 2H^2O + Az^2O^4.$$

La pile de Grove donne un courant énergique, mais elle présente plusieurs inconvénients :

1° Le prix élevé du platine.

2° Le dégagement des vapeurs nitreuses qui sont incommodes et insalubres.

3° La détérioration, par ces vapeurs, des métaux qui établissent le contact lorsqu'on réunit les couples en piles.

4° Le peu de continuité du courant, à cause de l'affaiblissement de l'acide azotique et, par conséquent, de la diminution de son pouvoir dépolarisant.

435. Pile de Bunsen. En 1843, *Bunsen* a apporté à la pile de Grove une modification qui l'a rendue réellement pratique. Il a remplacé la feuille de platine par une lame de charbon C de cornue à gaz (fig. 300) (*).

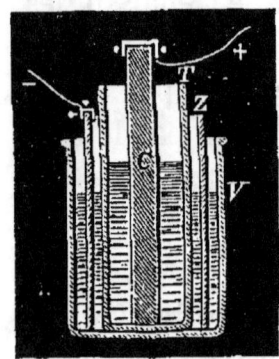

Figure 300.

A part le prix, qui est moins élevé, la pile de Bunsen présente les mêmes inconvénients que celle de Grove.

On peut se soustraire à l'action nuisible des vapeurs nitreuses en montant la pile en plein air.

436. Pile au sulfate de mercure. En 1859, *Marié-Davy* proposa d'employer comme

---

(*) Le *charbon de cornue* est une espèce de coke très dur, qui se dépose sur les parois des cornues qui servent à préparer le gaz d'éclairage par la distillation de la houille; comme toutes les variétés de charbon qui ont été portées à une haute température, il conduit bien l'électricité.

matière dépolarisante le sulfate de mercure, au lieu de l'acide azotique.

Cette pile est donc en tout semblable à la pile de Bunsen, si ce n'est que le sulfate de mercure, humecté d'eau, est tassé dans le vase poreux autour du charbon.

Sous l'action de l'hydrogène, le sulfate de mercure donne du mercure qui se dépose et de l'acide sulfurique qui sert à maintenir l'acidité de l'eau qui baigne le zinc.

La réaction s'exprime par :

$$HgSO^4 + H^2 = H^2SO^4 + Hg.$$

Cette pile présente les avantages suivants :

1° Elle ne donne pas d'émanations gazeuses.

2° Le dépôt métallique ne peut diminuer la perméabilité du vase poreux, puisqu'il est liquide.

Le seul inconvénient que présente cette pile est de ne fonctionner d'une manière constante que pour des courants faibles, à cause du peu de solubilité du sulfate de mercure.

437. Pile à bouteille de Grenet. *Poggendorf* a proposé d'employer le bichromate de potassium comme substance dépolarisante.

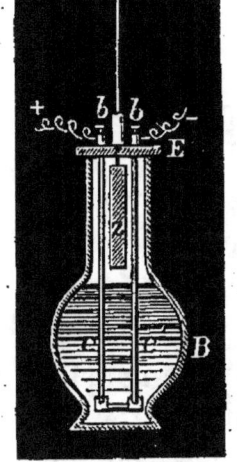

La pile la plus connue où l'on emploie ce sel est la *pile à bouteille* de Grenet.

Un élément de cette pile (fig. 301) est formé d'une bouteille à large goulot B fermé par un couvercle d'ébonite E. Une lame de zinc amalgamé Z, fixée à une tige de laiton, peut monter ou descendre, suivant qu'on veut arrêter le fonctionnement de la pile ou la mettre en activité. Deux lames de charbon C et C',

Figure 301.

fixées de part et d'autre de la lame de zinc et parallèlement, sont suspendues au couvercle en ébonite, qui porte deux bornes *b*. Une de ces bornes communique avec le zinc et l'autre avec le charbon. Le liquide que contient la bouteille se forme en dissolvant 100 grammes de bichromate de potassium dans un litre d'eau bouillante à laquelle on a mêlé 50 grammes d'acide sulfurique.

Dans cette pile, l'hydrogène provenant de l'action de l'acide sulfurique sur le zinc décompose le bichromate de potassium en lui enlevant de l'oxygène qui est transformé en eau, et le sel réduit est transformé par l'acide sulfurique en alun de chrôme.

Voici comment peut s'exprimer la réaction :

$$Zn + H^4SO^4 = ZnSO^4 + H^2.$$

$$2KCrO^4 + 4H^4SO^4 + 8H = Cr^2(SO^4)^3, K^2SO^4 + 8H^2O.$$

Ces piles donnent tout d'abord un courant assez intense, mais qui s'affaiblit rapidement, parce que la dépolarisation est loin d'être complète.

438. Pile de Leclanché. M. *de la Rive* a, le premier,

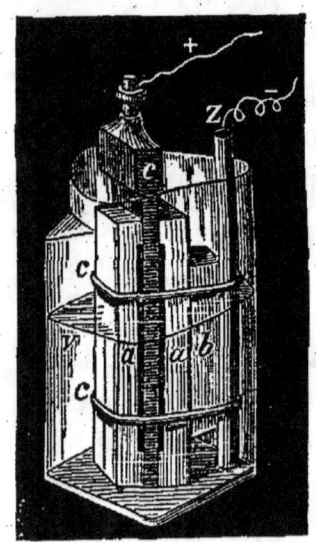

Figure 302.

indiqué le peroxyde de manganèse comme matière dépolarisante. *Leclanché* a su en tirer un excellent parti dans la pile qui porte son nom.

Dans le modèle généralement employé aujourd'hui, un élément se compose (fig. 302) d'un vase de verre V contenant une dissolution de chlorure d'ammonium (sel ammoniac). Le corps inactif est formé d'une lame rectangulaire de charbon de cornue à gaz C, placée entre deux plaques d'aggloméré *a*, *a*, au peroxyde de manganèse (*). Un crayon de

---

(*) Cet aggloméré est obtenu en soumettant à l'action d'une presse

zinc amalgamé Z, qui prend l'électricité négative, est séparé de l'aggloméré *a* par une pièce de bois *b* et le tout, serré par deux bagues de caoutchouc *c*, *c*, plonge dans la dissolution de sel ammoniac.

D'après Leclanché, le sel ammoniac en agissant sur le zinc forme du chlorure de zinc, de l'ammoniaque et de l'hydrogène. Ce dernier gaz réduit le peroxyde de manganèse et se transforme en sesquioxyde.

Les réactions peuvent s'exprimer comme suit :

$$2\,(AzH^4Cl) + Zn = ZnCl^2 + 2AzH^3 + H^2.$$
$$2MnO^2 + H^2 = H^2O + Mn^2O^3.$$

Mais, en réalité, les réactions sont plus complexes que ne l'indique Leclanché.

Un inconvénient de cette pile est le grimpement des sels le long des parois, par suite de l'évaporation des liquides. Le meilleur moyen de l'éviter est de recouvrir d'une couche mince de paraffine la partie de la paroi intérieure du vase qui se trouve au-dessus du niveau du liquide.

A côté de ce léger inconvénient, la pile de Leclanché présente de sérieux avantages. Elle emploie des substances à bon marché et l'usure est nulle quand elle ne fonctionne pas. Elle donne un courant régulier et sa force électro-motrice est supérieure à celle de la pile de Daniell. Aussi est-elle presqu'exclusivement employée par la télégraphie et pour faire mouvoir les sonneries.

PILES THERMO-ÉLECTRIQUES.

439. Élément thermo-électrique. En 1821, *Seebeck* de Berlin découvrit que la chaleur peut produire de l'électricité.

---

hydraulique un mélange formé de 40 parties de peroxyde de manganèse, 52 de charbon, 5 de gomme-laque et 3 de sulfate acide de potassium.

Un élément thermo-électrique est composé de deux métaux soudés formant un circuit. Le plus simple serait formé d'un barreau de bismuth B (fig. 303) auquel seraient soudées les extrémités S et S' d'un fil de cuivre. Si l'on

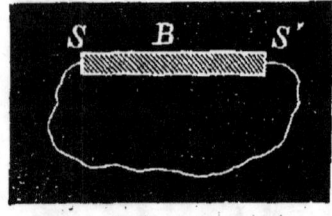

chauffe une des soudures seulement, le circuit sera parcouru par un courant électrique dont le sens dépendra de la soudure chauffée. L'intensité de ce courant est faible : on la mesure à

Figure 303.

l'aide d'instruments nommés *rhéomètres* (mesure-courants) que nous ferons bientôt connaître. Si la *différence* de température entre les deux soudures reste *constante*, l'intensité du courant sera aussi *constante*, et si les deux soudures sont maintenues à la même température, quelle qu'elle soit, le rhéomètre n'accuse aucun courant. Cependant, il est infiniment probable qu'il se produit dans ce cas des courants égaux et de sens contraires dont les effets s'annulent.

L'intensité du courant produit par un élément thermo-électrique dépend de la nature des métaux soudés. M. *Becquerel* a reconnu que c'est l'élément bismuth-antimoine qui donne lieu à la plus grande force électro-motrice. C'est pourquoi Melloni l'a adopté pour la pile de son *thermo-multiplicateur* qui a été décrite à la page 235, sous le nom de *pile de Nobili*.

440. Pile de Nobili. Rappelons que la pile de Nobili est formée d'une série d'éléments bismuth-antimoine soudés l'un à l'autre; et que la plus légère différence de température entre les soudures de rang pair et les soudures de rang impair donne un courant.

Pour que cette différence soit la plus forte possible sans élever les soudures à une température à laquelle elles pourraient entrer en fusion, on refroidit une série de soudures par de la glace en même temps que l'on chauffe l'autre.

441. Courant thermo-électrique dans un circuit formé d'un seul métal. Il n'est pas absolument nécessaire pour qu'il y ait courant, que le circuit soit formé de deux métaux différents. On peut obtenir un courant avec un circuit formé d'un seul métal, pourvu qu'une partie du circuit ait subi un traitement qui en ait modifié l'état moléculaire. On obtient ce résultat soit par le recuit (119), le martelage ou la torsion. En chauffant un point voisin de la partie dont l'état moléculaire a été modifié, le circuit sera parcouru par un courant.

442. Pile de Clamond. La pile de Nobili, thermomètre différentiel très sensible, sert à la vérification des lois de la chaleur rayonnante; mais n'a pas d'emploi pratique. En 1869, M. *Clamond* a imaginé une pile thermo-élec-

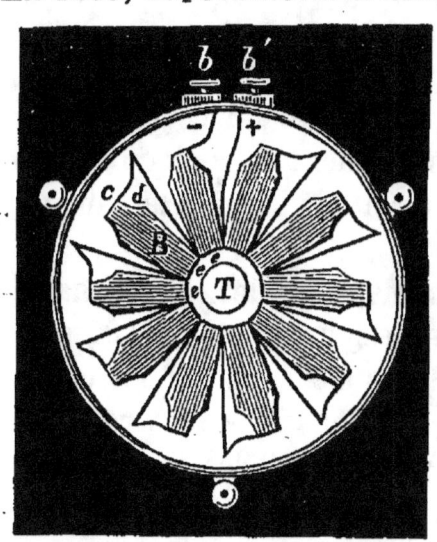

trique utilisée à différents usages et qui n'est qu'une modification d'un appareil du même genre imaginé par *Marcus* en 1865.

Les éléments de cette pile sont disposés par séries de dix (fig. 304). Chacun d'eux est formé de fer qui constitue le métal positif et d'un alliage de 12 p. % d'antimoine, 5 de zinc et 1 de bismuth, qui

Figure 304.

constitue le métal négatif. Chaque barreau B de l'alliage est soudé à une lame de fer *cd* pliée à angle aigu pour faciliter sa dilatation, et vient se joindre en *e* au barreau du couple suivant. Les deux extrémités de la série aboutissent à des bornes *b* et *b'*. Les soudures du fer et de l'alliage sont placées de telle sorte que celles de même rang sont les unes au centre de la couronne et les autres à la circonférence.

Un certain nombre de ces séries sont empilées et forment ainsi au centre un tube cylindrique T dont les parois sont recouvertes d'un lut à l'amiante (*). On peut réunir les bornes *b* en alternant (fig. 305), c'est-à-dire

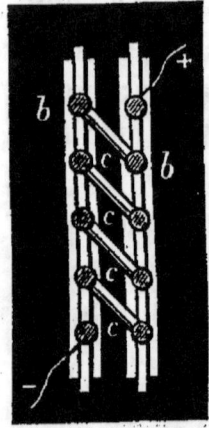

Figure 305.

que celle qui correspond au fer d'une série communique par un fil de cuivre avec la borne qui correspond à l'alliage de la série suivante, et ainsi de suite. Un bec de gaz allumé dont la dépense est réglée, se trouve dans le cylindre central et produit par l'échauffement des soudures de même rang, un courant qui passe dans le fil métallique qui réunit les bornes extrêmes.

Cette pile, qui peut fonctionner des mois sans qu'on ait à s'en occuper, donne un courant très constant. On l'emploie exclusivement pour produire des dépôts électro-chimiques. On en fait usage à la banque de France.

443. Association des éléments des piles. Maintenant que nous avons décrit les piles les plus employées, faisons connaître comment on réunit les éléments qui les composent. Pour plus de simplicité, nous représenterons un élément de pile par deux traits parallèles inégaux, le plus grand figurera le pôle positif, et le plus petit le pôle négatif.

Les éléments d'une pile peuvent être associés de trois manières.

(*) L'*amiante* est une substance minérale filamenteuse qui est incombustible et infusible.

1° *Exclusivement en batterie ou en surface,* lorsque tous les pôles positifs communiquent entre eux, ainsi que les pôles négatifs (fig. 306).

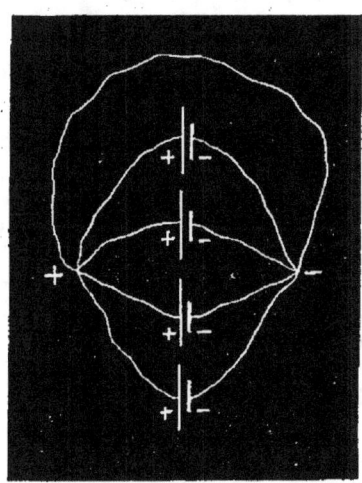

Figure 306.

2° *Exclusivement en série ou en tension,* si le pôle positif du premier élément communique avec le pôle négatif du second, le pôle négatif du second avec le pôle positif du troisième, et ainsi de suite (fig. 307).

3° Suivant *un système mixte,* c'est-à-dire *à la fois en batterie et en séries.* Supposons la pile formée de *mn* éléments. On peut les grouper en *m* séries de *n* éléments chacune, et les *m* séries en *batterie.*

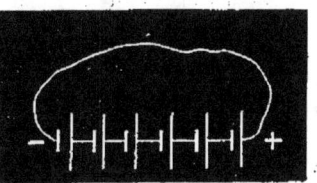

Figure 307.

Dans la figure 308, nous avons indiqué comment on peut réunir quinze éléments en trois séries de cinq éléments.

Lorsque nous aurons étudié les différentes circonstances qui modifient l'intensité des courants électriques et les différents effets qu'ils produisent, nous apprendrons quand il est convenable de préférer

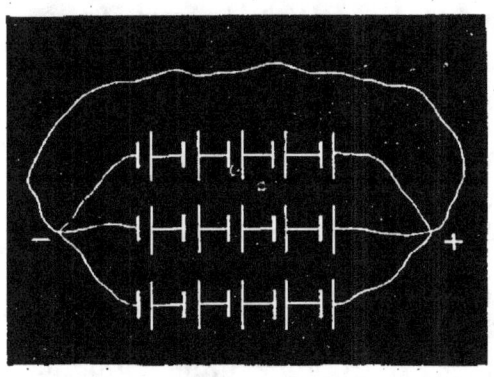

Figure 308.

tel mode d'association à tel autre. Quelque soit le mode d'association qu'on emploie, il faut, lorsqu'on monte une pile, s'assurer si les zincs sont bien amalgamés et veiller

à ce que les contacts entre les différents éléments soient
bien établis.

PILES SECONDAIRES.

444. Courant secondaire. Plongeons dans de l'eau acidulée par de l'acide sulfurique deux électrodes en platine
mises en communication avec une pile électrique ; nous
remarquerons que l'électrode positive se recouvre d'une
légère couche d'oxygène et l'électrode négative d'une
mince couche d'hydrogène, provenant de la décomposition de l'eau (**448**).

Si maintenant, nous interrompons le circuit de la pile
et si l'on fait communiquer entre elles, à l'aide d'un fil
en métal, les plaques recouvertes de leurs couches gazeuses, ce fil sera traversé par un courant qui ira de
l'hydrogène vers l'oxygène. C'est ce courant que l'on a
nommé *courant secondaire* ou *de polarisation*. Il a
une direction inverse du courant primaire, c'est-à-dire
de celui qui a servi à décomposer l'eau.

Pendant la production du courant secondaire, l'oxygène et l'hydrogène se recombinent pour former de l'eau.

445. Pile de M. Gaston Planté. *Ritter*, le premier, a
utilisé les courants secondaires,
mais c'est M. *Gaston Planté* qui a
construit la première pile secondaire
réellement pratique.

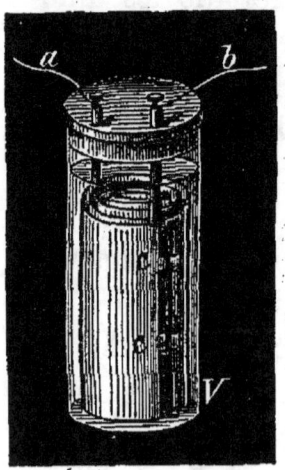

Figure 309.

L'élément de cette pile (fig. 309)
est formé d'un bocal en verre V ou
en gutta-percha, contenant de l'eau
acidulée au dixième dans laquelle
plongent deux lames de plomb enroulées en hélice et séparées par
places l'une de l'autre au moyen de
minces lanières en caoutchouc *c*. Si

l'on met les deux lames de plomb en communication avec une pile de Bunsen (deux éléments, par exemple), la lame positive de plomb se couvre d'oxygène et s'oxyde, tandis que la lame négative se couvre d'hydrogène. L'élément Planté est alors *chargé*.

Quand on veut le faire fonctionner, on réunit les fils *a* et *b* qui communiquent respectivement avec chaque lame de plomb. Il se produit alors un courant qui va du pôle négatif au pôle positif, et en même temps il se reforme de l'eau. Un élément Planté, après quelques minutes de charge par deux éléments Bunsen, peut rougir un fil de platine de un millimètre de diamètre. En associant plusieurs éléments, on obtient des effets très intenses.

On le voit, l'élément Planté est un véritable condensateur et les grandes quantités d'électricité qu'il accumule peuvent être restituées *en peu de temps* en produisant des effets plus intenses que le courant polariseur qui l'a chargé. Il présente cependant un inconvénient pratique, c'est qu'il faut un long usage pour que le plomb qui s'oxyde prenne la texture particulière qui convient à une oxydation rapide ; ce n'est qu'après avoir fonctionné pendant longtemps que l'élément Planté peut accumuler une quantité notable d'électricité.

446. Élément Faure. M. *Faure* a cherché à diminuer le temps nécessaire à la préparation ou la mise en état d'un élément secondaire. A cet effet, il recouvre les deux lames de plomb d'une couche de minium (Pb^3O^4) qu'il maintient au moyen d'une lame de feutre solidement fixée par des rivets en plomb. Les lames ainsi préparées sont plongées dans un vase contenant de l'eau acidulée et mises en communication avec les pôles d'une pile énergique. Sous l'action du courant, le minium qui recouvre la lame positive se peroxyde et se transforme en oxyde pure de plomb (PbO^2), tandis que celui qui recouvre la lame négative se convertit en plomb par l'action de l'hydrogène. Cette action s'exprime par la formule :

$$Pb^5O^4 + 4H^2 = 4H^2O + Pb^5.$$

Cela fait, le couple est chargé.

L'accumulateur Faure est certainement le point de départ d'applications du plus grand intérêt. Depuis le mois d'octobre 1882, il fournit le courant électrique nécessaire à l'éclairage de la scène et de la salle du théâtre des Variétés à Paris. L'accumulateur est chargé dans la journée qui précède la représentation et déchargé le soir pour l'éclairage. Au surplus, l'accumulateur Faure, auquel on peut reprocher, entre autres choses, son poids considérable, est susceptible de perfectionnements qui en vulgariseront l'emploi.

CHAPITRE II.

MESURE DE L'INTENSITÉ D'UN COURANT.

I. — Instruments de mesure.

447. Rhéomètres. On nomme *rhéomètres* (littéralement : *mesure-courants*) des appareils qui sont employés pour mesurer l'intensité des courants. Les uns sont fondés sur l'action décomposante exercée par le courant électrique sur l'eau et prennent le nom de *voltamètres*, en mémoire de Volta ; les autres mettent à profit l'action exercée par le courant sur une aiguille aimantée et ont reçu le nom de *galvanomètres*, en mémoire de Galvani, le physicien qui, le premier, a appelé l'attention des savants sur les phénomènes produits par l'électricité dynamique.

448. Décomposition de l'eau par la pile. Cette remarquable expérience a été faite pour la première fois en

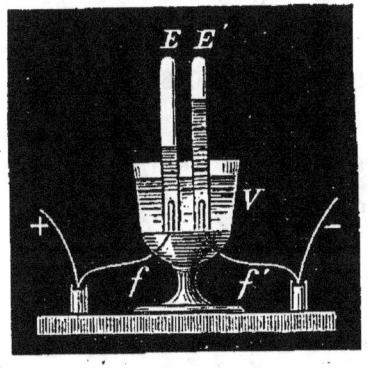

Figure 310.

1800 par *Carlisle* et *Nicholson*. Pour la répéter, on fait usage d'un appareil composé d'un vase de verre V (fig. 310), contenant de l'eau acidulée (*) par de l'acide sulfurique. Le fond du vase est traversé par deux fils de platine *f* et *f'*, assujettis et isolés dans de la résine. Sur les fils sont renversées deux petites éprouvettes graduées, E et E', pleines d'eau.

Lorsqu'on met cet appareil en communication avec

(*) L'eau acidulée se décompose plus rapidement que l'eau pure.

les pôles d'une pile, des bulles d'oxygène se dégagent à l'électrode positive et des bulles d'hydrogène à l'électrode négative.

Si, à un moment quelconque, on mesure les volumes des deux gaz en tenant compte de la température, de la pression et de l'humidité, on trouvera que le volume de l'hydrogène est constamment double de celui de l'oxygène, ce qui, en poids, correspond à une partie d'hydrogène pour huit d'oxygène, puisque, à volume égal, l'oxygène pèse seize fois autant que l'hydrogène.

L'appareil que nous venons de décrire et qui n'est autre que le *voltamètre*, peut servir à mesurer les intensités des courants électriques. En effet, en faisant passer à travers le voltamètre et pendant le même temps, des courants d'intensités connues, on s'est assuré que les quantités d'eau décomposées par chacun d'eux sont proportionnelles à ces intensités et peuvent, par conséquent, leur servir de mesure.

On est convenu de prendre pour *unité d'intensité*, le courant capable de décomposer neuf milligrammes d'eau par seconde, ou, ce qui revient au même, de dégager un milligramme d'hydrogène pendant le même temps.

A la vérité, le voltamètre donne le volume de l'hydrogène et non son poids; mais un calcul facile permet de déterminer le poids d'un gaz quand on connaît son volume (*).

(*) Soit V le volume d'hydrogène saturé de vapeur d'eau, *t* sa température et H la pression totale. La densité de l'hydrogène étant 0,0693, le poids P de l'*hydrogène sec* sera :

$$P = \frac{1{,}293\, V\, (H - F)}{(1 + \alpha t)\, 760} \times 0{,}693.$$

F est la force élastique de la vapeur d'eau saturée donnée par les tables de Regnault (178), et par conséquent, H — F représente la force élastique de l'hydrogène seul (177).

Si nous représentons par p le poids de l'hydrogène fourni par un courant qui traverse le voltamètre pendant t secondes; $\frac{p}{t}$, exprimé en milligrammes, mesurera l'intensité du courant.

449. Action du courant sur l'aiguille aimantée. En 1820, *Oersted*[*] remarqua que lorsqu'on place un fil en métal parallèlement au-dessus, ou au-dessous d'une aiguille aimantée reposant sur un pivot vertical, celle-ci dévie dès que le fil est traversé par un courant électrique.

Le sens de la déviation dépend de la direction du courant et de sa situation par rapport à l'aiguille. *Ampère*[**] a précisé l'action du courant sur l'aiguille aimantée de la manière suivante :

L'aiguille tend à se placer dans une position perpendiculaire au courant, la pointe nord se dirigeant toujours vers la gauche.

La gauche du courant est la gauche d'un observateur regardant l'aiguille et couché sur le fil métallique de manière que le courant entre par les pieds et sorte par la tête.

450. Multiplicateur. Ce petit appareil repose sur l'observation suivante :

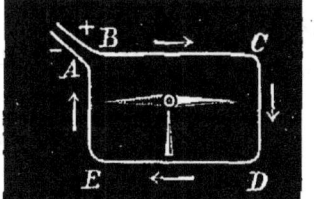

On augmente la déviation de l'aiguille aimantée en l'entourant du circuit métallique traversé par le courant.

En effet, soit l'aiguille aimantée

Figure 311.

ns (fig. 311), entourée du circuit BCDEA traversé par un courant dans le sens indiqué par

---

[*] *Oersted*, professeur de physique à Copenhague, né en 1774, mort en 1851.

[**] *Ampère*, physicien et mathématicien français, né en 1775, mort en 1836.

les flèches. En appliquant la loi d'Ampère à chaque portion BC, CD, DE et EA du circuit, il est facile de voir que les actions de chacune de ces parties tendent à diriger la pointe nord dans le même sens, en arrière du plan de la figure.

Il résulte de cette observation qu'en multipliant le nombre de tours du fil métallique qui enveloppe l'aiguille, on augmentera considérablement l'action du courant. C'est ce qui est réalisé dans le *multiplicateur* (fig. 312),

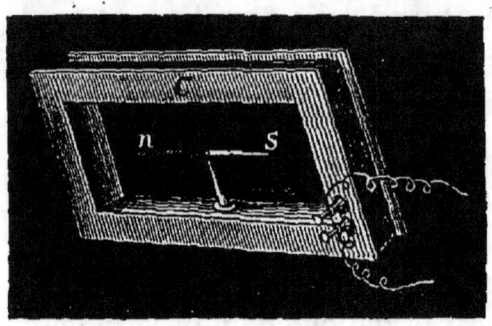

qui est formé d'un cadre C en bois sur lequel est enroulé un grand nombre de fois un fil de cuivre. Le fil est recouvert de soie, afin d'isoler les différents tours les uns des autres et obliger ainsi

Figure 312.

le courant à le parcourir dans toute sa longueur.

Une aiguille aimantée mobile sur un pivot vertical est placée à l'intérieur du cadre et prend la direction du méridien magnétique.

Pour se servir de l'appareil, on le tourne jusqu'à ce que l'aiguille soit parallèle au fil enroulé sur le cadre. Un courant, même faible, la fera fortement dévier.

451. Action du courant électrique sur un système astatique. L'action terrestre, tendant à ramener l'aiguille aimantée dans la direction du méridien magnétique dès qu'elle en a été écartée, contrarie évidemment l'action du courant. On a cherché à atténuer cette résistance à l'action du courant et à rendre, par conséquent, le multiplicateur plus sensible. A cet effet, on a remplacé l'aiguille aimantée par un système presque astatique. Ce système (fig. 313) est formé de deux aiguilles aimantées *ns* et *n's'*, parallèles, d'intensités magnétiques très peu

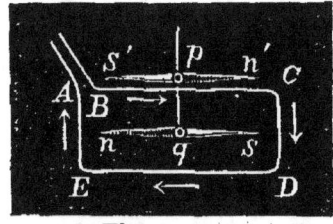

différentes, et reliées entre elles par une petite tige *pq* en cuivre, de manière que les pôles de noms contraires soient en regard. Le circuit n'entoure que l'aiguille inférieure *ns*.

Figure 313.

Nous avons vu (**450**) quelle est l'action du courant sur cette aiguille. Cherchons maintenant son action sur l'aiguille *n's'*. Il est facile de voir, en appliquant la loi d'Ampère (**449**) que la partie BC du circuit fait dévier l'aiguille *n's'* dans le même sens que l'aiguille *ns*; tandis que la partie DE produit une déviation en sens inverse. Mais l'action de DE est moindre que celle de BC, parce que sa distance à l'aiguille est plus grande.

Donc, en résumé, l'action du courant sur le système des deux aiguilles est plus grande qu'elle ne le serait sur une seule. Et comme, d'autre part, l'action terrestre sur le système astatique est presque nulle, la disposition indiquée constitue un appareil d'une très grande sensibilité.

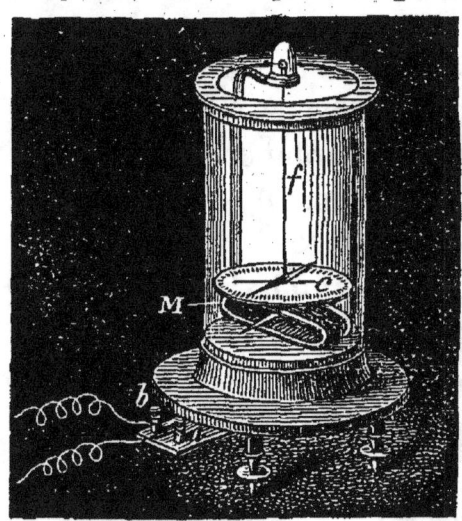

C'est cette disposition qui a été adoptée dans le galvanomètre de *Schweigger*, employé par Melloni dans son thermo-multiplicateur. (**200**).

452. Galvanomètre de Schweigger (fig. 314). Cet

Figure 314.

instrument est formé d'un multiplicateur M qu'une vis peut faire tourner autour d'un axe vertical. Les extrémités du fil de cuivre aboutissent à deux bornes *a* et *b*. Le cadre, qui est ordinairement en ivoire, est surmonté d'un cercle horizontal *c* qui porte une double division en degrés (0° à 90°). Ce cercle est fendu suivant le diamètre 0° 0° parallèle au fil de la bobine. Le système des deux aiguilles est suspendu à un fil *f* de cocon et est disposé de telle sorte qu'une des aiguilles soit à l'intérieur de la bobine et l'autre au-dessus du cercle gradué. L'appareil est placé sous une cloche en verre, afin de soustraire l'aiguille aux mouvements de l'air.

Pour se servir de l'appareil, il faut, au préalable, placer le cercle gradué horizontalement au moyen des vis calantes ; puis amener l'aiguille au zéro de la graduation, ce qu'on obtient en déplaçant la bobine.

A l'aide de ce galvanomètre, qui est très sensible, on peut constater l'existence des courants, déterminer leur direction et mesurer leur intensité.

L'expérience a montré que les déviations de l'aiguille peuvent être regardées comme proportionnelles aux intensités des courants jusque 20°. Au delà, on fait usage d'une table qui accompagne chaque instrument et qui indique l'intensité du courant correspondant à une déviation quelconque.

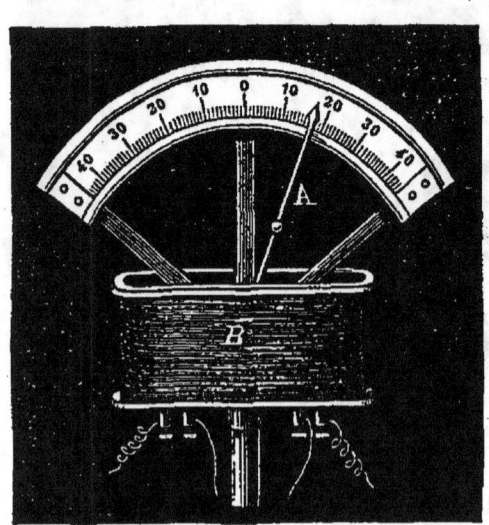

Figure 315.

453. Galvanomètre de Bourbouze (fig. 315). M. *Bourbouze* a construit un galvanomètre qui ne présente pas le même degré d'exactitude que celui de Schweigger ; mais qui convient mieux pour les cours, parce que ses indications sont plus facilement aperçues par un grand nombre de personnes.

Dans ce galvanomètre, la bobine B est placée horizontalement et l'aiguille aimantée est disposée dans l'intérieur parallèlement au fil de cuivre. Cette aiguille NS (fig. 316) est suspendue comme le fléau d'une balance et est surmontée en son milieu d'une aiguille A mobile sur

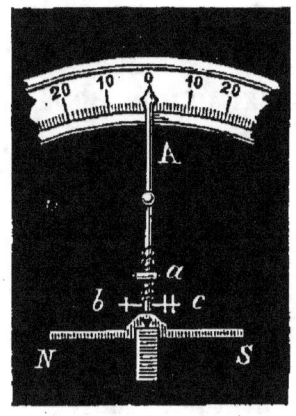

Figure 316.

un cadran gradué. L'aiguille, tendant à se mettre en croix avec le courant (**449**), fera, suivant le sens de celui-ci, incliner l'aiguille indicatrice à gauche ou à droite. Il faut évidemment, avant de se servir de l'appareil, amener l'aiguille au zéro de la graduation (*). Deux masses b et c, en forme d'écrous, permettent de mettre le fléau en équilibre dans la position horizontale, malgré l'action terrestre. La masse a, mobile sur l'aiguille A, sert à régler la position du centre de gravité du système.

Ces galvanomètres présentent cet inconvénient que les tables qui les accompagnent ne peuvent plus être appliquées lorsque l'état magnétique du système astatique est modifié, ce qui peut facilement arriver. Lorsqu'il s'agit de courants forts, on fait usage de la *boussole des sinus* ou de la *boussole des tangentes*.

454. Boussole des sinus. La boussole des sinus est formée d'un cercle de cuivre A (fig. 317) mobile autour

(*) On construit des galvanomètres plus sensibles que celui que nous venons de faire connaître, mais trop compliqués ou d'une manœuvre trop difficile pour être décrits ici. Citons le galvanomètre de Thomson, remarquable en ce que l'opérateur peut lui donner une sensibilité plus ou moins grande, suivant l'intensité du courant qu'il veut mesurer.

d'un axe vertical dont le pied porte une alidade munie d'un vernier V. Le déplacement angulaire de ce cercle se

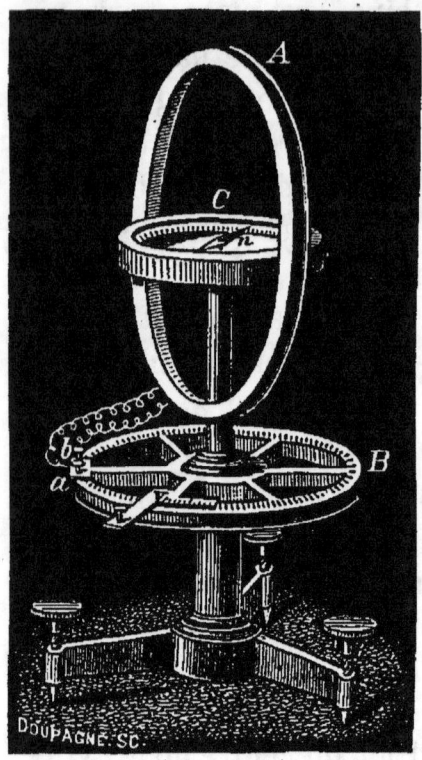

mesure facilement sur le cercle horizontal B, qui porte, à cet effet, une division en degrés. Autour du cercle vertical est enroulé, un ou deux tours, un fil de cuivre recouvert de soie dont les extrémités aboutissent à deux bornes a et b. Au centre du cercle et perpendiculairement à son plan, est fixée une boussole C.

Voici comment il faut opérer : On amène le circuit A dans le même plan que celui de l'aiguille n, c'est-à-dire dans le méridien magnétique. Si l'on

Figure 317.

fait passer le courant dans le fil, l'aiguille est déviée. On imprime alors un mouvement de rotation au circuit ; l'aiguille fuit devant lui, mais son plan finit par coïncider avec le plan vertical, passant par l'aiguille. Dans cette position, l'action exercée par le courant sur l'aiguille aimantée est évidemment perpendiculaire à cette dernière, puisqu'il tend à la mettre en croix, et sa valeur est proportionnelle au sinus de l'angle de déviation de l'aiguille, angle qu'on lit très exactement, à l'aide du vernier, sur le cercle horizontal B. En effet, soit (fig. 318) ns la direction du méridien magnétique et d l'angle de déviation de l'aiguille $n's'$ et du cadran. Le courant agit sur le pôle n de l'aiguille avec une force F perpendiculaire au plan du cadre et, par suite, perpendiculaire à l'aiguille. La force directrice de la terre agit parallèlement au méridien magnétique *ns* avec une force T. Celle-ci peut être décomposée en deux forces Q et P, suivant la loi du parallélogramme (**8**).

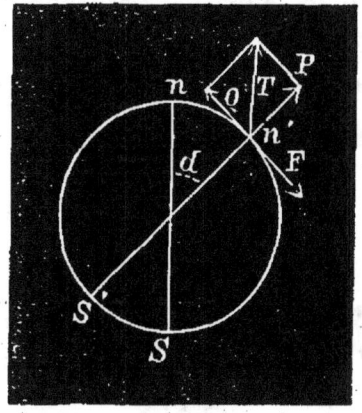

La composante Q dirigée suivant la tangente, c'est-à-dire perpendiculaire à l'aiguille, est évidemment égale à la force F, puisque l'aiguille est en équilibre. On a donc : F = Q ; or,

Figure 318.

l'angle Tn'Q étant égal à l'angle d, on a Q = T sin d, et partant : F = T sin d (*).

455. Boussole des tangentes. Quand on veut obtenir l'intensité par une simple lecture, ce qui est nécessaire pour les courants variables ou instantanés, on se sert de la *boussole des tangentes.* Cet instrument, inventé par *Pouillet,* ne diffère de la *boussole des sinus* qu'en ce que l'aiguille aimantée est très courte et le cadre très grand. De cette façon, les pôles de l'aiguille, lorsqu'elle est déviée, restent sensiblement à égale distance de tous les points du circuit, et l'action du courant est la même pour les différentes déviations, pourvu qu'elles ne soient pas trop grandes.

Dans ces conditions, on peut regarder *l'intensité du courant comme très approximativement proportionnelle à la tangente de l'angle de déviation.*

(*) La force F né représente pas, il est vrai, l'intensité du courant, mais lui est proportionnelle. Elle peut être représentée par le produit IK, I étant l'intensité magnétique du courant et K une constante qui dépend de la forme du cadre, du nombre de tours du fil, de la force de l'aimant, etc. En effet, si ces éléments variaient, l'action du courant sur l'aiguille varierait également.

En effet, le courant n'agit plus perpendiculairement à la direction de l'aiguille déviée $n'\,s'$ (fig. 319) comme dans la boussole des sinus, puisque le cadre n'est plus ramené au-dessus de l'aiguille, mais perpendiculairement

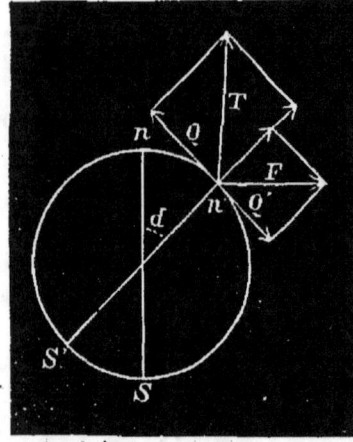

à la direction ns du cadre. Soit F l'action du courant sur l'aiguille ; la composante Q' devra être égale à la composante Q de la force magnétique terrestre, puisqu'il y a équilibre. Or, $Q = T \sin d$, et $Q' = F \cos d$. Donc, $F \cos d = T \sin d$, ou : $F = T \tang d$.

Ce qu'il fallait démontrer.

Figure 319.

Comme l'aiguille aimantée est très courte, on y fixe perpendiculairement une longue aiguille indicatrice pour faciliter la mesure des angles.

456. Comparaison des différents rhéomètres. Si l'on fait passer des courants d'intensités différentes simultanément à travers un voltamètre et un galvanomètre quelconque, on constatera que les nombres donnés par le premier instrument sont proportionnels à ceux fournis par le second. Par conséquent, ils peuvent l'un et l'autre servir à mesurer les intensités des courants.

Faisons remarquer, toutefois, que le voltamètre ne peut servir qu'à la mesure des courants intenses, parce que la quantité d'hydrogène fournie par un courant faible est nulle ou trop petite pour être facilement mesurable. De plus, il ne donne que l'intensité moyenne du courant pendant un temps déterminé, tandis que les galvanomètres permettent d'apprécier cette intensité à chaque instant de la durée du courant.

La boussole des tangentes est moins précise que celle des sinus, mais est plus facile à employer, parce qu'elle exige moins de manipulation. Cependant l'une et l'autre ne donnent des résultats satisfaisants que pour les courants intenses. Les galvanomètres à système astatique sont beaucoup plus sensibles et conviennent par conséquent mieux pour les courants faibles.

II. — Intensité du courant.

457. Causes qui influent sur l'intensité du courant. Le courant électrique, avons-nous dit (**424**), présente la plus grande analogie avec un courant liquide produit entre deux vases communiquants. Or, ce dernier est d'autant plus fort : 1° que le frottement du liquide contre les parois de la conduite est moindre ; 2° que la différence des niveaux du liquide est plus considérable. Il en est de même du courant électrique, en ce sens que son intensité décroît quand la résistance que présente le circuit au flux électrique augmente et qu'elle croît avec la différence des niveaux électriques aux deux pôles de la pile, différence qui mesure la force *électro-motrice,* c'est-à-dire la force qui met l'électricité en mouvement. Rappelons que le courant circule dans le conducteur interpolaire du pôle positif au pôle négatif et dans la pile du pôle négatif au pôle positif, et que l'on entend par *circuit* l'ensemble de la pile et du fil conjonctif. Le courant rencontre une résistance non seulement dans son voyage à travers le fil conjonctif, mais aussi à travers la pile. On peut admettre que le courant électrique se fait par échange rapide entre les atmosphères d'éther qui enveloppent les molécules (**386**, 3°).

Nous allons étudier successivement : 1° *la résistance des conducteurs interpolaires* ; 2° *la résistance de la pile* ; 3° *la force électro-motrice.* Nous rechercherons ensuite l'expression mathématique qui lie ces trois quantités à l'intensité du courant. Avant de rechercher les lois de la résistance des conducteurs, il est utile d'exposer les faits fondamentaux suivants.

FAITS FONDAMENTAUX.

458. 1° L'intensité du courant est la même dans tous les points du circuit. — Vérification. On plie le fil conducteur de manière que le courant marche en sens contraire dans deux parties très voisines, et l'on reconnaît que l'action de ces deux parties sur l'aiguille aimantée est nulle.

On vérifie aussi très aisément que la déviation produite par la pile sur l'aiguille aimantée est la même que celle que donne une partie quelconque du fil conjonctif.

459. 2° Le courant passe également par tous les points de la section du rhéophore. — Démonstration. On substitue au fil métallique qui joint les deux pôles d'une pile, plusieurs fils de même substance et de même longueur, mais choisis de telle sorte que la somme de leurs sections soit égale à la section unique du fil qu'ils remplacent; et l'on remarque que l'intensité du courant mesurée au galvanomètre n'est pas modifiée par cette substitution, ce qui aurait évidemment lieu si l'électricité à l'état dynamique se portait à la surface des corps comme à l'état statique.

RÉSISTANCE DES CONDUCTEURS INTERPOLAIRES.

460. Lois de Pouillet. Démontrons d'abord que le conducteur interpolaire présente une certaine résistance au passage du courant. A cet effet, on place dans le circuit d'une pile constante un galvanomètre dont on note la déviation, puis on allonge le conducteur. On remarquera que la déviation a diminué. Le fil ayant *affaibli* *le courant,* lui a donc opposé une certaine résistance.

Il serait facile, en se servant du même appareil, de vérifier que la résistance d'un conducteur varie avec sa *nature,* sa *longueur* et sa *section.*

Pouillet a trouvé que la résistance d'un fil métallique est :

1° *proportionnelle à sa longueur ;*

2° *en raison inverse de sa section.*

Voici comment on peut vérifier expérimentalement ces deux lois.

461. Loi des longueurs. A cet effet, on fait usage d'une pile dont la résistance est négligeable. Cette pile est for-mée d'un cylindre *gros* et *court* de bismuth B (fig. 320)

Figure 320.

dont les extrémités re-courbées sont soudées à deux bouts de fil de cuivre courts et de grand diamètre. Une soudure est chauffée à une température con-stante, et l'autre re-froidie par de la glace.

On prend ensuite deux fils de cuivre *de même section, mais de longueurs différentes,* l'un de 10 mètres, par exemple, et l'autre de 40 mètres, tous deux recouverts de soie. On les enroule sur le cadre d'un galvanomètre, mais en faisant faire au second fil un nombre de tours 4 fois plus grand qu'au premier. Si l'on fait alors passer *suc-cessivement* le courant de la pile dans ces deux fils, on obtient la même déviation de l'aiguille. Le fil 4 fois plus long doit donc agir par un nombre de tours 4 fois plus grand pour produire sur l'aiguille le même effet que le fil le plus court; *il conduit donc un courant 4 fois plus faible.*

462. Loi des sections. Cette loi se vérifie de même en prenant *deux fils de même longueur, mais de sections différentes.* Supposons, par exemple, la section de l'un, deux fois plus grande que celle de l'autre. On enroulera ces deux fils sur le cadre du galvanomètre, mais en faisant faire au premier un nombre de tours deux fois plus petit qu'au second. Ces deux fils étant mis successivement en communication avec la pile, font dévier l'aiguille du galvanomètre de la même quantité.

Le fil mince qui agit sur l'aiguille par un nombre de tours deux fois plus grand que le gros fil, conduit donc un courant deux fois plus faible, et *sa résistance est, par suite, deux fois plus grande.*

463. Résistance spécifique. — Unité de résistance. Des conducteurs *de substances différentes,* ayant même longueur et même section, n'ont pas la même résistance. Il en résulte que pour exprimer numériquement la résistance d'un conducteur donné, il ne suffit pas de savoir comment sa résistance varie avec sa longueur et avec sa section; mais il faut connaître, en outre, sa *résistance spécifique,* c'est-à-dire *la résistance qu'il offre pour l'unité de longueur et l'unité de section.*

Pour l'évaluer, on a besoin d'une unité.

Jusqu'en ces derniers temps, les physiciens avaient adopté pour *unité, la résistance d'une colonne cylindrique de mercure à 0° ayant uue longueur de un mètre et une section d'un millimètre carré.* C'est l'unité *Siemens.* Mais la construction de cette unité n'est pas facile, à cause des inégalités de section que présente, en ses différents points, le tube de verre qui doit contenir la colonne de mercure.

Les électriciens réunis en congrès à Paris, en 1881, ont adopté, en se basant sur des considérations théoriques, une unité de résistance un peu différente, qu'ils ont nommée *Ohm*, en mémoire du physicien de ce nom. Elle équivaut à 1,0486 unité Siemens. L'*Ohm* correspond à peu de chose près à la résistance d'un fil télégraphique en fer de quatre millimètres de section et de cent mètres de longueur (*).

Pour l'évaluation des résistances considérables, on prend pour unité de mesure le *Méghom*, qui vaut un million d'Ohms, et pour celle des faibles résistances, le *Microhm*, qui a pour valeur la millionième partie d'un Ohm.

464. Détermination de la résistance spécifique ou coefficient de résistance. Pour déterminer la résistance spécifique d'un conducteur, on procède de la manière suivante : Dans le circuit d'une pile P (fig. 321), on place

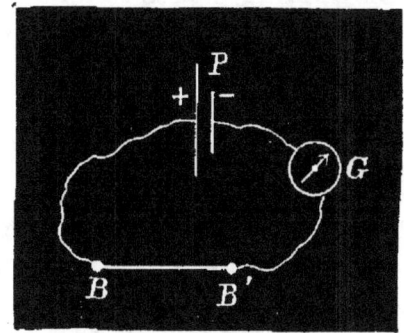

Figure 321.

un galvanomètre G et le fil étalon BB' dont la résistance est égale à l'unité. On note la déviation *d* de l'aiguille. On substitue ensuite au fil étalon le fil soumis à l'expérience dont la section est de 1 millimètre carré, et on lui donne une longueur *c* telle qu'il fasse dévier l'aiguille du galvanomètre de la même quantité *d*. La résistance (**) du fil expérimenté est

---

(*) L'étalon de l'Ohm, c'est-à-dire la représentation matérielle de cette unité, est formé d'un fil de maillechort recouvert de deux couches de soie. Ce fil est placé dans une caisse mince de laiton, puis noyé dans de la paraffine. La caisse peut être plongée dans l'eau et prendre rapidement *la température* marquée sur la bobine, pour laquelle la résistance est exactement d'une unité.

(**) Voici, d'après le formulaire anglais de *Latimer-Clark*, les valeurs de $\frac{1}{c}$ des métaux les plus employés, en prenant l'Ohm pour unité :

Fer.	0,125	Cuivre.	0,02104
Platine.	0,116	Argent.	0,02103
Or.	0,02697		

alors égale à 1, et pour l'unité de longueur elle sera $\dfrac{1}{c}$ qui représentera son *coefficient de résistance*.

465. Coefficient de conductibilité. Remarquons qu'un fil métallique conduit d'autant mieux l'électricité qu'il offre moins de résistance à son passage, et que l'expression $\dfrac{1}{c}$ est d'autant plus petite que c est plus grand. C'est pourquoi on a donné au nombre c le nom de *coefficient de conductibilité*. Ce coefficient diminue avec la température.

466. Résistance d'un conducteur de longueur l et de section s. L'expression $\dfrac{1}{c}$ représente, avons-nous dit, la résistance d'un conducteur déterminé ayant l'unité de longueur et l'unité de section. En appliquant les lois de Pouillet, on pourra représenter la résistance du même conducteur ayant une longueur l et une section s, par :

$$r = \frac{1}{c} \times \frac{l}{s}.$$

Le nombre r se nomme *longueur réduite du fil*. C'est évidemment la longueur du fil étalon, *exprimée en Ohms*, qui présenterait la même résistance que le fil expérimenté.

On peut déterminer directement par expérience la valeur de r au moyen de l'appareil (fig. 321). Pour cela, on attache aux bornes B et B' le fil soumis à l'expérience ; on observe la déviation produite. Puis on lui substitue le fil étalon, en cherchant par tâtonnement la longueur qu'il faut lui donner pour produire la même déviation. Le nombre de fois que cette longueur contiendra l'unité étalon, exprimera évidemment la valeur de r.

Cette détermination est beaucoup facilitée par l'emploi du *rhéostat*.

467. Rhéostat. Cet instrument, inventé par le physicien

anglais *Wheatstone*, permet de modifier à volonté la résistance du conducteur. Il se compose de deux cylindres, l'un A en laiton, l'autre B en bois (fig. 322), exactement de même diamètre et sur lesquels peut s'enrouler et se dérouler alternativement un fil de laiton très fin, de résistanec connue. Le cylindre de bois porte une rainure héliçoïdale

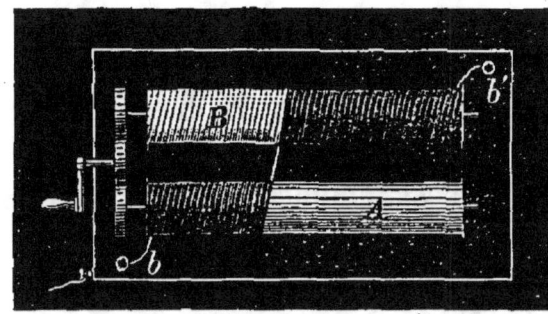

Figure 322.

pour que les spires que forme le fil en s'enroulant sur lui soient bien isolées les unes des autres. Les extrémités du fil sont mises en communication avec les bornes *b* et *b'*. Au moyen d'une manivelle, on fait tourner les deux cylindres en même temps et dans le même sens, de sorte que le fil abandonne un des cylindres pour s'enrouler sur l'autre.

Lorsque le rhéostat est parcouru par un courant, celui-ci traverse directement le cylindre métallique, qui offre peu de résistance, sans parcourir le fil enroulé sur lui, mais est obligé de passer par toutes les spires enroulées sur le cylindre de bois, qu'il ne peut traverser, à cause de sa mauvaise conductibilité. De sorte que si l'on veut allonger le circuit, on devra enrouler le fil sur le cylindre de bois et si, au contraire, on veut le raccourcir, on devra l'enrouler sur le cylindre de cuivre.

Un compteur permet de déterminer le nombre de tours accomplis par les cylindres.

468. Détermination de la résistance au moyen du rhéostat. Voici comment on se sert du rhéostat pour déterminer la résistance d'un conducteur. On introduit dans le circuit d'une pile P (fig. 323) un galvanomètre G et un rhéostat R. Le fil d'épreuve F est fixé aux deux bornes b et b'; mais le courant ne le traverse pas, parce que ces deux bornes sont réunies par une pièce métallique m qui n'offre pas de résistance sensible. On note la déviation d de l'aiguille du galvanomètre, puis on introduit le fil F dans le circuit; en écartant la pièce mo-

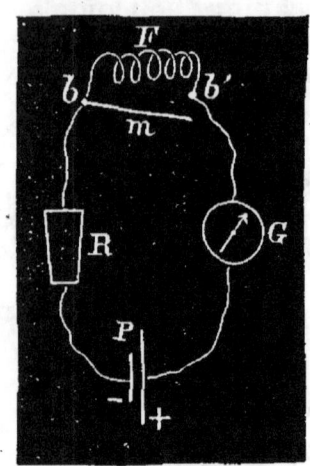

bile de la borne b', ainsi que l'indique la figure. Le courant étant alors forcé de passer par le fil F qui réunit les deux bornes, la déviation de l'aiguille du galvanomètre est moindre. On la ramène à sa première position en retirant du circuit une certaine longueur du fil du rhéostat qui présentera la même résistance que le fil F.

Figure 323.

Quand la résistance introduite dépasse les limites du rhéostat, on interpose, en outre, dans le circuit une ou plusieurs bobines de fil étalonnées ('), et le rhéostat sert alors à parfaire les différences.

(*) M. Siemens a construit des boites de résistance comprenant un certain nombre de bobines en fil de maillechort dont la résistance est treize fois plus grande que celle du cuivre et est dix fois moins influencée par la chaleur. Le fil est plié en deux en son milieu et les deux moitiés sont enroulées ensemble.

Par ce moyen, les bobines, lorsqu'elles sont traversées par un courant, n'exercent aucune action magnétique extérieure. Les extrémités du fil sont soudées à deux plaques voisines P (fig. 324) séparées les unes des autres. Ces plaques peuvent être réunies au moyen de chevilles c de laiton à tête isolante que l'on enfonce dans des ouvertures ménagées entre deux plaques consécutives. Lorsque toutes les chevilles sont en place,

Figure 324.

le courant venant de la borne b passe de plaque en plaque par les chevilles sans traverser les bobines et aboutit à la

On emploie fréquemment aujourd'hui pour la mesure des résistances un appareil appelé *pont de Wheastone,* mais que nous ne pouvons décrire ici.

469. Résistance des liquides. Pour déterminer la résistance des liquides, on suit exactement la même marche que pour les fils métalliques; seulement il faut, comme pour le mercure, les loger dans des tubes de verre. En opérant de cette manière, on trouve pour les liquides des nombres incomparablement plus grands que pour les métaux. Ainsi on a reconnu, par exemple, qu'une solution saturée de sulfate de cuivre a une résistance trois cent mille fois plus grande que le mercure. La résistance des liquides décroît à mesure que la température s'élève.

RÉSISTANCE DE LA PILE.

470. Sa mesure. La résistance que la pile oppose au passage du courant provient des liquides qui la composent et qui doivent être franchis par le flux électrique. Pour s'assurer de ce fait, on plonge dans de l'eau acidulée une lame de cuivre C et une lame de zinc amalgamé Z (fig. 325), et on fait passer le courant par un galvanomètre G. En rapprochant ou en éloignant la lame de zinc de la lame de cuivre, on augmente ou on diminue la déviation

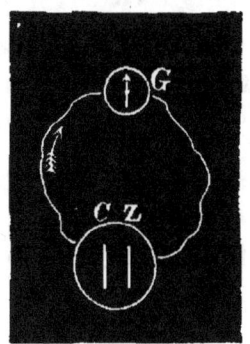

Figure 325.

borne *b'*. Si l'on veut introduire une bobine dans le circuit, on retire la cheville du trou; alors la communication entre les deux plaques voisines étant interrompue, le courant est forcé de traverser la bobine dont les fils sont soudés à ces plaques. Les boîtes de résistances renferment le plus souvent 16 bobines dont les résistances sont :

1	2	2	5	10	10	20	50
100	100	200	500	1000	1000	2000	5000

Ces nombres sont choisis de telle manière qu'en les combinant on puisse former tous les nombres de 1 à 10000.

de l'aiguille. L'intensité du courant électrique dépend donc non seulement de la résistance du fil conjonctif, mais encore de la résistance de la pile ; par conséquent, *de la somme des résistances tant extérieures qu'intérieures*. La résistance de la pile s'estime en Ohms, comme celle du conducteur. Elle peut être déterminée par la méthode exposée au paragraphe **472.**

La conductibilité des liquides étant très faible, on conçoit que la résistance des piles hydro-électriques soit considérable. Elle est incomparablement plus faible dans les piles thermo-électriques formées d'éléments métalliques. La résistance de ces piles est même négligeable lorsque les parties métalliques qui les composent ont une grande section : tel est le cas pour l'élément bismuth et cuivre de la figure 320.

INTENSITÉ DU COURANT.

471. Loi de Ohm. Ce physicien a trouvé par le calcul que *l'intensité du courant donné par un élément de pile est en raison inverse de la somme des résistances qui composent le circuit. Pouillet* est arrivé à la même loi par l'expérience. Voici une méthode très simple de vérification. On fait usage de l'appareil représenté figure 325. On place les lames Z et C à une certaine distance qu'on mesure et l'on observe la déviation d de l'aiguille du galvanomètre.

Cela fait, on double la distance des lames et on allonge le fil de cuivre, de manière à doubler sa longueur. La déviation n'est plus alors que $\dfrac{d}{2}$. La somme des résistances intérieures et extérieures ayant doublé, le courant est devenu deux fois plus faible, ce qui confirme la loi. On s'arrange pour cette expérience de manière à ce que d ne soit pas trop grand, afin que les déviations soient proportionnelles aux intensités des courants.

472. Formule de la pile. Représentons par E l'intensité du courant qui serait produit si la somme des résistances tant intérieures qu'extérieures avait pour valeur l'unité. Dans le cas où cette résistance totale serait 2 ; 3...., on pourrait alors représenter la valeur de l'intensité du courant par $I = \dfrac{E}{2}$, $\dfrac{E}{3}$... En représentant par R la résistance de la pile et par r la résistance du fil conjonctif, on aura :

$$I = \frac{E}{R + r}. \tag{1}$$

473. Force électro-motrice. — Unité. La quantité E que nous venons d'introduire dans l'expression de l'intensité d'un courant doit représenter la *force électro-motrice*. Car, d'après ce que nous en avons dit (**457**), l'intensité du courant doit lui être proportionnelle.

Cette quantité représente l'effort qui tend à vaincre les résistances que renferme le circuit. Elle est indépendante de la grandeur des plaques de métal qui plongent dans le liquide acidulé. Elle reste donc la même pour une même pile si l'énergie de l'action chimique ne faiblit pas, et varie d'une pile à l'autre.

L'unité adoptée pour mesurer la force électro-motrice est le *Volt*, en mémoire de Volta ; elle a été déterminée en se basant sur les mêmes considérations théoriques qui ont fait adopter l'Ohm comme unité de résistance. C'est sensiblement la force électro-motrice d'un couple cuivre et zinc amalgamé dont le premier métal plonge dans une dissolution d'azotate de cuivre et le zinc dans de l'acide sulfurique étendu de 12 fois son poids d'eau. La valeur d'un Daniell est 1,079 *Volt*. Autrement dit, le *Volt* vaut 0,93 *Daniell*. Il y a, comme on le voit, peu de différence entre un Volt et un Daniell. On a trouvé que la force électro-motrice exprimée en Volt est :

Pour 1 élément *Grove*. 1,956

    „   „   *Bunsen*. 1,734

    „   „   *Leclanché* neuf. 1,61

    „   „   *Planté* (pile secondaire) . 2,38

La force électro-motrice des piles thermo-électriques est généralement beaucoup plus faible que celle des piles hydro-électriques.

Pour mesurer la *force électro-motrice vraie*, c'est-à-dire dégagée de la *polarisation* (**431**), on peut chercher à l'aide d'un électromètre la différence des potentiels aux deux pôles de la pile et comparer cette différence à celle que donne l'élément unité, le Volt. Quant à la force électro-motrice *effective*, on peut la déterminer de la manière suivante :

On place dans le circuit de la pile une boussole des tangentes et un rhéostat (**467**). Désignons par R la résistance de la pile et par r la résistance extérieure (fil et boussole) ; on mesure alors les intensités I et I' du courant quand on introduit dans le circuit, au moyen du rhéostat, successivement les résistances r' et r''. On a alors (**472**) :

$$I = \frac{E}{R + r + r'}, \quad I' = \frac{E}{R + r + r''},$$

et, en éliminant R + r, entre ces deux équations :

$$E = \frac{II'}{I - I'}(r'' - r').$$

On opère de même avec l'élément qui sert de comparaison et on prend le rapport des forces électro-motrices. Si on élimine E entre les deux équations, on obtient :

$$R + r = \frac{I'r'' - Ir'}{I - I'},$$

équation qui permettra de déterminer la résistance R de la pile en retranchant la résistance extérieure r. Très souvent aujourd'hui la résistance qu'offre la boussole est indiquée sur l'instrument même.

474. Intensité du courant. — Unité. L'intensité du courant est connue quand on connaît la force électromotrice et les résistances.

Elle est donnée par la formule :

$$I = \frac{E}{R + r}.$$

L'unité qui lui sert de mesure se déduit des deux unités précédentes. On la nomme un *Ampère*. C'est l'intensité d'un courant qui traverse un conducteur dont la résistance est un Ohm, quand la différence de potentiels aux deux extrémités est un Volt. C'est donc la valeur de I donnée par la relation :

$$I = \frac{1 \text{ volt}}{1 \text{ ohm}}.$$

475. Quantité d'électricité. — Unité. L'intensité I d'un courant étant connue, on aura la quantité Q d'électricité qui passe dans un temps donné T en multipliant I par T. D'où la relation :

$$Q = IT.$$

L'unité de quantité ou le *débit par seconde* se nomme un *Coulomb*, en mémoire du physicien de ce nom.

Cette équation donne Q = 1, pour I = 1, et T = 1.

D'où il suit qu'un courant qui a pour intensité un Ampère, débite par seconde une quantité d'électricité égale à un *Coulomb* (*).

476. Intensité du courant produit par une pile formée par la réunion de *n* éléments. Nous avons vu (**474**) que l'intensité du courant produit par un élément a pour valeur :

$$I = \frac{E}{R + r}.$$

Dans l'association des éléments en pile, trois cas peuvent se présenter.

(*) Pour plus de détails sur les *unités électriques,* consulter une Note publiée par G. Duguet dans la *Revue universelle des Mines* (tome X, p. 600, 1881).

1º Les n éléments sont associés en tension ou en série (**443**).

2º Les n éléments sont associés en batterie ou en surface.

3º La pile est formée de m séries de n éléments chacune.

1ᵉʳ CAS. *La pile comprend* n *éléments associés en tension* (fig. 307).

L'expérience vérifie les deux principes suivants :

1º Lorsque plusieurs éléments sont réunis *en tension*, l'intensité du courant produit *par l'un* quelconque d'entre eux est la même que si les autres éléments étaient inactifs, ceux-ci n'intervenant que pour affaiblir le courant, à cause de leur résistance.

2º L'intensité du courant dans le circuit est la somme des intensités de chaque élément évaluée d'après le principe précédent.

En représentant par R la résistance intérieure de chaque élément de pile pris isolément, nous avons nR pour cette résistance après l'association en tension, en vertu du premier principe. La résistance totale sera donc : nR $+ r$ et l'intensité du courant produit par un élément : $\dfrac{E}{nR + r}$. En appliquant le second principe, on aura pour l'intensité des n éléments :

$$I = \frac{nE}{nR + r},$$

ou :
$$I = \frac{E}{R + \dfrac{r}{n}}. \tag{1}$$

2ᵉ CAS. *Les* n *éléments sont associés en batterie ou en surface* (fig. 306).

L'expérience indique que dans cette espèce d'association *les* n *éléments se comportent comme un seul dont la résistance serait* n *fois moindre*.

La résistance intérieure sera, en vertu de ce principe, $\dfrac{R}{n}$ et l'intensité du courant :

$$I = \frac{E}{\dfrac{R}{n} + r} \; ; \qquad (2)$$

ou :

$$I = \frac{nE}{R + nr} \cdot$$

Appliquons les formules (1) et (2) à une pile thermo-électrique dont la résistance intérieure est négligeable vis-à-vis de la résistance extérieure. Nous avons vu (**470**) que tel est le cas lorsque les barreaux métalliques soudés sont courts et de grande section. La formule (1) à cause de R = 0, donne :

$$I = \frac{E}{\dfrac{r}{n}} = \frac{nE}{r},$$

et la formule (2) :

$$I = \frac{E}{r} \cdot$$

Mais on a :

$$\frac{nE}{r} > \frac{E}{r} \cdot$$

Par conséquent, dans la pile thermo-électrique, c'est le *groupement en tension* qui donne le courant le plus fort.

Appliquons maintenant les mêmes formules au courant produit par une pile hydro-électrique dans laquelle la résistance extérieure r est assez faible pour pouvoir être négligée vis-à-vis de la résistance R de la pile. Les formules (1) et (2) donneront, en posant $r = 0$:

$$I = \frac{E}{R}$$

pour l'arrangement en tension, et

$$I = \frac{nE}{R}$$

pour l'association en batterie.

Comme $\dfrac{n\mathrm{E}}{\mathrm{R}}$ est $> \dfrac{\mathrm{E}}{\mathrm{R}}$, il s'ensuit que, dans ces conditions, c'est l'arrangement *en batterie* qui est le plus avantageux.

3e CAS. *La pile est formée de* m *séries de* n *éléments chacune* (voir fig. 308).

D'après le 1er cas, l'intensité I′ du courant dans chaque série sera exprimée par : $\mathrm{I}' = \dfrac{n\mathrm{E}}{n\mathrm{R} + r}$.

En réunissant les m séries en batterie, on rendra la résistance intérieure m fois plus faible, et l'on aura pour l'intensité du courant développé dans le circuit :

$$\mathrm{I} = \frac{n\mathrm{E}}{\dfrac{n\mathrm{R}}{m} + r} = \frac{\mathrm{E}}{\dfrac{\mathrm{R}}{m} + \dfrac{r}{n}}. \tag{3}$$

Cette formule montre qu'en augmentant le nombre n d'éléments en série, on produit le même effet que si l'on diminuait dans le même rapport la résistance r du circuit, et qu'en augmentant leur nombre m en batterie, le résultat est le même que si l'on diminuait proportionnellement la résistance R de la pile. Donc, si la résistance extérieure est grande, il est avantageux d'augmenter le nombre des éléments en série, et si elle est faible, il est préférable d'augmenter le nombre des séries à réunir en batterie. D'ailleurs, on peut déterminer dans quel cas la valeur de I sera la plus grande possible. Ce sera évidemment lorsque l'expression $\dfrac{\mathrm{R}}{m} + \dfrac{r}{n}$ sera la plus petite possible. Remarquons que le produit des deux quantités $\dfrac{\mathrm{R}}{m}$ et $\dfrac{r}{n}$ ou $\dfrac{\mathrm{R}r}{mn}$ est un nombre constant. En effet, mn est le nombre des éléments et chacune des quantités R et r est invariable, quel que soit le groupement.

Or, un théorème d'algèbre nous apprend que la somme de deux quantités dont le produit est constant, est minimum lorsqu'elles sont égales.

24

Posons donc $\dfrac{R}{m} = \dfrac{r}{n}$ ou $r = \dfrac{nR}{m}$. Or, $\dfrac{nR}{m}$ d'après la formule (3), exprime la résistance de la pile. On voit donc que :

Le courant aura son maximum d'intensité lorsque les éléments seront associés de telle sorte que la résistance de la pile soit égale à celle du conducteur (*).

Cette observation est de la plus grande utilité dans les applications pratiques de la pile.

COURANTS DÉRIVÉS.

477. Définitions. Soit une pile P (fig. 326) et le circuit *abc*. Réunissons deux points *m* et *n* de ce circuit par le

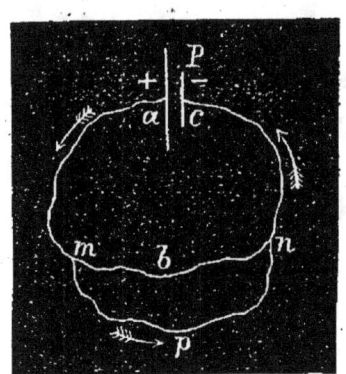

fil *mpn*. Le courant parti de *a* bifurque en *m*. Une partie suit le fil *mbn* et l'autre le fil *mpn*. Ces deux parties du courant primitif se nomment *courants dérivés*. Le courant principal est celui qui circule dans *am* et *nc*.

Il est évident que le courant primitif aura diminué d'intensité dans les fils *mbn* et *mpn*.

Figure 326.

D'un autre côté, il aura augmenté d'intensité dans les

(*) Calculons les valeurs de *m* et de *n* qui correspondent à cette disposition. Posons $mn = N$ (1), nombre total des éléments associés. La condition de maximum d'intensité est $r = \dfrac{nR}{m}$ (2), d'où $m = \dfrac{nR}{r}$.

Portons cette valeur dans (1), il vient : $\dfrac{n^2 R}{r} = N$, et $n = \sqrt{\dfrac{Nr}{R}}$.

Substituons dans (2) cette valeur de *n*, il viendra :

$$r = \dfrac{R}{m} \sqrt{\dfrac{Nr}{R}}, \text{ ou } m = \dfrac{R}{r} \sqrt{\dfrac{Nr}{R}}.$$

On prendra pour *m* et *n* les valeurs entières qui se rapprochent le plus des nombres obtenus par l'extraction des racines carrées.

parties am et cn, parce que la présence du fil mpn diminue la résistance entre les points m et n et que, par suite, la résistance totale du circuit aura diminué.

478. Intensité du courant dans les différentes parties du circuit total. — Principes de Kirchhoff. On peut déterminer l'intensité du courant en s'appuyant sur la formule de Ohm. Mais *Kirchhoff* a déduit de cette formule les deux principes suivants qui permettent d'abréger beaucoup les calculs et qui sont d'un emploi fréquent dans la recherche de l'intensité des courants.

1er PRINCIPE. *Quand un courant d'intensité* I *se partage entre plusieurs conducteurs en des courants d'intensité* i, i', i'', *on a la relation :*

$$I = i + i' + i'' + \dots$$

Ainsi, dans la fig. 326, si nous désignons par I l'intensité du courant principal venant de la pile P et par i et i' les intensités des courants dérivés, nous aurons :

$$I = i + i'. \tag{1}$$

2e PRINCIPE. *Quand un circuit est formé d'une suite de conducteurs de résistance* r, r', r'', *... traversés respectivement par des courants d'intensités* i, i', i'', *..., on aura, en supposant que le circuit contienne une pile de force électro-motrice* E :

$$E = ir + i'r' + i''r'' + \dots$$

Cette formule suppose que les courants marchent dans le même sens dans le circuit. Sinon, on prend comme positifs les courants marchant dans un sens et comme négatifs ceux marchant en sens inverse. Si le circuit ne contient pas de pile, la force électro-motrice E est évidemment égale à zéro.

Appliquons ce deuxième principe au cas de la fig. 326 et désignons par R, r et r' les résistances respectives des parties $macn$, mbn et mpn. Dans le circuit $ambnc$

contenant la pile P et dans lequel le courant marche dans le même sens, on aura :

$$E = IR + ir, \qquad (2)$$

et dans le circuit *ampnc* :

$$E = IR + i'r'. \qquad (3)$$

Mais pour le circuit *mpnb*, dans lequel les courants marchent en sens inverse et qui ne contient pas de pile, on aura :

$$0 = ir - i'r', \quad \text{ou :} \quad ir = i'r'.$$

Cette dernière égalité peut aussi être déduite des formules (2) et (3).

Des équations (1), (2) et (3) relatives au cas de la figure, on peut tirer les valeurs de I, i et i', et l'on obtient :

$$I = \frac{E}{R + \dfrac{rr'}{r + r'}}, \qquad i = I \frac{r'}{r + r'}, \qquad i' = I \frac{r}{r + r'}.$$

En comparant la première équation à la formule générale de Ohm, il est facile de comprendre que, puisque R représente la résistance de la partie *macn*, la quantité $\dfrac{rr'}{r + r'}$ représente la résistance des deux fils *mbn* et *mpn*. Ceux-ci offrent donc ensemble la même résistance qu'un fil unique d'une longueur égale à $\dfrac{rr'}{r + r'}$.

CHAPITRE III.

EFFETS PRODUITS PAR LES COURANTS.

479. Leur division. Ces effets sont les mêmes que ceux produits par l'étincelle; mais ils sont beaucoup plus faciles à observer et à caractériser que ces derniers, à cause de la continuité du courant.

On les divise en effets *physiologiques, physiques* et *chimiques.*

Les effets *physiques* se subdivisent en effets *calorifiques, lumineux, magnétiques* et *induisants.* Ces deux derniers effets ne seront pas étudiés dans ce chapitre.

I. — *Effets physiologiques.*

480. Nature de ces effets. On nomme ainsi ceux qui sont produits sur les animaux et les végétaux.

Lorsqu'un courant passe à travers les organes d'un animal vivant ou d'un animal mort depuis peu, on remarque, au moment de la *fermeture* du circuit, une contraction musculaire d'autant plus forte que le courant est plus énergique; mais du moment que le courant est établi, les contractions cessent et ne se reproduisent que lors de la *rupture* du circuit.

Le premier effet physiologique produit par un courant a été observé par *Galvani* en 1786, sur une grenouille fraîchement écorchée.

Pour répéter l'expérience de Galvani, on fait communiquer, à l'aide d'un arc à deux branches, cuivre et zinc, réunies par une charnière, les nerfs lombaires de la grenouille avec les muscles des pattes. A chaque contact, l'animal tressaute (*).

(*) Galvani attribuait ce phénomène à l'existence d'une électricité inhérente

La médecine a utilisé les courants électriques comme moyen thérapeutique. Quant à l'action produite par le courant électrique sur les végétaux. elle n'a pas encore été assez étudiée pour que nous nous y arrêtions.

II. — Effets calorifiques.

481. Expérience. On réunit par un fil de platine d'environ 15 centimètres de longueur, les pôles d'une pile formée de quatre éléments Bunsen. Dès que le circuit est fermé, le fil rougit et d'autant plus qu'il est plus court et plus fin.

482. Origine de la chaleur. Toute la chaleur que contient le circuit est due à l'action chimique qui produit le courant.

L'acide sulfurique, en attaquant le zinc, développe une certaine quantité de chaleur, toujours la même pour la même quantité de zinc transformée en sulfate. Seulement cette chaleur se répartit en proportions différentes entre la pile et le conducteur.

483. Partage de la chaleur totale. Si l'on réunit les deux pôles d'une pile hydro-électrique par un fil gros et bon conducteur, presque toute la chaleur produite reste dans la pile et le conducteur s'échauffe à peine. Mais si

---

à l'animal, qu'il nommait *fluide vital.* D'après lui, c'est ce fluide qui, en passant des nerfs aux muscles par l'intermédiaire de l'arc métallique, produisait la contraction observée. Volta combattit la théorie de Galvani et soutint que le *contact* des deux métaux zinc et cuivre était la cause unique du développement de l'électricité. Aujourd'hui on sait que dans cette expérience l'électricité est produite par l'oxydation du zinc.

Les idées de Volta furent adoptées par presque tous les physiciens. Cependant l'existence des courants électriques chez les animaux, admise par Galvani, indépendamment de toute action chimique ou physique *extérieure*, fut mise en évidence plus tard en 1827 par Nobili.

Certains poissons, les torpilles, les silures et les gymnotes, possèdent des organes spéciaux qui leur permettent de produire de l'électricité.

le fil interpolaire offre une grande résistance au passage du courant, la pile s'échauffe peu, tandis que le fil s'échauffe considérablement jusqu'à être porté au rouge blanc. Quand le courant est suffisamment énergique, le conducteur peut être fondu et même volatilisé. Mais que les pôles soient réunis par un fil peu conducteur ou bon conducteur, la somme totale de la chaleur développée dans la pile et dans le circuit extérieur est la même.

484. Lois de Joule. Le physicien *Joule* a établi les deux lois suivantes :

1º *La quantité totale de chaleur développée dans tout le circuit pendant l'unité de temps, est proportionnelle à la force électro-motrice de la pile et à l'intensité du courant.*

L'expression mathématique de cette loi est :

$$Q = K. E. I;$$

Q représente la quantité totale de chaleur produite par l'action chimique; E, la force électro-motrice et I, l'intensité du courant. K est une constante qui dépend de la pile.

2º *Pour un courant d'intensité constante, la chaleur produite dans le fil est proportionnelle à sa résistance.*

Ainsi, la résistance du platine étant dix fois plus grande que celle de l'argent, la chaleur engendrée par le courant dans un fil de platine sera dix fois plus grande que dans un fil d'argent de même longueur et de même section, *en supposant que l'on conserve au courant la même intensité lorsqu'il traverse les deux fils.* Plus le fil est fin, plus la résistance augmente et plus, pour une même intensité du courant, l'échauffement sera grand. Si l'on allonge le fil, on augmente la résistance du conducteur et par suite on affaiblit le courant. L'échauffement diminue donc; mais si, par un moyen quelconque, on maintient constante l'intensité du courant, on obtient le même échauffement.

485. Influence du mode d'association des éléments de la pile. La température que peut atteindre un conducteur déterminé, dépend aussi de la manière dont sont associés les éléments de la pile. En effet, lorsqu'ils sont groupés *en tension*, le fil s'échauffe peu, parce que, dans ce cas, il est toujours beaucoup plus conducteur que la pile elle-même. Au contraire, si les éléments sont réunis *en batterie*, le fil s'échauffe beaucoup, parce qu'alors sa résistance peut l'emporter sur celle de la pile (**483**).

III. — Effets lumineux.

486. Arc voltaïque. Si après avoir amené au contact les deux rhéophores d'une pile très forte, on les éloigne progressivement, il se produira entre eux un jet de lumière nommé *arc voltaïque,* dont la longueur, avec un fort courant, peut atteindre deux à trois centimètres. Il est, en tout cas, plus grand avec les piles en tension qu'avec les piles en batterie.

Pour produire l'arc voltaïque, on termine aujourd'hui les conducteurs par des baguettes de charbon de cornue à gaz, parce que ce charbon est dur et peu combustible.

Cherchons à expliquer ce fait que pour produire l'arc voltaïque, il faut d'abord amener les baguettes de charbon au contact, puis les éloigner. Si on les rapproche graduellement, il ne se produit pas en général d'étincelle, parce que la différence des potentiels entre les conducteurs est ordinairement faible. Si on les éloigne après les avoir amenés au contact, l'étincelle peut se produire.

En effet, lorsque les charbons se touchent, il se produit au contact un grand développement de chaleur à cause de la grande résistance que présente le circuit en ce point ; et les baguettes rougissent. Si, alors, on éloigne un peu les charbons, le courant continue à passer, pourvu qu'il soit suffisamment énergique, parce qu'il y a transport de particules charbonneuses du pôle positif vers le pôle négatif. Ce sont ces particules portées au rouge par le courant auquel elles servent de véhicule, qui forment l'arc voltaïque. Par suite du transport des particules, le charbon positif se creuse rapidement, tandis que le charbon négatif semble s'accroître.

Pour produire l'arc, il faut environ cinquante éléments Bunsen réunis en tension. Nous ferons connaître plus loin d'autres générateurs électriques qui sont aujourd'hui presqu'exclusivement employés pour cet usage.

487. Température et éclat lumineux de l'arc. La température de l'arc voltaïque est très considérable, celle des pointes de charbon surtout. M. *Rosetti* a reconnu que la pointe du charbon positif peut atteindre 3200°.

Lorsque l'arc est projeté sur un écran, l'éclat des charbons est tellement brillant qu'on distingue à peine celui de l'arc. Si les charbons sont coniques, le cône positif est rouge blanc jusqu'à une assez grande distance, tandis que le cône négatif est à peine rougi à son extrémité. En comparant entre elles différentes sources de lumière, MM. *Foucault* et *Fizeau* ont trouvé que la lumière de l'arc voltaïque produit par une pile de 92 éléments Bunsen ordinaire est moitié moindre que celle du soleil à deux heures, tandis que la lumière Drummond ou oxhydrique n'en est que la cent cinquantième partie. Le soleil répand sur une surface donnée autant de clarté que 5774 bougies placées à 43 centimètres de distance de cette surface.

488. Régulateurs de la lumière électrique. A cause de l'usure des deux charbons, il faut, si l'on veut appliquer la lumière électrique à l'éclairage, faire usage d'appareils qui les rapprochent au fur et à mesure qu'ils s'usent, de façon à éviter l'interruption du courant.

Ces appareils ont reçu le nom de *régulateurs*.

Il faut, dans leur construction, tenir compte de ce fait que le charbon positif s'use, à peu de chose près, deux fois plus vite que le charbon négatif. Il en résulte que pour immobiliser le point lumineux et conserver une distance constante entre leurs extrémités, il faut que les deux baguettes se meuvent proportionnellement à leur usure, c'est-à-dire que le déplacement de la baguette positive soit le double de la baguette négative.

Il serait trop long de décrire ici les différentes combinaisons qui ont été imaginées pour obtenir ce résultat. Disons cependant que la lampe de notre compatriote M. *Jaspar* résout très simplement et très heureusement le problème (*).

489. Bougie électrique de Jablochkoff. *Jablochkoff* a imaginé une disposition très heureuse des baguettes de charbon qui dispense de l'emploi de régulateurs.

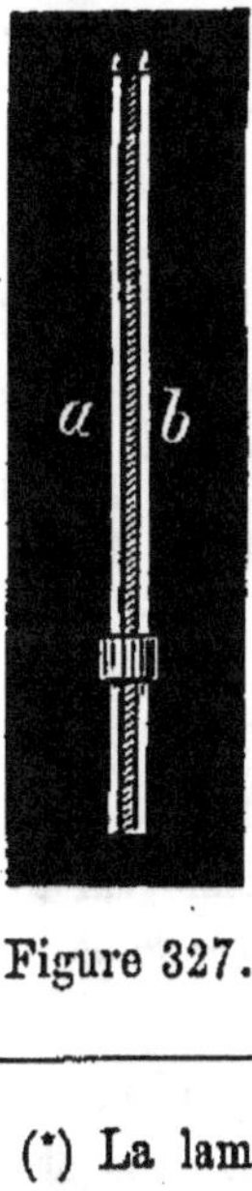

Figure 327.

La *bougie électrique* (fig. 327) est formée de deux baguettes en charbon *a* et *b*, placées à une petite distance l'une de l'autre et parallèlement. Une substance isolante fusible, le kaolin ou le plâtre, les sépare. Le bout de la bougie est trempé dans un mélange de gomme et de plombagine, qui donne passage au courant, rougit et produit l'allumage. La matière isolante fond en même temps que les charbons

(*) La lampe Jaspar est aujourd'hui employée dans un grand nombre d'établissements industriels, notamment dans les ateliers de construction de machines de Villebroeck, les établissements Cockerill, les forges de Monceaux

se consument, et tout le système s'use comme une bougie ; d'où le nom qu'on lui a donné.

La disposition parallèle des baguettes a pour effet de maintenir leurs extrémités à une distance constante *si l'usure est la même pour les deux*. Pour obtenir ce résultat, on emploie comme générateurs de l'électricité des *machines dynamo-électriques à courants alternatifs*. Par l'emploi de ces machines qui seront décrites plus loin, chaque baguette devenant alternativement positive et négative, l'usure est la même pour les deux.

Un des avantages que présentent les bougies Jablochkoff, c'est de pouvoir placer plusieurs lumières dans le même circuit. La raison en est que le courant, en passant à travers l'isolant fondu, est beaucoup moins affaibli qu'en passant à travers une lame d'air, comme dans les autres lampes (*).

490. Lampes à incandescence. Ces lampes utilisent la lumière que dégage une tige de charbon rendue incandescente par le passage d'un courant. Pour empêcher la combustion du charbon, on le renferme dans un récipient vide d'air.

A l'exposition d'électricité qui a eu lieu à Paris en 1881, figuraient plusieurs lampes à incandescence. Citons celles d'*Édison*, de *Swann* et de *Maxym* ; mais nous nous bornerons à faire connaître sommairement celle d'*Édison* (fig. 328).

---

sur-Sambre, etc. Trois lampes sont installées dans les deux salles de télégraphistes de la station du Nord, à Bruxelles, et la lumière réfléchie par le plafond produit un éclairage uniforme presque semblable à la lumière du jour. Une lampe est établie à Liége, dans le parc d'Avroy.

(*) A Paris, l'avenue de l'Opéra, l'arc de triomphe de l'Étoile, la chambre des députés, etc., sont éclairés par les bougies Jablochkoff placées dans des globes de verre émaillé qui ont pour effet de diffuser la lumière, mais qui ont l'inconvénient d'affaiblir notablement son intensité.

Elle se compose d'un vase en verre V de forme ovoïde, complètement purgé d'air. Un fil mince f de charbon

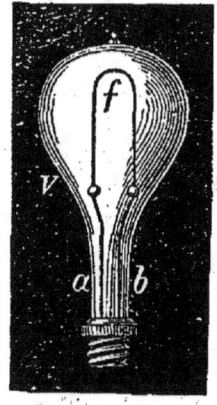

Figure 328.

obtenu en carbonisant en vase clos des filaments de bambou, est traversé par un courant amené par des fils de platine a et b. Le fil de charbon rougit à cause de la résistance qu'il offre au passage du courant, et ne s'altère pas, à cause de son infusibilité et de l'absence d'air dans l'appareil.

L'avantage que présentent les lampes à incandescence sur celles à arc voltaïque est de permettre la division de la lumière électrique, c'est-à-dire d'obtenir avec un seul générateur d'électricité un nombre assez grand de foyers faibles (*). Seulement, dans ce cas, le pouvoir éclairant total fourni par un même courant est beaucoup plus faible qu'avec un seul foyer lumineux. Le rendement des lampes à incandescence est environ le $\frac{1}{5}$ de celui des lampes à régulateurs. Ce fait se conçoit lorsqu'on saura que l'intensité lumineuse d'une lampe augmente beaucoup plus vite que l'intensité du courant. Ainsi, une demi-lampe Édison qui reste obscure lorsqu'elle est traversée par un courant égal à l'unité, donne une lumière de 3 bougies avec deux unités, 13 bougies avec trois, 28 avec quatre et 50 avec cinq.

IV. — *Effets chimiques.*

491. Électrolyse. — Électrolytes. Le courant électrique est un agent puissant de décomposition. Il exerce son

---

(*) L'éclairage par les lampes Édison est installé depuis peu à la chambre des Représentants et va l'être prochainement dans les ministères. Le théâtre du Parc à Bruxelles est éclairé par 305 lampes à incandescence.

action sur tous les corps composés. Nous n'exposerons ici que les décompositions les plus nettes et les plus intéressantes. Bien que le courant puisse produire certaines modifications dans les solides, il ne produit de décomposition que dans les liquides. Les corps solides doivent donc être fondus ou dissous.

Les substances décomposées par le courant se nomment *électrolytes*, et l'acte de la décomposition, *électrolyse*.

492. Décomposition de l'eau. — Théorie de Grotthuss. Nous avons vu (**448**) que sous l'action du courant produit par une pile, l'eau se décompose en oxygène qui se rend sur l'électrode positive et en hydrogène qui se rend sur l'électrode négative (*). En se basant sur ce fait que les attractions ont lieu entre les corps chargés d'électricité de signe contraire, on a été conduit à admettre qu'au moment de la séparation des éléments de l'eau, les molécules d'oxygène sont chargées d'électricité négative et les molécules d'hydrogène d'électricité positive. La plupart des composés binaires se décomposant comme l'eau, on a appelé *corps positifs* ceux qui se portent sur l'électrode négative, et *corps électro-négatifs* ceux qui se rendent à l'électrode positive.

Il est utile de faire observer que ces dénominations n'ont rien d'absolu, et que tel corps qui est électro-négatif par rapport à un corps déterminé, peut être électro-positif par rapport à un autre.

Un fait digne de remarque dans l'électrolyse de l'eau, c'est qu'il n'apparaît aucune trace de décomposition entre les électrodes et que la séparation des éléments ne paraît se faire qu'aux pôles.

(*) L'eau tout à fait pure et non aérée ne paraît pas se décomposer par le courant. C'est pourquoi il est nécessaire pour que la décomposition se fasse facilement, de l'acidifier avec un peu d'acide sulfurique. On croit même aujourd'hui que c'est l'acide qui est décomposé et non l'eau.

Voici comment *Grotthuss* l'explique :

Supposons (fig. 329) une file de molécules d'eau 1, 2, 3, etc. réunissant les deux électrodes en platine E et E'. Chacune d'elles se décompose en oxygène et hydrogène,

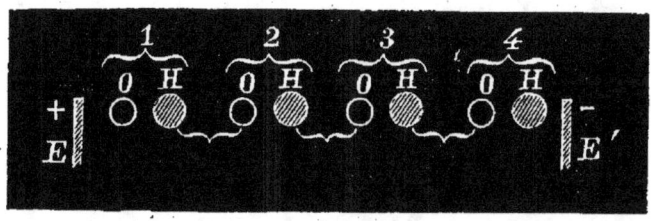

Figure 329.

l'oxygène se plaçant du côté du pôle positif et l'hydrogène du côté du pôle négatif, ainsi que le montre la figure.

L'hydrogène de la première molécule s'unit à l'oxygène de la seconde, l'hydrogène de la seconde à l'oxygène de la troisième, et ainsi de suite. De telle sorte qu'il se dégage à l'électrode positive l'oxygène de la première molécule et à l'électrode négative l'hydrogène de la dernière.

De même que pour l'eau, l'électrolyse des autres substances ne paraît se faire qu'aux électrodes; on peut donc appliquer à leur décomposition la théorie de Grotthuss.

493. Électrolyse de la potasse et de la soude. La potasse (KHO) ou la soude (NaHO) humide, soumise à l'action d'une pile très puissante (environ 50 éléments Bunsen), donne au pôle positif de l'oxygène et au pôle négatif de l'hydrogène avec le métal alcalin. Celui-ci s'allume s'il est au contact de l'air. Pour éviter la combustion du potassium ou du sodium, on fait plonger l'électrode positive dans du mercure avec lequel le métal s'amalgame. C'est *Davy* qui, le premier, en 1807, a fait cette décomposition, en employant une pile à auge de 250 éléments.

494. Électrolyse des chlorures, bromures, iodures, etc. métalliques. Tous ces composés se dédoublent sous l'action de courants plus ou moins intenses, en *métalloïde* qui se rend au pôle positif, et en *métal* qui se rend au pôle négatif.

C'est par l'électrolyse des chlorures fondus que *Bunsen* a préparé l'aluminium et le magnésium, et que M. *Matthiessen* a obtenu le *lithum*, le *calcium* et le *strontium*.

495. Électrolyse des oxysels en dissolution dans l'eau. Deux cas peuvent se présenter :

1° *Le métal du sel décompose l'eau à la température ordinaire.* C'est le cas des sels alcalins qui donnent par l'action du courant, l'acide au pôle positif et l'hydrate du métal au pôle négatif.

Supposons que l'électrolyte soit du sulfate de sodium, dont la formule chimique est Na^2SO^4. Le métal se rend au pôle négatif et le groupe SO^4 au pôle positif. Mais alors ont lieu des réactions secondaires qui transforment le sodium en hydrate avec dégagement d'hydrogène, et SO^4 en acide sulfurique avec production d'oxygène. Ces réactions peuvent s'exprimer comme suit :

$$Na^2 + 2H^2O = 2NaHO + 2H,$$

et
$$SO^4 + H^2O = H^2SO^4 + O.$$

Pour mettre ces faits en évidence, on fait usage d'un tube de verre recourbé (fig. 330), contenant une dissolution de sulfate de sodium légèrement colorée par du sirop de violette. On place au préalable dans la partie courbe C du sable pour empêcher les liquides contenus dans les deux branches de se mêler. Des électrodes en platine A et B plongeant dans le

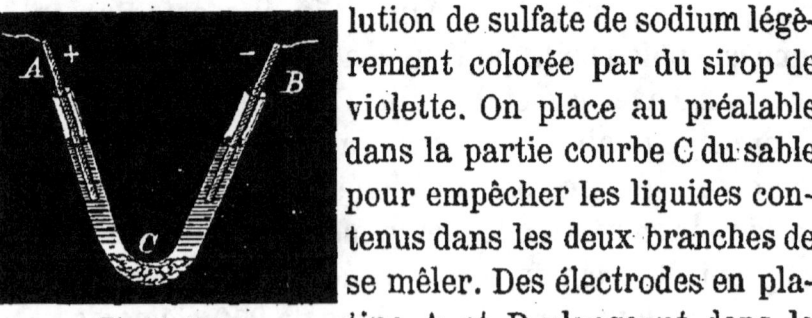

Figure 330.

liquide sont mises en rapport avec une pile formée de quatre éléments Bunsen. Au bout de peu de temps, on

remarque que le liquide en contact avec l'électrode positive A se colore en rouge, ce qui annonce la présence de
l'acide sulfurique, et que le liquide qui entoure l'électrode
négative B se colore en vert, ce qui annonce la formation
de l'hydrate de sodium. En même temps, les électrodes
se tapissent de bulles gazeuses.

2° *Le métal du sel décomposé n'a pas d'action sur
l'eau.* Dans ce cas, l'acide se rendra au pôle positif et le
métal au pôle négatif.

Prenons comme exemple le sulfate de cuivre ($CuSO^4$).
Sous l'action du courant, le sel se dédouble en SO^4 qui
se porte au pôle positif et se transforme au contact de
l'eau en acide sulfurique et oxygène; quant au cuivre, il
se *précipite* au pôle négatif.

Il résulte de ces faits que les résultats définitifs des
décompositions électrolytiques dépendent des réactions
secondaires qui peuvent se produire au sein de la masse
liquide. Ils dépendent aussi de la nature des électrodes.

496. Influence de l'électrode. Lorsque les électrodes
sont en platine et que la dissolution saline traversée par
le courant renferme du sulfate de cuivre, par exemple,
la décomposition est assez vite terminée; mais si l'*électrode positive* est une lame de cuivre, ce métal se dissout et la décomposition du sel dure tant que dure
l'électrode. La raison en est que l'acide sulfurique qui
se rend au pôle positif dissout le métal et régénère du
sulfate de cuivre au fur et à mesure que le courant le
décompose.

Il en serait de même pour un sel quelconque, pourvu
que l'électrode positive fût faite du même métal que celui
qui existe dans le sel.

497. Loi de Faraday. *Lorsqu'un même courant agit
simultanément sur une suite de dissolutions salines,
les poids des éléments séparés dans chacune d'elles*

sont dans le même rapport que leurs équivalents chimiques.

L'expérience vérifie, en effet, que si l'on fait passer successivement un même courant 1° dans de l'eau, 2° dans une dissolution de sulfate de cuivre, 3° dans une dissolution d'azotate d'argent, les poids p, p', p'', d'hydrogène, de cuivre et d'argent qui se seront déposés après le même laps de temps sur les électrodes négatives seront entre eux comme les nombres 1, 32 et 108 qui représentent respectivement les équivalents chimiques de l'hydrogène, du cuivre et de l'argent. Il résulte de cette expérience que si, en différents points d'un circuit, on intercale des dissolutions du même sel, de telle sorte qu'elles soient traversées par le courant électrique, à chaque instant les quantités de métal déposées sur les électrodes négatives seront les mêmes.

GALVANOPLASTIE. — ÉLECTRO-CHIMIE.

498. Définition. L'action décomposante que le courant exerce sur les dissolutions salines a été le point de départ de nombreuses applications industrielles.

Rappelons que le courant dépose le métal au pôle négatif. Si l'on assujettit à ce pôle un moule creux, les particules du métal précipité peuvent le recouvrir et former en s'agrégeant l'empreinte de la surface du moule. Quand le dépôt métallique se fait sur la surface du moule sans y adhérer, on fait de la *galvanoplastie* proprement dite ; tandis que si le métal déposé adhère à l'objet suspendu au pôle négatif, on fait de l'*électro-chimie*.

499. Galvanoplastie (*). La reproduction d'un objet par

(*) *Jacobi* présenta en 1828 à l'Académie des sciences de Saint-Pétersbourg une plaque de cuivre offrant en relief l'empreinte exacte de dessins gravés sur

la galvanoplastie comprend trois opérations : 1º la préparation du moule, 2º la composition du bain, 3º la disposition de l'appareil.

1º PRÉPARATION DU MOULE. On peut dire que c'est là
le point capital de l'opération, puisque la reproduction
sera la copie fidèle du moule. On a fait tour à tour des
moules en métal, en plâtre, en stéarine, etc.; mais aujourd'hui on emploie la gutta-percha qui a la propriété
de se ramollir dans l'eau chauffée vers 50º et de se durcir
en refroidissant. Pour obtenir l'empreinte, on applique
cette substance ramollie sur l'objet à reproduire et on
soumet l'ensemble à l'action d'une presse. On laisse re-
froidir et on sépare l'objet du moule. Cela fait, il faut
rendre bon conducteur de l'électricité la surface qui doit
recevoir le dépôt métallique. C'est ce qu'on obtient en la
frottant de plombagine bien pure et finement pulvérisée,
à l'aide d'une brosse un peu dure.

2º PRÉPARATION DU BAIN. Faisons cette remarque
générale que si l'on veut obtenir un dépôt métallique
d'une certaine épaisseur, on fera usage d'un bain acide,
tandis que si l'on veut surtout un dépôt en surface,
comme c'est le cas pour l'électro-chimie, on emploie des
dissolutions alcalines.

Supposons que l'on veuille obtenir une reproduction
en cuivre : le bain sera alors une dissolution de sulfate
de cuivre additionnée d'un centième d'acide sulfurique.
La concentration sera maintenue par la dissolution de
l'électrode positive qui sera formée d'une lame de cuivre
(496). En introduisant dans le bain des traces de géla-
tine, le dépôt de cuivre sera plus cohérent et plus dur.

---

une plaque de même métal. La même année, un anglais, *Spencer,* montra à
Liverpool des médailles obtenues avec la pile si bien reproduites, qu'on pouvait les croire frappées au balancier. Ils peuvent donc tous deux être regardés
comme les créateurs de la galvanoplastie.

3º DISPOSITION DE L'APPAREIL. L'appareil (fig. 331) comprend un générateur d'électricité qui doit être à

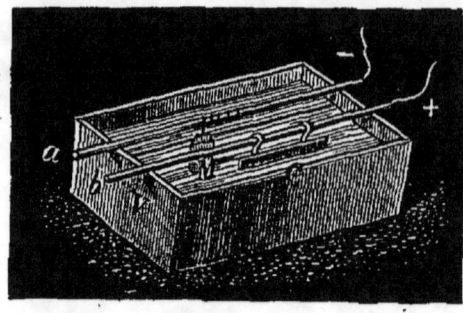

faible tension, autrement le dépôt de cuivre manquerait de cohérence. La pile de Daniell est très convenable. Les rhéophores de la pile aboutissent à une cuve V con-

Figure 331.

tenant la dissolution de sulfate de cuivre et sont attachés à deux baguettes de laiton *a* et *b* placées en travers. Au pôle positif on suspend une plaque de cuivre C, et au pôle négatif on attache le moule M, à l'aide d'un fil de cuivre qui se ramifie de façon à diriger le courant dans tous les creux du moule.

Quand le dépôt est suffisamment épais, on l'enlève avec précaution.

La galvanoplastie rend des services signalés à l'art et à l'industrie.

500. Électro-chimie. On nomme ainsi l'art de recouvrir, à l'aide du courant électrique, les métaux communs d'une couche *adhérente* et protectrice d'un métal moins facilement altérable. Le dépôt devant être mince exige l'emploi de bains alcalins.

DORURE. — ARGENTURE(*). On emploie le même appareil que pour la galvanoplastie. Il n'y a de changé que la composition du bain.

Pour la dorure, on le forme de 10 parties de cyanure de potassium, 1 de cyanure d'or et 100 d'eau. L'électrode

(*) C'est vers 1840 que MM. *Georges* et *Henri Elkington* prenaient en Angleterre des brevets pour la dorure et l'argenture par la pile. Presque au même moment, M. *de Ruoltz* se faisait breveter en France pour le même objet. Ce sont ces brevets qui sont actuellement exploités par la maison Christofle de Paris,

soluble est formée d'une lame d'or. La perte de poids de cette électrode représente exactement le poids de l'or déposé sur l'objet suspendu au pôle négatif.

Les objets de cuivre peuvent être dorés sans préparation préalable; mais le fer, l'acier et la fonte ne retiennent le dépôt d'or qu'après avoir été cuivrés. Le cuivre est un intermédiaire qui retient l'or sur le fer. A cet effet, comme le dépôt de cuivre *ne doit pas être épais,* on fera usage d'un bain alcalin formé d'eau, de cyanure de potassium et de cyanure de cuivre.

Pour l'argenture, le bain est composé d'eau, de cyanure de potassium et de cyanure d'argent.

DÉPÔT DE FER. Il semble tout d'abord qu'il n'y a aucune utilité à recouvrir de fer un métal plus précieux. Cependant la gravure y trouve un sérieux avantage; en recouvrant les planches de cuivre gravées, d'une mince couche de fer, on augmente leur résistance au tirage.

Le bain employé est une dissolution de sulfate ferreux et de sel ammoniac.

DÉPÔT DE NICKEL. On emploie pour obtenir ce dépôt un bain formé d'eau, de sulfate de nickel et d'ammoniaque en excès. L'électrode soluble est nécessairement en nickel. On nikélise avec avantage les fusils, les épées, les mors, les étriers, les ferrures des balcons, des portes, des fenêtres, etc.

CUIVRAGE. Le cuivrage du fer et de la fonte par le procédé indiqué comme opération préalable à la dorure, est trop coûteux pour le cuivrage à forte épaisseur des statues, des candélabres, des fontaines, etc. On fait usage de bains au sulfate de cuivre; mais comme le sel est acide, il attaque le fer et empêche le cuivre d'adhérer. M. Oudry a remédié à cet inconvénient en recouvrant au préalable la fonte d'un enduit qui empêche l'action de l'acide. La pièce est ensuite recouverte de plombagine, pour rendre l'enduit conducteur, puis plongée dans le bain de sulfate de cuivre (*).

(*) Le procédé de M. *Oudry* présente l'inconvénient que si une solution de continuité se produit sur une pièce cuivrée tout se détache, parce qu'il n'y a pas d'adhérence.

MM. *Gauduin*, *Mignon* et *Rouart* ont inventé un procédé qui permet d'obtenir un cuivrage complètement adhérent et direct sur la fonte et le fer, en évitant ainsi l'emploi de l'enduit isolant imaginé par Oudry. C'est ce procédé qui est employé par la Société des hauts-fourneaux et fonderies du Val-d'Osne, dont les produits sont très connus.

CHAPITRE IV.

ÉLECTRO-MAGNÉTISME ET ÉLECTRO-DYNAMIQUE. — SOLÉNOÏDES.

I. — Électro-magnétisme.

501. Expérience d'Œrsted. L'électro-magnétisme étudie les actions réciproques des courants et des aimants.

Nous avons rapporté plus haut (**449**) l'expérience d'Œrsted qui montre l'action d'un courant sur l'aiguille aimantée et nous avons formulé la loi d'Ampère qui la régit.

Rappelons que l'aiguille tend à se mettre en croix avec le courant, de telle sorte que le pôle nord est dirigé à sa gauche.

Cette action est réciproque, c'est-à-dire que si l'aimant est fixe et le courant mobile, celui-ci tendra à se mettre en croix avec le barreau aimanté; mais toujours de façon que le pôle nord de l'aimant soit à la gauche du courant.

Pour en faire la vérification, on se sert d'un appareil formé de deux colonnes en laiton A et B (fig. 332), portant chacune une potence terminée par des godets C et D

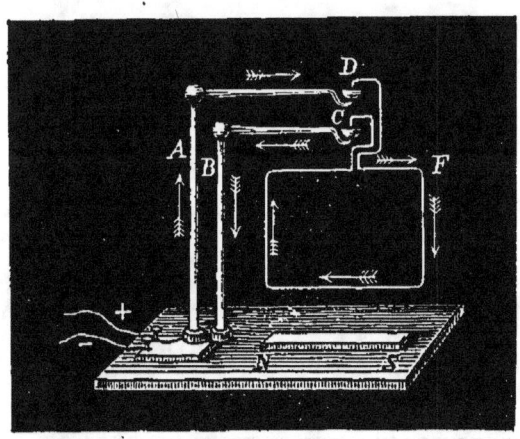

Figure 332.

pleins de mercure. Un fil de cuivre F contourné en rectangle a ses extrémités terminées par des pointes d'acier qui reposent dans les godets. Ce système constitue un courant mobile autour de la verticale

qui passe par les points d'appui des pointes. On place

au-dessous du côté horizontal inférieur un barreau aimanté NS, après avoir relié les colonnes A et B aux pôles d'une pile. A l'instant, le courant dévie et dans le sens indiqué par la loi. Il est facile, par l'examen de la figure, de voir que le côté horizontal supérieur prend une direction contraire à celle qu'indique la loi d'Ampère ; mais c'est parce qu'elle obéit à l'action prédominante du barreau sur les trois autres côtés.

502. Action d'un courant sur une aiguille aimantée tout à fait libre. Nous allons montrer par une expérience que l'action d'un courant sur un aimant n'est pas simplement directrice.

Que l'on place une aiguille aimantée très légère sur un bouchon de liège qui flotte sur l'eau et que l'on tende un fil de cuivre perpendiculairement au plan méridien qui passe par l'aiguille. Dès que le fil sera traversé par un courant, on verra l'aiguille se mettre en mouvement et s'arrêter lorsque son milieu se trouvera dans le plan vertical du courant.

En employant une disposition convenable, on pourra même, comme l'a fait Ampère, obtenir un mouvement de rotation continu de l'aimant. On peut aussi inversement produire la translation ou la rotation continue d'un courant par un aimant (*).

II. — Électro-dynamique.

503. Objet de l'électro-dynamique. L'électro-dynamique étudie les phénomènes qui résultent des actions des courants sur les courants.

Tous ces phénomènes trouvent leur explication dans un petit nombre de lois dont la vérification est très facile.

(*) On peut se rendre compte de ces faits par l'analyse mathématique des forces mises en jeu dans ces expériences.

504. Courants parallèles. *Deux courants parallèles et de même sens s'attirent ; s'ils sont de sens contraires, ils se repoussent.*

Pour vérifier cette loi, on fait usage d'un appareil comprenant un conducteur fixe et un conducteur mobile, chacun traversé par un courant.

Le circuit mobile est représenté fig. 332. Le circuit fixe est souvent formé par un cadre en bois autour duquel est enroulé un fil de cuivre recouvert de soie. On approche un côté du cadre parallèlement à un côté vertical du circuit mobile et on observera une attraction ou une répulsion, suivant que les courants en présence seront de même sens ou de sens contraires.

505. Courants angulaires (c'est-à-dire dont les directions forment entre elles un angle). *Il y a attraction si les deux courants s'approchent ou s'éloignent ensemble de leur point de croisement, et répulsion si l'un d'eux s'en approche et l'autre s'en éloigne.* Ainsi, dans la fig. 333, les parties *b* et *d* se repoussent, ainsi que les parties *a* et *c*, mais les parties *b* et *c* s'attirent.

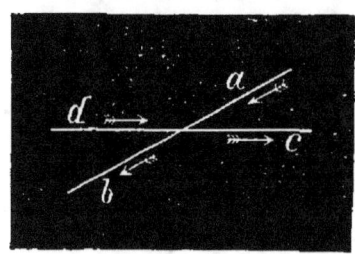

Figure 333.

Cette loi, qui s'applique aussi bien aux courants situés dans des plans différents qu'aux courants situés dans le même plan, se vérifie aisément à l'aide de l'appareil employé pour les courants parallèles.

Une conséquence très importante de cette loi peut se formuler comme suit : *Deux parties consécutives d'un même courant se repoussent.*

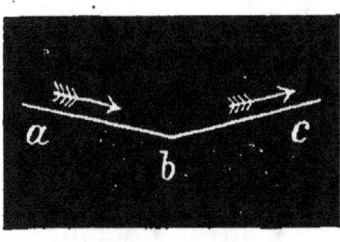

Figure 334.

En effet, supposons le conducteur coudé *abc* (fig. 334)

traversé par un courant dans le sens des flèches. D'après la loi des courants angulaires, les deux parties *ab* et *bc* se repoussent et l'angle *abc* tend à grandir. Quand il aura atteint 180°, la répulsion continuant à s'exercer, la partie *bc* tendra à s'éloigner de *ab*.

L'expérience confirme cette prévision théorique. Ampère a imaginé à cet effet la disposition suivante :

Dans une planche en bois P (fig. 335) sont creusées

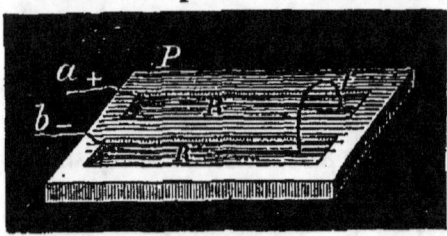

Figure 335.

deux rigoles parallèles R et R' remplies de mercure, sur lequel flotte un fil de fer recourbé *f* dont les extrémités sont respectivement en contact avec le bain métallique de chaque rigole. Dès que le courant est établi au moyen des rhéophores *a* et *b*, on remarque que le fil flotteur qui complète le circuit est vivement repoussé (*).

506. Courants sinueux. *L'action d'un courant sinueux est la même que celle d'un courant rectiligne terminé aux mêmes extrémités.*

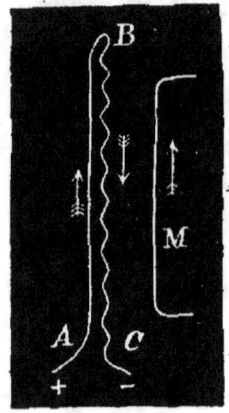

Figure 336.

On peut vérifier ce principe en plaçant un fil de cuivre disposé comme l'indique la figure 336 et traversé par un courant, dans le voisinage d'un courant mobile M. On n'observera ni attraction, ni répulsion, ce qui montre que l'action exercée par la portion ascendante AB du courant est égale à l'action exercée par la partie descendante BC.

Examinons maintenant, en appliquant les lois que nous venons de faire connaître, quelques

---

(*) Cette expérience ne réussit que si la surface du mercure est bien propre.

cas particuliers qui trouveront plus loin leur application.

507. Action d'un courant rectiligne indéfini et fixe sur un courant rectiligne fini. Nous admettrons que le courant fini, qui est mobile, soit disposé de telle sorte qu'il ne puisse se déplacer que parallèlement à lui-même.

Examinons le cas le plus simple, celui où le courant indéfini *mn* (fig. 337) est horizontal et le courant fini *pq*

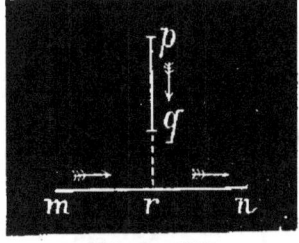

Figure 337.

vertical, mais tous deux situés dans le même plan.

En appliquant la loi des courants angulaires (**505**), il est facile de voir que la portion *nr* du courant fixe repousse *pq* et que la portion *mr* l'attire. Par conséquent, *si le courant mobile est descendant, il tendra à se déplacer parallèlement à lui-même dans une direction contraire à celle du courant fixe.*

Si le courant mobile est ascendant, on trouve en appliquant la même loi, que *le courant pq tend à se déplacer dans la direction du courant fixe.*

Le déplacement du courant *pq* tend à se produire de la même manière alors même qu'il ne se trouve pas dans le même plan que le courant fixe.

Ces deux lois se vérifient facilement par l'expérience.

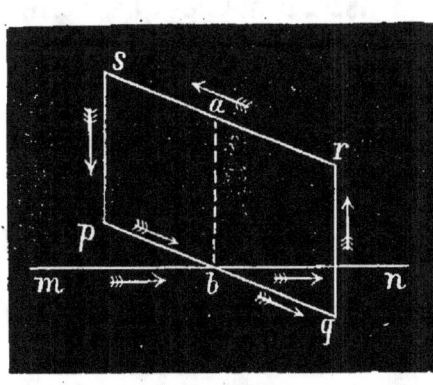

Figure 338.

508. Action d'un courant indéfini sur un courant rectiligne fini et fermé. Nous supposerons le courant fermé : 1° rectangulaire, 2° circulaire.

Soit le courant fixe *mn* (fig. 338) placé horizontalement et le courant mobile *pqrs*, de forme rectangulaire, situé dans un plan vertical; et soit *b* le point de croisement des deux courants.

En appliquant les lois précédentes (**507**) et celles des courants angulaires (**505**), il est facile d'établir :

a) que *ps*, courant descendant, tend à se déplacer dans une direction contraire à celle du courant fixe;

b) que *rq*, courant ascendant, tend à se déplacer dans le sens du courant *mn*;

c) que *pb* tend à se rapprocher de *mn*;

d) qu'il en est de même de *bq*.

Toutes ces actions étant concordantes ont pour effet d'amener le courant rectangulaire dans un plan parallèle à la direction du courant rectiligne et dans une position telle que le courant qui passe dans le côté *pq* du rectangle ait le même sens que celui qui traverse *mn*.

Il est bien vrai que l'action de *mn* sur *rs* tend à placer le rectangle en sens contraire; mais cette action est sans effet, parce qu'elle est moindre que celle exercée sur *pq*, plus rapproché de *mn* que *rs*.

2° Supposons le courant fermé de *forme circulaire*

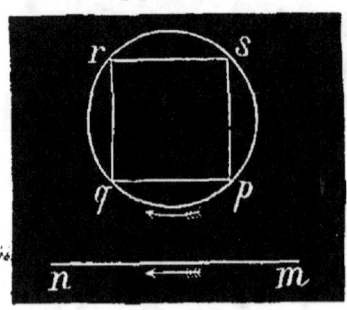

Figure 339.

(fig. 339). La loi des courants sinueux (**506**) nous autorise à dire que l'action du courant indéfini *mn* sur le courant circulaire est la même que celle qu'il exercerait sur le courant rectangulaire *pqrs*. En effet, l'action du courant rectiligne *rs*, par exemple, est la même que celle de l'arc qui joint ses extrémités.

509. Action de la terre sur un courant. Nous avons vu que la terre exerce une *action directrice* sur les aimants. Pour expliquer cette action, on a eu recours à l'*hypothèse de l'aimant terrestre* (**365**). Nous allons montrer que la terre exerce aussi une *action directrice* sur les courants.

Pour s'en rendre compte, on est conduit à supposer l'existence d'*un courant électrique terrestre allant de l'est à l'ouest, suivant l'équateur magnétique.* Voici les expériences qui légitiment cette hypothèse :

Si l'on représente par EO (fig. 340) la direction du courant hypothétique terrestre, et par *mn* et *m'n'* des courants verticaux mobiles, on constatera :

1° que le courant vertical ascendant *mn* est entraîné vers l'ouest ;

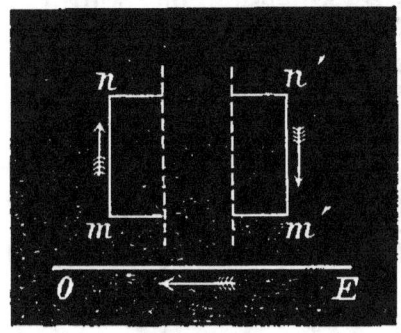

Figure 340.

2° que le courant vertical descendant *m'n'* est entraîné vers l'est ;

3° qu'un courant fermé, rectangulaire ou circulaire, se place parallèlement à EO, de manière que le courant marche de l'est à l'ouest dans sa partie inférieure. Dans cette position, le courant fermé est parallèle à l'équateur magnétique. L'action de la terre sur un courant est donc identique à celle d'un courant indéfini allant de l'est à l'ouest, et l'hypothèse du courant terrestre est justifiée.

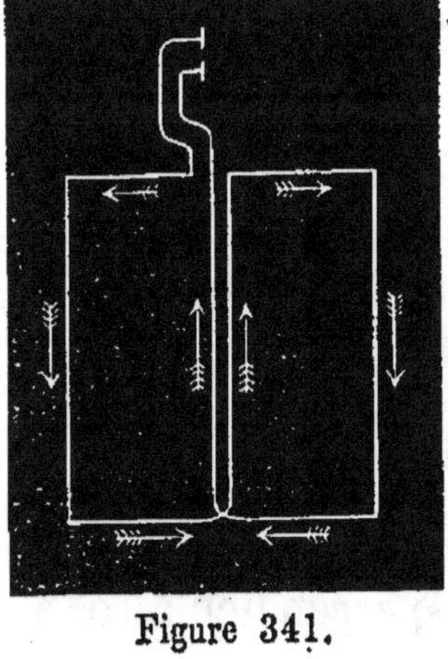

510. Courants astatiques. La terre exerçant une action sur les courants, il s'ensuit que les expériences d'électro-dynamique doivent être faites avec des courants soustraits à son influence. A cet effet, on les contourne de telle sorte que les deux parties symétriques tendent, sous l'action

Figure 341.

terrestre, à se diriger en sens contraires. Un tel circuit se nomme *astatique*. La figure 341 en offre un modèle.

SOLÉNOÏDES.

511. Définition. *Un solénoïde est un ensemble de courants circulaires égaux et parallèles.*

On peut réaliser un solénoïde en contournant un fil comme le montre la figure 342. Le second modèle a ses

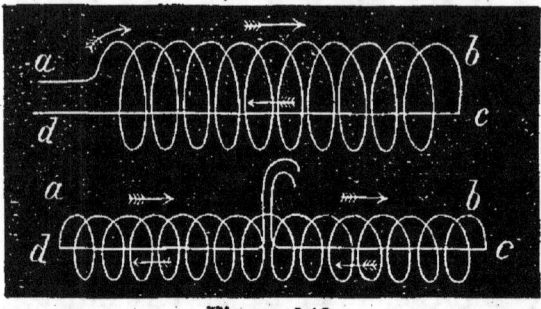

Figure 342.

extrémités terminées par des pointes d'acier, qui permettent de le suspendre à un *porte-courants* (fig. 332). Ces systèmes constituent des solénoïdes. En effet, il résulte de la loi des courants sinueux (**506**) que l'action du solénoïde suivant la longueur *ab* est annulée par le courant rectiligne *cd* qui a une direction contraire. Il ne reste, par conséquent,

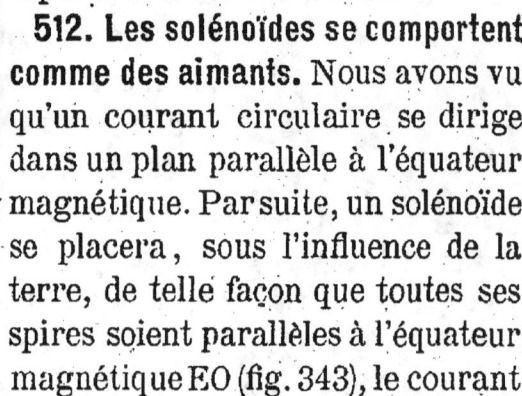

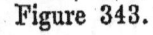
Figure 343.

d'actifs que les courants circulaires séparés les uns des autres.

512. Les solénoïdes se comportent comme des aimants. Nous avons vu qu'un courant circulaire se dirige dans un plan parallèle à l'équateur magnétique. Par suite, un solénoïde se placera, sous l'influence de la terre, de telle façon que toutes ses spires soient parallèles à l'équateur magnétique EO (fig. 343), le courant étant dirigé dans leur partie inférieure de l'est à l'ouest. L'axe *ns* du solénoïde est alors perpendiculaire à l'équateur magnétique, et, par conséquent, dirigé suivant le méridien magnétique. On peut vérifier cette déduction théorique en suspendant un solénoïde à un porte-courants. Bien plus, s'il était convenablement équilibré, on constaterait que son axe est non seulement dans le plan méridien magnétique, mais est parallèle à l'aiguille d'inclinaison.

On nomme *pôle nord* d'un solénoïde l'extrémité qui se dirige vers le nord, et *pôle sud*, l'autre extrémité.

Faisons remarquer que si l'on regarde de face l'extrémité nord, en se plaçant en A, par exemple, le courant circule en sens inverse des aiguilles d'une montre, tandis que si l'on regarde de face l'extrémité sud, en B, par exemple, le courant circule dans le même sens (fig. 343).

On le voit, le solénoïde se comporte comme l'aiguille aimantée.

513. Expériences. Les expériences que nous allons rapporter achèvent d'établir l'analogie complète qui existe entre les solénoïdes et les aimants.

1° Si l'on approche des pôles d'un solénoïde suspendu les pôles d'un solénoïde que l'on tient en main, on constatera : *que les pôles de même nom se repoussent et que les pôles de noms contraires s'attirent.*

2° En présentant les pôles d'un aimant aux pôles d'un solénoïde suspendu, on remarque qu'il y a attraction quand les pôles mis en présence sont de noms contraires, et répulsion s'ils sont de même nom.

3° Si l'on roule un solénoïde dans de la limaille de fer, celle-ci s'attachera aux deux extrémités.

514. Théorie du magnétisme d'Ampère. En se basant sur l'analogie qui existe entre les solénoïdes et les aimants, *Ampère* a proposé une théorie très ingénieuse qui explique par l'électricité les phénomènes magnétiques.

Pour lui, les propriétés des aimants seraient dues à des courants électriques qui circulent autour de leurs particules dont chacune est un petit solénoïde. Sous l'action d'un aimant, d'un courant ou de la terre, les solénoïdes particulaires de l'acier ou du fer doux se placent de telle sorte que leurs courants soient tous de même sens et parallèles. Dans ces conditions, il y a aimantation. Mais si les courants particulaires ont des directions quelconques, leurs effets se neutralisent et l'aimantation disparaît.

Cette hypothèse présente, sur celle des aimants élémentaires (**360**), cet avantage qu'elle permet de se rendre compte des phénomènes magnétiques et électro-magnétiques par l'application des lois qui régissent les actions des courants sur les courants.

Prenons un exemple : l'attraction des pôles de noms contraires de deux aimants. Si on les présente l'un à l'autre, on remarque que les courants qui marchent en sens opposé, lorsqu'on les regarde tous deux en face, deviennent de même sens lorsque les pôles sont en regard l'un de l'autre. Dans ce cas, ils doivent s'attirer (**504**).

La seule différence que l'on constate entre un solénoïde et un aimant, c'est que dans ce dernier les pôles sont à une certaine distance des extrémités, tandis que dans les solénoïdes, ils coïncident rigoureusement avec ces extrémités (*).

Pour compléter l'hypothèse d'Ampère, rappelons que l'aimant terrestre dont nous avons supposé l'existence (**365**), est remplacé par un courant électrique qui marcherait suivant l'équateur magnétique de l'est à l'ouest. Ce courant serait la résultante de nombreux courants

---

(*) Cette différence a été expliquée par Arago,

qui sillonnent la terre et dont l'existence est prouvée, mais la cause incertaine. Tandis que les uns leur assignent pour origine les actions chimiques de diverses natures qui se passent au sein de la terre, les autres les attribuent à l'influence de l'action solaire à la surface du globe.

CHAPITRE V.

ÉLECTRO-AIMANTS. — APPLICATIONS.

I. — Électro-aimants.

515. Action d'un courant sur le fer et l'acier. Voici quelques expériences qui établissent cette action (*) :

1° Quand on plonge dans de la limaille de fer un fil de cuivre traversé par le courant d'une pile très puissante, la limaille s'y attache; mais dès que le courant est interrompu, elle retombe.

Il s'agit bien ici d'un phénomène magnétique et non de l'attraction électrique ordinaire, puisqu'elle ne s'exerce que sur le fer.

2° Si l'on fait passer un fort courant perpendiculairement à la direction d'un fil de fer, celui-ci s'aimante de telle façon que les pôles du nouvel aimant sont placés par rapport au courant comme l'indique la loi d'Ampère (**449**).

On peut répéter la même expérience avec des aiguilles d'acier trempé. L'aimantation se fera plus lentement, mais sera persistante.

516. Aimantation par les courants. Il résulte de ces expériences qu'un courant peut aimanter des barreaux de fer doux ou d'acier. Il est facile de prévoir que l'effet du courant sera plus considérable si on enroule le fil qu'il parcourt, un grand nombre de fois autour du barreau à aimanter.

Pour obliger le courant à traverser tous les tours de l'hélice, on entoure le fil d'une gaîne isolante de soie ou de coton. Dans ces conditions, chaque tour de spire ajoute

---

(*) Ces expériences ont été faites par Arago en 1820.

son effet aux autres. Le sens de l'aimantation dépend du sens suivant lequel le fil est enroulé. On peut, dans tous les cas, déterminer les pôles en remarquant que le pôle austral se forme toujours à la gauche du courant définie comme dans l'expérience d'Oersted (**449**).

On développerait des *points conséquents* dans l'aimant, si après avoir enroulé le fil dans un certain sens sur une partie du barreau, on l'enroulait en sens inverse sur une autre partie.

517. Électro-aimants. On nomme *électro-aimants* ou simplement *électros*, les barreaux de fer doux aimantés

par un courant. Ils sont d'habitude recourbés en fer à cheval (fig. 344). Un fil de cuivre entouré de soie est enroulé la moitié sur chaque branche, de manière que le sens de l'enroulement soit partout le même en supposant le barreau redressé. On nomme le fil de cuivre *hélice magnétisante*, et le barreau, *noyau* de l'aimant.

Figure 344.

Pour éviter la *force coercitive* (**360**) que le fer doux acquiert lorsqu'on le courbe en fer à cheval, on forme souvent l'électro de deux cylindres

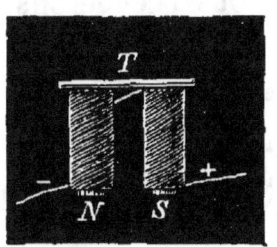

de fer doux parallèles, entourés par l'hélice magnétisante et réunis d'un côté par une traverse T de fer doux (fig. 345).

L'aimantation d'un électro n'est évidemment que temporaire. Elle

Figure 345.

cesse dès que le courant est interrompu. On remarque cependant que si on lui applique une *armure* A pendant que le courant passe, le barreau reste encore un peu aimanté après la rupture du courant.

Ce restant de force magnétique qu'on a nommé *magné-tisme rémanent*, présente dans quelques appareils un inconvénient sérieux qu'on peut très simplement faire disparaître en plaçant une feuille de papier ou un mince morceau de caoutchouc entre l'aimant et son armure.

On a aussi remarqué que l'électro-aimant retourne plus facilement à l'état neutre après la rupture du cou-rant, si les bobines sur lesquelles on enroule l'hélice magnétisante sont en bois ou en carton, que si elles sont en métal.

La puissance d'un électro-aimant dépend des dimen-sions du barreau, du nombre de tours de l'hélice et de l'intensité du courant (*).

518. Aimantation des barreaux d'acier. On aimante aujourd'hui les barreaux d'acier en les frottant avec le noyau d'une hélice magnétisante suivant les méthodes indiquées dans l'étude du magnétisme (**361**). On renforce l'effet en appuyant, pendant les frictions, les extrémités du barreau à aimanter sur les pôles contraires de deux forts aimants.

II. — *Applications.*

519. Sonnerie électrique. Les électro-aimants reçoivent de nombreuses applications. Nous ne nous occuperons que des sonneries et des télégraphes électriques.

La sonnerie électrique est aujourd'hui d'un usage général. Voici une disposition très employée (fig. 346) : En face d'un électro-aimant *e* est fixée une lame élastique *l*M qui porte en son milieu une pièce en fer *a* et à sa

---

(*) M. *Comacho* obtient des *électros* d'une force extraordinaire en les for-mant de tubes concentriques en fer doux, sur lesquels s'enroule, toujours dans le même sens, un fil de cuivre isolé dont les couches remplissent les intervalles entre les tubes.

partie supérieure un marteau M. Cette lame appuie contre une autre lame élastique R fixée à la borne *c*.

Le courant qui actionne la sonnerie est ordinairement

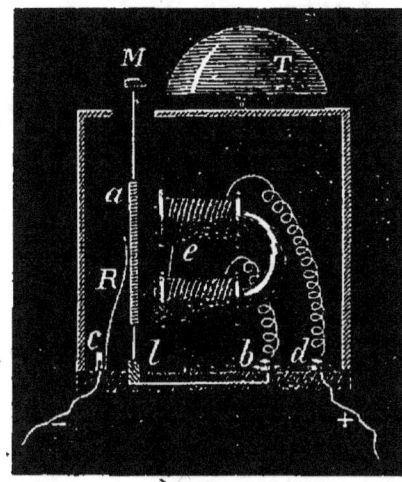

Figure 346.

fourni par une pile Leclanché. Il entre par la borne *d*, traverse l'électro *e*, se rend par *b* dans la pièce *la* et retourne par la lame élastique R à la borne de sortie *c* pour regagner la pile. L'électro attire la pièce de fer *a*, qui cesse ainsi d'être en contact avec le ressort R ; par suite le courant est interrompu. La lame rétrograde alors, à cause de son élasticité ; le courant se rétablit ; et ainsi de suite.

Par ce mouvement de va et vient qui est plus ou moins rapide, le marteau frappe sur le timbre T à coups répétés. Sur le circuit *c* se trouve une interruption (fig. 347) que l'on fait cesser en appuyant sur un bouton B chaque fois que l'on veut sonner.

Figure 347.

520. Télégraphes électriques (*). Ce sont des appareils qui utilisent la vitesse presque instantanée du courant électrique pour transmettre rapidement des signaux à de grandes distances.

Les parties essentielles d'un télégraphe électrique, quel que soit le système adopté, sont :

(*) En 1837, *Vheatstone* en Angleterre et *Steinheil* en Allemagne construisirent les premiers télégraphes qui aient fonctionné régulièrement, et c'est vers la même époque que *Morse* fit connaître son système. Cependant ce n'est qu'en 1844 que fut ouverte au public la première ligne télégraphique, entre Washington et Baltimore.

1° Une *pile électrique*. En Belgique on emploie la pile Leclanché.

2° Un *manipulateur*, qui produit les signaux.

3° Un *récepteur*, qui les reproduit.

4° Un *fil de ligne*.

Nous nous bornerons à faire connaître le télégraphe de Morse, qui est le plus simple, et le plus employé en Belgique.

521. Télégraphe Morse. — MANIPULATEUR (fig. 348). C'est un appareil nommé *clef*, qui sert à transmettre le courant pendant un temps plus ou moins long. Il se

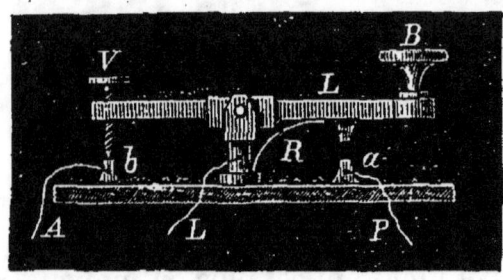

Figure 348.

compose d'un levier métallique L mobile autour d'un axe horizontal. Au support est attaché le fil de ligne L. Un ressort R maintient la vis V en contact avec la borne *b* qui communique par le fil A avec le récepteur du poste où l'on se trouve. On dit alors que le manipulateur est *en position de réception*, parce que, dans cette position, le courant qui arrive du fil de ligne L se rend au récepteur en traversant le manipulateur.

Si l'on appuie la main sur le bouton B, le levier bascule et vient en contact avec la borne *a* reliée par le fil P avec la pile du poste. Un courant est alors lancé dans le fil de ligne et la communication avec le récepteur est interrompue. Ce courant aura plus ou moins de durée suivant qu'on appuiera la main plus ou moins longtemps sur le bouton B.

RÉCEPTEUR. La figure 349 en reproduit les parties essentielles.

Le courant lancé par le manipulateur dans le fil de

ligne, entre dans l'électro E dont on ne voit qu'une
bobine dans la figure. L'électro attire la pièce de fer
A fixée à un levier mobile autour d'un axe horizontal en
B. Un *ressort antagoniste* R ramène le levier dans sa
première position lorsque le courant est interrompu. Il
va de soi que la puissance du ressort est inférieure à la
force de l'électro. Un ruban de papier *p*, guidé par les
trois rouleaux *a, b, c*, passe entre les deux cylindres *d* et
e qui l'entraînent par leur mouvement de rotation. Ces

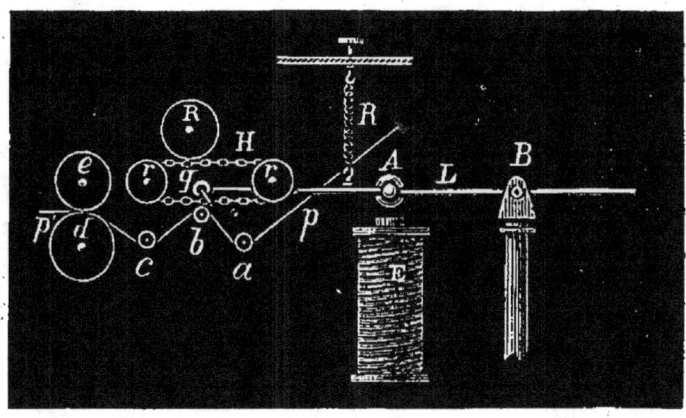

Figure 349.

cylindres sont mus par un appareil d'horlogerie mis en
marche pendant la transmission.

Sur deux roues *r* et *r* passe une chaîne sans fin H qui
reçoit de l'encre bleue du rouleau R. Lorsque le levier
est attiré par l'électro, il appuie son extrémité *q* sur la
chaîne qui marque sur le ruban de papier un point ou
un trait suivant la durée du passage du courant. C'est
par la combinaison des points et des traits que l'on forme
les différents signaux. Ainsi *a* se représente par . —,
b par — .., *c* par — . —., etc.

Fil de ligne. On emploie pour fils de ligne des fils de
fer galvanisé, c'est-à-dire recouverts d'une couche de
zinc *pour empêcher l'oxydation de gagner l'intérieur.*
Ces fils, quand ils sont placés à ciel ouvert, reposent sur

des crochets en fer attachés à des supports en porcelaine qui les isolent.

522. Installation d'un poste. Chaque poste d'une ligne télégraphique doit être installé de manière qu'il puisse transmettre et recevoir des dépêches par le même fil de ligne. La figure *schématique* montre comment sont reliés les différents appareils de deux postes.

P, M et R représentent respectivement la pile, le manipulateur et le récepteur d'un poste; P', M' et R' les

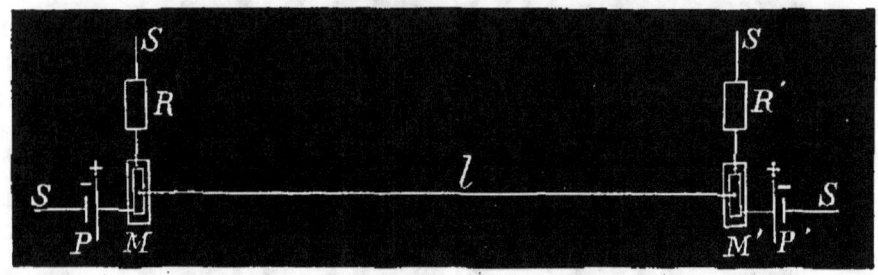

Figure 350.

mêmes organes du poste en correspondance; *l* est le fil de ligne (fig. 350).

Il est facile de voir que dans cette installation, c'est la terre qui ferme le circuit, car tous les appareils communiquent par les conducteurs S avec le sol. Le fil de retour est supprimé. C'est Steinheil qui, en 1837, a découvert qu'on pouvait faire cette suppression qui a le double avantage de réaliser une économie considérable et de diminuer de moitié la résistance du circuit.

523. Autres télégraphes. Citons parmi les autres télégraphes :

1° Le *télégraphe à cadran de Breguet,* d'un maniement facile, mais lent.

2° Le *télégraphe imprimant de Hughes,* employé en Belgique sur les grandes lignes, très rapide, mais d'un maniement difficile. Il offre l'avantage d'imprimer la dépêche en caractères ordinaires.

3° Les *télégraphes multiples* qui permettent d'expédier plusieurs dépêches par le même fil pendant le temps nécessaire pour en expédier une au moyen du télégraphe Hughes.

4° Le *télégraphe autographique de Caselli*, qui permet de transmettre l'écriture même de la personne qui envoie la dépêche.

La description détaillée de ces différents appareils trouve sa place dans les ouvrages spéciaux.

524. Perturbations dans la transmission des signaux. Les perturbations que l'on remarque assez fréquemment dans la transmission des signaux peuvent être attribuées aux causes suivantes :

1° Des courants terrestres parcourent souvent les fils de ligne. Ces courants, ordinairement faibles, peuvent cependant être énergiques quand il y a une aurore boréale.

2° L'électricité atmosphérique produit aussi des courants qui sont particulièrement forts en temps d'orage. On met les employés et les appareils à l'abri de tout danger à l'aide d'un petit appareil très simple, nommé *parafoudre*, qui conduit le courant dans le sol.

3° Le courant principal est affaibli par des courants dérivés qui ont pour cause un isolement imparfait, la pluie, le brouillard, etc.

525. Télégraphie sous-marine (*). Pour établir une communication télégraphique entre deux localités séparées par la mer, on emploie des *câbles* qui sont ordinairement formés de plusieurs fils de cuivre séparés, pouvant se suppléer l'un à l'autre. Ces fils, que l'on

---

(*) C'est en 1851 qu'on a inauguré le câble qui relie Douvres à Calais, et en 1866 que fut inauguré avec une réussite complète le câble de 800 lieues de longueur qui unit l'Europe à l'Amérique.

nomme *âme du câble,* sont isolés par de la gutta-percha et entourés d'une corde de chanvre imprégnée de goudron. Le tout est protégé par une gaîne formée de fils d'acier tordus.

Il se produit dans les câbles sous-marins, pendant le passage du courant, un phénomène de condensation qui a le double inconvénient de ralentir la marche du courant et d'empêcher le câble de revenir promptement à l'état naturel lorsque le courant est interrompu.

La condensation s'explique, puisque l'âme du câble et son armature de fer, séparées par la gutta-percha, constituent un gigantesque condensateur. En l'absence même d'une enveloppe métallique, l'eau de la mer agirait comme l'enveloppe extérieure d'une bouteille de Leyde.

Pour ramener promptement le câble à l'état naturel, on fait usage comme manipulateur d'un appareil qui, après qu'on a lancé un courant dans le câble, y envoie immédiatement et automatiquement un courant de sens inverse, mais plus faible que le premier. A cause de la résistance considérable du câble due à sa longueur, on emploie un récepteur très sensible. On fait usage avec succès du *récepteur à réflexion* de *Thomson.*

CHAPITRE VI.

COURANTS INDUITS. — MACHINES D'INDUCTION.

526. Courants induits. Les *courants induits*, décou-
verts par *Faraday* en 1830, sont ceux qui se produisent
dans un conducteur fermé sous l'influence des courants,
des aimants ou de la terre.

De là leur division en courants *volta-électriques*,
magnéto-électriques et *telluriques*.

Le caractère particulier de ces courants est leur
instantanéité; ils n'ont qu'une durée éphémère (*).

527. Courants volta-électriques. C'est ainsi qu'on nomme
les courants induits lorsque l'*inducteur* est un courant.
Ils se développent dans trois cas :

1º Lorsque le courant inducteur commence ou finit ;

2º Lorsqu'il s'approche ou s'éloigne du circuit fermé ;

3º Lorsque son intensité varie.

Pour la vérification expérimentale de ces faits, on
emploie un appareil (fig. 351) formé de deux bobines

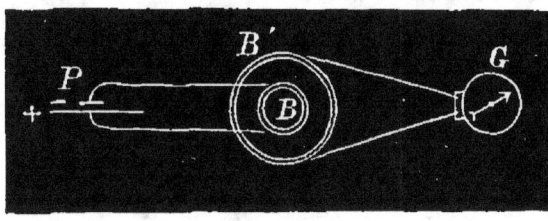

Figure 351.

placées l'une dans
l'autre. L'inté-
rieure B est en-
tourée d'un fil de
cuivre gros et
court, isolé, dont
les extrémités peuvent communiquer avec une pile P. Sur
l'extérieure B' est enroulé un fil de cuivre long et mince,
aussi isolé, et mis en relation avec un galvanomètre G.

Voici comment on procède :

1er CAS. On amène d'abord le zéro du cadran du

(*) M. *Blaserna* a montré que la durée d'un courant induit est en moyenne
de un deux-centième de seconde. Il est donc bien réellement instantané.

galvanomètre sous l'aiguille. On ferme alors le circuit.
Le courant passe dans la bobine B, l'aiguille *dévie brus-*
quement, oscille quelque temps et finit par s'arrêter
au zéro. On note le sens de la déviation. En rompant
ensuite le circuit de la pile, on remarque que l'aiguille
dévie de nouveau brusquement, mais en sens con-
traire, oscille et revient au zéro. La déviation brusque
de l'aiguille signale la production d'un courant induit ;
et son retour rapide au zéro indique que le courant induit
est instantané. Le sens de la déviation de l'aiguille
montre que le courant induit de fermeture est inverse,
c'est-à-dire de sens contraire à l'inducteur et que l'induit
de rupture est direct ou de même sens. Ces résultats
peuvent se formuler très brièvement comme suit :

1° *Un courant qui commence produit un courant*
induit inverse.

2° *Un courant qui finit donne naissance à un*
courant induit direct.

2ᵉ CAS. Les communications restant établies, on introduit brusquement la bobine B dans la bobine B', puis on
la retire vivement ; on reconnaît alors :

1° *qu'un courant qui s'approche donne naissance*
à un courant induit inverse ;

2° *qu'un courant qui s'éloigne produit un courant*
induit direct.

3ᵉ CAS. Enfin, après avoir remis les bobines l'une dans
l'autre, on introduit une résistance dans le circuit de la
pile pour affaiblir le courant. On constate, au galvanomètre, la production d'un courant induit direct au moment de l'introduction de cette résistance, et celle d'un
courant inverse au moment de sa suppression.

Donc : *Un courant dont l'intensité augmente agit*
comme un courant qui s'approche, et un courant qui
faiblit agit comme un courant qui s'éloigne.

528. Courants magnéto-électriques. On nomme ainsi les courants produits par l'influence des aimants.

L'analogie que nous avons constatée entre les solénoïdes et les aimants, devait faire prévoir que ces derniers donneraient naissance à des courants induits. C'est ce qui a lieu, en effet. Pour s'en assurer, on fait usage d'une bobine à fil mince et long, mise en communication avec un galvanomètre. On introduit brusquement un aimant dans la bobine, puis on le retire, et l'on constate :

1° *qu'un aimant qui s'approche produit un courant inverse, c'est-à-dire de sens contraire aux courants particulaires de l'aimant ;*

2° *qu'un courant qui s'éloigne produit un courant direct, c'est-à-dire de même sens que les courants particulaires.*

On peut encore produire des *courants magnéto-électriques* comme suit : On place dans la bobine un noyau de fer doux dont on approche ou on éloigne le pôle d'un aimant et l'on reconnaît que les courants produits sont, comme précédemment, inverses lorsqu'on approche l'aimant et directs lorsqu'on l'éloigne.

529. Courants telluriques. On donne ce nom aux courants induits produits par l'*action de la terre*.

Pour les reconnaître, il suffit de relier avec un galvanomètre les extrémités d'un fil mince enroulé sur une bobine. On observe que l'aiguille du galvanomètre dévie à chaque mouvement brusque de la bobine. Ce qui montre que c'est avec raison qu'on attribue cet effet au courant terrestre (**509**), c'est qu'on obtient la déviation maximum de l'aiguille lorsqu'on place la bobine parallèlement à l'aiguille d'inclinaison, et qu'on l'amène par un mouvement brusque dans la position perpendiculaire. On augmente encore l'intensité du courant induit en plaçant dans la bobine un noyau de fer doux.

530. Loi de Lenz. Tous les phénomènes d'induction que nous venons de faire connaître sont compris dans une loi générale établie par le physicien *Lenz*. On peut la formuler comme suit :

Toutes les fois qu'on approche ou qu'on éloigne un circuit fermé à l'état naturel d'un aimant ou d'un courant, il est traversé par un courant induit qui réagit pour produire un mouvement inverse.

En d'autres termes, l'approche développe le courant qui produit la répulsion, c'est-à-dire un courant de sens contraire, et l'éloignement, celui qui provoque l'attraction, c'est-à-dire un courant de même sens. Remarquons qu'un courant qui se ferme équivaut à un rapprochement instantané, et qu'un courant qui se rompt agit comme s'il s'éloignait à l'infini.

531. Caractères des courants induits. Rappelons que ces courants sont instantanés. On comprend qu'on augmente l'action inductrice en contournant le fil induit en hélice un grand nombre de tours sur une bobine, parce qu'alors chaque tour a dans son voisinage un grand nombre de fils sur lesquels il agit. Le courant direct et le courant inverse ne sont pas identiques. En effet, il résulte d'un grand nombre d'expériences que les quantités d'électricité mises en mouvement dans le courant direct et dans le courant inverse sont les mêmes, mais que *le courant direct a une durée plus courte que l'inverse et est par conséquent plus intense.*

On a aussi reconnu que la durée du courant direct ne dépend pas de la résistance du circuit, tandis que celle du courant inverse augmente avec cette résistance. Il suit évidemment de cette observation que la différence d'intensités entre le courant direct et le courant inverse est d'autant plus grande que le fil induit est lus long. *Le courant direct peut donc vaincre des résistances que le courant inverse ne peut traverser.*

532. Induction d'un courant sur lui-même. — Extra-courant. Faraday, en se basant sur cette observation qu'un fil métallique peut être considéré comme un faisceau d'éléments linéaires parallèles et juxtaposés, en a conclu que si on le fait traverser par un courant, au moment de la fermeture ou de la rupture, chaque courant élémentaire réagira sur ses voisins et donnera naissance à un courant induit qui modifiera l'intensité du courant primaire. Ces courants induits ont reçu le nom d'*extra-courants*. Lors de la rupture, l'extra-courant est de même sens que le courant primaire et s'ajoute à ce dernier pour en augmenter l'effet; lors de la fermeture, au contraire, l'extra-courant est de sens inverse au courant principal et en diminue l'intensité.

On augmente beaucoup l'intensité des extra-courants en contournant le fil conducteur en hélice, de manière à permettre à chaque spire d'agir sur les spires voisines. On les renforce encore en introduisant dans la bobine du fer doux, ce qui revient à employer un électro-aimant.

533. Extra-courant de rupture. Pour constater la production d'un courant induit au moment de la rupture

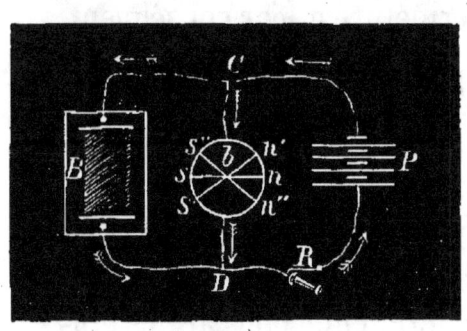

Figure 352.

d'un courant, on fait usage d'une pile P formée de quatre ou cinq éléments (fig. 352), mise en communication avec une bobine B. Dans un fil de dérivation CD on intercale un galvanomètre *b*.

Le courant lancé par la pile se bifurque en C. Une partie traverse le galvanomètre; l'autre, la bobine.

Supposons que l'aiguille, d'abord au zéro dans la

direction *ns*, prenne la position *n's'*. On la ramène alors au zéro et on l'y maintient à l'aide d'une cale. Cela fait, on rompt le circuit en R, par exemple, et l'on voit l'aiguille dévier brusquement vers *n"s"*. Il résulte évidemment de cette expérience qu'au moment de la rupture, le galvanomètre est parcouru par un courant de sens contraire à celui de la pile et allant de D vers C. Dans la bobine, *ce courant circule évidemment suivant* CBDC. *Il a donc le même sens que celui de la pile et augmente subitement son intensité.*

534. Extra-courant de fermeture. On met en évidence la production de ce courant à l'aide du même appareil. Voici comment il faut opérer :

On établit le courant de la pile et l'aiguille prend la position *n's'*. On place une cale qui l'empêche de rétrograder vers *ns* quand on interrompt le courant en R. Lorsque celui-ci est rétabli, on remarque qu'au moment de la fermeture la déviation de l'aiguille restée en *n's'* augmente. Il suit de là que le galvanomètre est alors parcouru par un courant de même sens que celui de la pile, et *la bobine par un courant inverse* dirigé suivant BC*b*DB, c'est-à-dire par un courant inverse de celui de la pile. L'extra-courant de fermeture a, par conséquent, pour effet de diminuer l'intensité du courant primaire qui ne s'établit que progressivement dans le conducteur.

MACHINES D'INDUCTION.

535. Machine de Clarke. Cette machine qui utilise les *courants magnéto-électriques*, est disposée de même que les autres machines d'induction que nous allons étudier, de façon à obtenir une succession de courants induits assez rapprochés pour produire l'effet d'un courant continu.

Elle se compose d'un fort aimant A fixé à une planche

P (fig. 353 et 354). Une double bobine BB' à noyau en fer doux est fixée à un axe *a* qui traverse la planche et reçoit

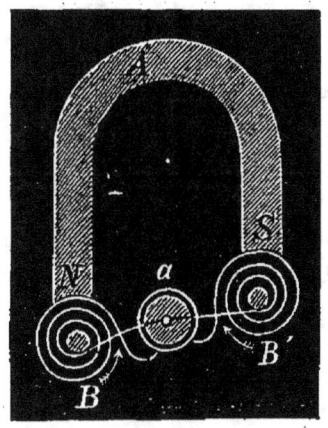

un mouvement de rotation rapide à l'aide d'une manivelle. La partie centrale de l'axe qui est en métal porte une enveloppe métallique dont elle est séparée par une gaîne isolante qui est figurée dans la fig. par des hachures. Dans leur mouvement de rotation les bobines passent très près et en face des pôles de l'aimant. Le fil de métal isolé est enroulé en sens inverse

Figure 353.

sur les deux bobines. Les deux bouts situés du même côté des bobines sont réunis sur l'axe central, et les deux autres bouts sur l'enveloppe en métal. Une lame métallique *r'* (fig. 354) appuie constamment sur l'axe central

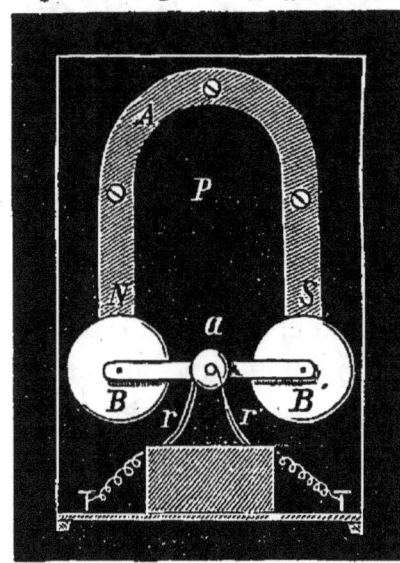

et une autre lame *r* appuie aussi constamment sur l'enveloppe métallique.

Le jeu de l'appareil est facile à comprendre.

Lorsque les deux bobines s'approchent des pôles de l'aimant, il se produit dans chacune d'elles un courant induit de même sens, quoique les pôles soient de noms contraires, parce que l'enroulement du fil est de sens contraire sur les deux bobines.

Figure 354.

Lorsqu'elles s'éloignent, le courant change de sens en même temps dans les deux bobines. Il suit de là que le courant change donc de sens à chaque demi-rotation. Les courants sont recueillis par les lames de cuivre r et r' qui sont alternativement positives et négatives à chaque demi-rotation. Un appareil très ingénieux, nommé *commutateur*, appliqué à l'axe de rotation, permet de ramener tous les courants au même sens, ce qui est indispensable pour l'électrolyse des corps.

La machine de Clarke donne donc sans pile des courants à peu près continus, si le mouvement des bobines est suffisamment rapide. Ces courants ont sur ceux produits par les piles l'avantage d'avoir une forte tension.

Si l'on emploie la machine de Clarke pour produire des effets physiologiques ou chimiques, il est avantageux que le fil enroulé sur les bobines soit long et fin, tandis que si l'on veut produire des effets calorifiques ou lumineux, il vaut mieux que le fil soit gros et court. C'est pourquoi la machine de Clarke est presque toujours munie d'une bobine de rechange.

536. Machine de Gramme à aimant. La machine de Gramme repose, comme la machine de Clarke, sur la production des *courants magnéto-électriques* ; mais elle en diffère par ce point essentiel que les courants sont redressés sans *commutateur*.

Exposons le principe de sa construction.

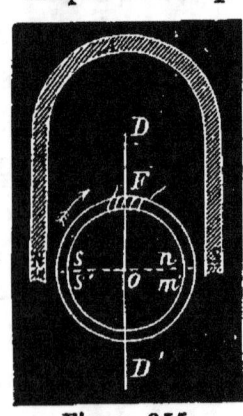

Figure 355.

Soit (fig. 355) un anneau circulaire de fer doux placé entre les pôles d'un fort aimant, de façon que son centre O soit sur la droite qui joint les pôles N et S. L'influence de l'aimant développe les pôles n, n' et s, s' dans l'anneau qui représente ainsi un double aimant. Soit une hélice F en fil de cuivre isolé, enroulée sur l'anneau et qu'on fait marcher par saccades dans le sens de la flèche vers le pôle S. A chaque mouvement

26

brusque il se développe dans l'hélice un courant induit qui sera toujours de même sens jusqu'en S. Lorsque l'hélice aura dépassé le pôle S, le courant ne changera pas de sens, bien qu'elle s'éloigne, parce qu'elle présente au pôle de l'aimant son bout opposé. Tout se passe alors comme si elle était enroulée en sens contraire. Par conséquent, l'hélice sera parcourue par un courant de sens invariable tant qu'elle se maintiendra à droite de la ligne médiane DD'. Quand l'hélice aura dépassé cette ligne, elle sera parcourue, soit en s'approchant, soit en s'éloignant du pôle N, par des courants tous de sens contraire au précédent. Les changements de sens des courants auront donc lieu, chaque fois que l'hélice se trouvera sur la ligne DD', soit au-dessus, soit en dessous.

Si maintenant, au lieu de faire marcher l'hélice, on donne un mouvement de rotation à l'anneau, l'effet sera exactement le même, puisque les pôles de l'aimant circulaire, malgré le déplacement de l'anneau, restent constamment en face de N et de S.

Au lieu d'une seule hélice, Gramme dispose sur l'anneau une série d'hélices (fig. 356). L'extrémité terminale d'une bobine et l'extrémité initiale de la suivante sont réunies à une tige en cuivre. Toutes les tiges C sont dirigées suivant les rayons de l'anneau, puis coudées suivant les arêtes d'un cylindre A sur lequel elles sont isolées les unes des autres.

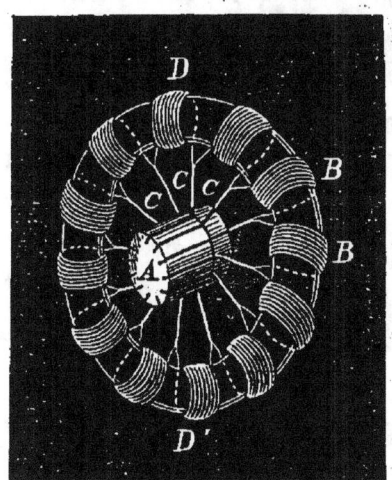

Figure 356.

Deux lames en métal ou brosses C et C' (fig. 357) appuient constamment sur ce cylindre, l'une en haut, l'autre en bas. Ces lames sont donc constamment sur la droite médiane DD' et constituent l'une le pôle positif et l'autre le pôle négatif. En effet, il est facile de voir que, à une époque quelconque du mouvement de rotation, les deux systèmes d'hélices situés l'un à droite, l'autre à gauche de la ligne DD' peuvent être assimilés à deux piles dont les éléments sont associés en séries. Chacun de ces systèmes a son pôle positif au point de contact de l'une des lames et son pôle négatif au point de contact de l'autre.

Nous donnons (fig. 357) un modèle de machine de Gramme pour laboratoire construit par Breguet. L'aimant employé A est un aimant Jamin (**362**). Il est terminé par deux pièces de fer entre lesquelles tourne l'anneau. Les différentes hélices B sont séparées par une substance isolante représentée sur la figure par une teinte plus foncée. L'intensité du courant

Figure 357.

produit est sensiblement proportionnelle à la vitesse de rotation. Quand elle est de 8 à 10 tours par seconde, on peut réaliser des expériences qui exigeraient l'emploi de 8 à 10 éléments Bunsen.

On construit des machines Gramme dans lesquelles l'aimant permanent est remplacé par des électro-aimants dont les fils font partie du circuit formé par les bobines qui entourent l'anneau. De cette manière, les électro-aimants sont animés par le courant que fournit la machine. En effet, lorsque celle-ci est mise en mouvement, le magnétisme rémanent (**517**) du fer doux des électro-aimants développe dans les hélices qui entourent l'anneau des courants induits. Ces courants passant dans les électro-aimants aimantent davantage leurs noyaux. Les courants induits produits dans les hélices augmentent donc d'intensité et, par suite, renforcent les électro-aimants. Ceux-ci acquièrent ainsi insensiblement une grande puissance et engendrent des courants induits d'une grande intensité.

Dans ces conditions, l'aimant permanent étant supprimé, on n'a plus une machine *magnéto-électrique*, mais une machine *dynamo-électrique*.

Un phénomène caractéristique que présente cette machine, ainsi que les autres machines dynamo-électriques, c'est la grande résistance qu'il faut vaincre quand elles sont en activité. C'est le travail que l'on dépense pour vaincre cette résistance qui se transforme en électricité. En cela elles présentent la plus grande analogie avec la machine de Holtz. Les unes et les autres transforment le mouvement de rotation en courants doués d'une grande tension (*).

(*) M. Gramme construit différents types de machines suivant les applications qu'on a en vue. Pour la galvanoplastie, il construit des machines qui donnent beaucoup d'électricité en quantité et peu en tension ; et pour l'éclairage, système Jablochkof, des machines à courants alternatifs.

Après la machine Gramme, les plus employées sont celles de *Siemens*, de *Brusch*, de *Lontin* et de *Méritens*, de *Wild*, de *Ladd*. Elles sont décrites dans les traités spéciaux.

537. Bobine de Ruhmkorff. Dans cet appareil, ce sont les courants volta-électriques qui sont utilisés.

Il se compose (fig. 358) de deux bobines placées l'une dans l'autre. L'intérieure ou *bobine inductrice* est for-

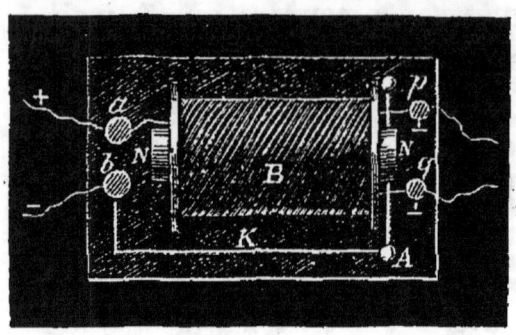

Figure 358.

mée d'un fil gros et court, bien isolé. L'extérieure ou *bobine induite* est entourée d'un fil long et mince, qui, dans les appareils de force moyenne, fait de 25 à 30 mille tours. Les deux bobines sont soigneusement isolées l'une de l'autre. Le noyau de la bobine inductrice est formé par un faisceau de fils de fer doux.

Voici les raisons de cette disposition :

1º Le fil inducteur est gros et court pour diminuer la résistance et conserver au courant inducteur toute son intensité; l'intensité du courant induit étant proportionnelle à l'intensité du courant inducteur.

2º Le fil de la bobine induite est fin, pour pouvoir multiplier le nombre de tours, l'intensité du courant induit qui s'y développe croissant avec ce nombre. D'autre part, le fil étant fin, les spires sont moins éloignées du courant inducteur et partant plus influencées.

3º Les fils de fer doux s'aimantant par le passage du courant inducteur, renforcent les courants induits.

Pour obtenir une succession rapide de courants induits qui produise l'effet d'un courant continu, il faut ouvrir et fermer alternativement le courant inducteur à des intervalles de temps très rapprochés. A cet effet, on intercale dans ce courant un interrupteur automatique.

Cet interrupteur (fig. 359) est placé entre les bornes p

et q. Il est formé d'un marteau D pouvant osciller autour de l'extrémité de la colonne E à laquelle aboutit le fil inducteur L. Les oscillations se font entre le noyau N de

fer doux qui dépasse un peu la bobine et la pièce métallique C, reliée à la borne A. Cette dernière, par l'intermédiaire du conducteur K (fig. 358), conduit le courant à la borne b, reliée au pôle négatif de la pile.

Il est aisé de comprendre le fonctionnement de l'interrupteur.

Les pôles d'une pile formée de quelques éléments Bunsen sont reliés aux bornes a et b (fig. 358). Le courant traverse le fil inducteur, atteint la colonne E, passe dans le marteau qui repose sur la pièce C, puis retourne par A à la pile. Mais sous l'action de ce courant, le faisceau N s'aimante et attire le marteau D, ce qui interrompt le courant. Par suite, le faisceau se désaimantant, le marteau retombe et le courant se rétablit. Le marteau se relève de nouveau, et ainsi de suite.

A chaque fermeture il se produit dans le fil mince de la bobine un courant induit inverse, et à chaque ouverture un courant direct. Les extrémités du fil induit aboutissent aux bornes p et q.

538. Extra-courant. A chaque fermeture et à chaque rupture du fil inducteur, celui-ci est traversé par un extra-courant. L'extra-courant de rupture donne entre le marteau et la pièce C des étincelles qui peuvent détériorer les contacts. On les garantit par du platine. M. *Fizeau* diminue la durée de l'extra-courant de rupture en mettant en communication les extrémités du fil inducteur avec un condensateur formé de deux grandes feuilles d'étain, séparées par du taffetas. Le condensateur est caché dans le pied de l'appareil.

539. Commutateur de Bertin. En avant de la bobine on dispose ordinairement un *commutateur*. C'est un appareil qui permet : 1° d'interrompre la communication de la bobine avec la pile, 2° de changer le sens du courant inducteur. Un des plus simples et des plus commodes par cette circonstance qu'il permet de reconnaître facilement la direction du courant, est le commutateur de Bertin (fig. 360).

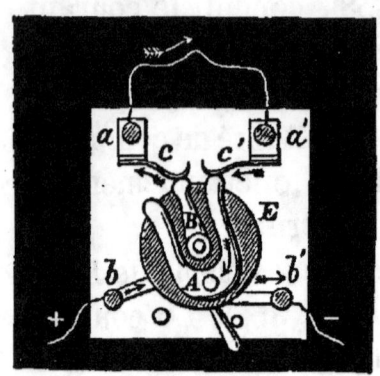

Figure 360.

Il est formé d'un plateau circulaire E en ébonite, mobile autour d'un axe métallique vertical. Sur ce plateau sont fixées deux bandes de laiton, l'une B est en communication avec la borne b, et l'autre A, en forme de lyre, est reliée à la borne b'.

Deux ressorts c et c', fixés à des bornes a et a', appuient sur l'extrémité de la languette centrale et sur l'une des extrémités de la lyre.

Le commutateur étant disposé comme l'indique la figure, le courant entre par la borne b, à laquelle est fixé le fil positif, traverse la lame B, puis, par l'intermédiaire du ressort c, atteint la borne a. De là il parcourt la bobine inductrice pour revenir à la borne a', d'où il passe sur la lyre, et enfin à la borne b' et à la pile. Si l'on tourne la lyre de manière que son autre branche soit en contact avec le ressort c, la pièce B touchant alors le ressort c', le courant change de sens. Enfin, l'appareil étant placé dans une position symétrique par rapport aux ressorts, tout contact cesse entre ceux-ci, la languette centrale et la lyre; le courant est alors interrompu.

Des flèches tracées sur la pièce B et sur la lyre indiquent immédiatement le sens du courant.

540. Remarque. On peut se demander, à propos de la bobine de Ruhmkorff, s'il ne serait pas plus avantageux de faire usage du courant inducteur directement, au lieu d'employer les courants indirects auxquels il donne naissance.

Il semble de prime abord que cette substitution soit désavantageuse. Il n'en est rien. Les courants induits ont une propriété que ne possèdent pas les courants continus : c'est une très grande tension. Ces courants nous offrent donc à la fois la tension des machines électriques à frottement et la *quantité* des courants hydro-électriques. Cependant le courant induit est plus faible comme quantité d'électricité, que le courant inducteur, mais le potentiel est plus élevé. Aussi la bobine de Ruhmkorff permet-elle de faire facilement les expériences que l'on faisait avec les machines électriques ordinaires.

541. Tubes de Geissler. La bobine de Ruhmkorff se prête bien à l'étude des phénomènes lumineux produits par la décharge électrique, et particulièrement dans les gaz raréfiés. On fait à cet effet usage des *tubes de*

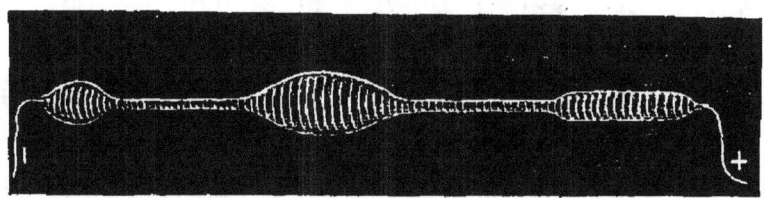

Figure 361.

Geissler (fig. 361). Ce sont des tubes de formes variées, formés de parties larges et de parties étroites, et qui contiennent des gaz très raréfiés. Leurs extrémités sont traversées par des fils de platine ou d'aluminium que l'on met en communication avec les bouts de la spirale induite.

Le tube n'est traversé que par le courant de rupture, l'induit de fermeture ne pouvant franchir l'interrupteur (531). Il s'ensuit que les fils de platine restent constamment l'un électrode positive et l'autre électrode négative.

On remarque :

1º que le tube est occupé dans toute sa longueur par un flux de lumière ;

2º que le pôle négatif est entouré d'une gaine lumineuse qui ne se voit pas au pôle positif ;

3º que la couleur et l'aspect de la lumière dépendent de la nature du gaz traversé, de sa pression, etc. ;

4º que la lumière est disposée par couches perpendiculaires à l'axe du tube, séparées par des intervalles plus sombres. C'est dans les parties étroites que les strates lumineuses sont le plus visibles.

542. Téléphones. On nomme ainsi les appareils qui servent à transmettre le son à grande distance par le moyen de l'électricité.

Nous allons faire connaître le principe sur lequel repose la construction du *téléphone Bell* (*) qui transmet la parole en utilisant les courants *magnéto-électriques*.

Soit une bobine ayant pour noyau un aimant. Si l'on approche d'un pôle de l'aimant une lame de fer doux, il se produit dans la bobine un courant induit inverse aux courants particulaires de l'aimant, et si on l'éloigne, il se produit un courant direct ou de même sens. En d'autres termes, l'effet est le même qu'en approchant ou en éloignant un aimant d'un noyau de fer doux qui se

---

(*) Le téléphone Bell fit son apparition en 1876 à l'exposition de Philadelphie. Sir W. Thomson l'appelle, avec raison, la *merveille des merveilles*.

trouverait dans la bobine, parce que le rapprochement de la lame de fer doux augmente l'énergie de l'aimant et que son éloignement l'affaiblit. L'intensité des courants induits est non seulement en rapport avec le sens du mouvement de la lame, mais avec l'étendue de ce mouvement.

Cela établi, voici la disposition la plus généralement employée :

Une bobine B de fil de cuivre isolé (fig. 362) entoure une extrémité d'un aimant A qui peut être avancé ou

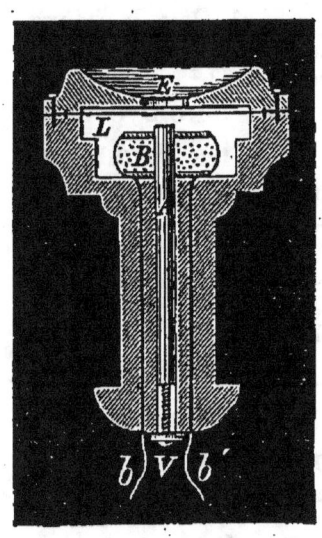

Figure 362.

reculé au moyen de la vis V. Les bouts du fil de la bobine aboutissent à deux bornes b et b'. En face de l'aimant est fixée une lame en fer L, assez mince pour pouvoir vibrer facilement. Cette lame doit être la plus rapprochée possible du pôle de l'aimant, mais pas assez pour qu'en vibrant elle vienne en contact avec lui. L'embouchure E a la forme d'un entonnoir. L'appareil récepteur est tout à fait identique à celui que nous venons de décrire.

Pour se servir de l'appareil, il faut parler nettement devant l'embouchure du téléphone que l'on tient à la main, pendant que l'auditeur placé à la station correspondante tient contre son oreille l'embouchure du téléphone récepteur, qui est identique à celui que nous venons de décrire.

Les deux téléphones sont réunis par des fils de cuivre attachés aux bornes et forment ainsi un circuit fermé.

Lorsqu'on parle devant l'embouchure du *transmetteur*, la lame de fer vibre et produit dans l'aimant des variations d'énergie qui donnent naissance à des courants induits d'intensité et de sens concordant avec les vibrations de la lame. Ces courants arrivant dans la bobine du téléphone récepteur, produisent dans l'énergie de l'aimant qui lui sert de noyau des modifications identiques à celles qui se sont produites dans l'aimant du transmetteur. On conçoit dès lors que la lame de fer se mette à vibrer de la même manière, et communique son mouvement vibratoire à l'air de l'embouchure et à l'oreille qui y est appliquée.

On peut relier les téléphones par un seul fil en mettant en communication les deux bornes libres avec le sol.

Le téléphone Bell est maintenant très employé dans les établissements publics et privés pour les communications verbales. L'emploi s'en généralise chaque jour davantage.

543. Microphone. Ce petit appareil, inventé par M. *Hughes* en 1878, n'est rien autre qu'un nouveau transmetteur téléphonique d'une grande simplicité et qui a la propriété d'amplifier les sons faibles, d'où son nom

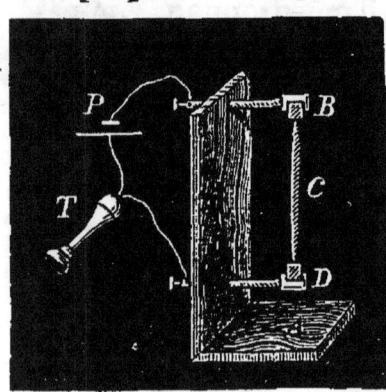

Figure 363.

de *microphone*. Il se compose (fig. 363) de deux petits cubes de charbon B et D dans chacun desquels on a creusé une petite cavité servant à recevoir les extrémités émoussées d'un crayon de charbon C en forme de fuseau. Ce crayon de charbon doit balotter dans le trou supérieur. Les cubes A et B sont en relation avec des contacts qui permettent d'introduire le microphone dans le circuit d'un téléphone ordinaire T et d'une pile P, ordinairement un ou deux éléments *Leclanché*.

Pour se servir de l'appareil pour la transmission de la parole, on le place sur une bande de ouate. On parle devant le fuseau de charbon et la parole est reproduite dans le téléphone.

La raison en est dans le fait signalé dès 1866 par le comte du Moncel, que la plus ou moins grande pression exercée entre les pièces de contact des interrupteurs influe sur l'intensité des courants qui les traversent. Dans la transmission de la parole, les vibrations de l'air modifient les contacts du fuseau de charbon avec les godets et partant l'intensité du courant de la pile, qui traverse le téléphone. De là les vibrations de la plaque de fer et la répétition des sons (*). On peut parler à une distance de huit mètres du microphone.

(*) En plaçant sur le pied A de l'appareil une boite fermée contenant une mouche, tous les mouvements de l'insecte sont perçus par le téléphone.

TABLE DES MATIÈRES.

—

ACOUSTIQUE.

CHAPITRE I.

PRODUCTION DU SON. — SA PROPAGATION.

CHAPITRE II.

QUALITÉS DU SON. — GAMME.

APPENDICE.

OPTIQUE.

CHAPITRE I.

PROPAGATION ET INTENSITÉ DE LA LUMIÈRE.

CHAPITRE II.

RÉFLEXION DE LA LUMIÈRE.

CHAPITRE V.

VISION.

CHAPITRE VI.

INSTRUMENTS D'OPTIQUE.

CHAPITRE VII.

HYPOTHÈSES SUR LA NATURE DE LA LUMIÈRE.

MAGNÉTISME.

CHAPITRE I.

PROPRIÉTÉS GÉNÉRALES DES AIMANTS. — PROCÉDÉS D'AIMANTATION.

CHAPITRE II.

ACTION DE LA TERRE SUR LES AIMANTS.

APPENDICE.

ÉLECTRICITÉ STATIQUE.

CHAPITRE I.

NOTIONS GÉNÉRALES.

CHAPITRE II.

INFLUENCE ÉLECTRIQUE OU INDUCTION.

CHAPITRE III.

MACHINES ÉLECTRIQUES.

CHAPITRE IV.

ÉTINCELLE ÉLECTRIQUE. — SES EFFETS.

ÉLECTRICITÉ DYNAMIQUE.

CHAPITRE I.

PILES ÉLECTRIQUES.

CHAPITRE II.
MESURE DE L'INTENSITÉ D'UN COURANT.
I. — Instruments de mesure.

II. — Intensité du courant.

CHAPITRE III.

EFFETS PRODUITS PAR LES COURANTS.

I. — Effets physiologiques.

II. — Effets calorifiques.

III. — Effets lumineux.

IV. — Effets chimiques.

CHAPITRE I V.

ÉLECTRO-MAGNÉTISME ET ÉLECTRO-DYNAMIQUE. — SOLÉNOÏDES.

I. — Électro-magnétisme.

II. — Électro-dynamique.

CHAPITRE V.

ÉLECTRO-AIMANTS. — APPLICATIONS.

I. — Électro-aimants.

II. — Applications.

CHAPITRE VI.

COURANTS INDUITS. — MACHINES D'INDUCTION.

MACHINES D'INDUCTION.

www.ingramcontent.com/pod-product-compliance
Lightning Source LLC
Chambersburg PA
CBHW071443050526
44396CB00005BB/883